气藏动态法储量计算

刘晓华　著

石油工业出版社

内容提要

本书系统介绍了气藏动态分析中的基本概念和渗流方程，以及不同类型气田动态法储量计算的理论基础、公式和应用实例，并结合目前气田开发形式，分析了造成动态、静态储量之间存在差异的地质和人为因素，同时就如何提高动态储量计算结果可靠性提出了建议。书中理论与气田实例分析相结合，注重从地质特征出发，开展气藏全生命周期的压降特征分析和驱动能量识别，并且评价了开发技术政策对储量动用的影响。

本书可供从事油气田开发、油气藏工程等专业领域的技术人员以及油气田开发管理人员学习参考，也可用于石油院校相关专业的教学参考书。

图书在版编目（CIP）数据

气藏动态法储量计算 / 刘晓华著 .—北京：石油工业出版社，2020.11

ISBN 978-7-5183-4193-1

Ⅰ．①气… Ⅱ．①刘… Ⅲ．① 气藏动态 – 储量计算 Ⅳ．① TE33

中国版本图书馆 CIP 数据核字（2020）第 163456 号

出版发行：石油工业出版社

（北京安定门外安华里 2 区 1 号　100011）

网　址：www.petropub.com

编辑部：（010）64523537　图书营销中心：（010）64523633

经　　销：全国新华书店

印　　刷：北京中石油彩色印刷有限责任公司

2020 年 11 月第 1 版　2020 年 11 月第 1 次印刷

787 × 1092 毫米　开本：1/16　印张：13.25

字数：320 千字

定价：110.00 元

（如出现印装质量问题，我社图书营销中心负责调换）

PREFACE

前言

近20年来我国天然气工业经历了跨越式发展，全国天然气年产量从2001年的$300\times10^8m^3$增长到2019年的$1700\times10^8m^3$，年均增速10%以上，投入开发的气藏类型从常规延伸到非常规，分布领域由中—浅层逐步扩展到深层、超深层，天然气资源总量显著增加。

气藏储量决定气藏产量规模，储量认识的可靠性是气藏成功开发的关键。储量计算方法分为静态法和动态法两种。静态法储量是根据气藏静态地质参数计算的地下气体所占孔隙空间的容积，又称容积法储量。动态法储量（有时也称动态储量）是利用压力、产量等动态数据计算的开采过程中压降波及到的那部分孔隙中气体的容积。对于连通性好的均质、中高渗透气藏，在理想情况下，静态法储量和动态法储量应该是一致的。从目前气田开发形式来看，储层地质特征日趋复杂，基质低孔低渗，裂缝、溶蚀孔洞发育，储层非均质性强，导致储量动用难度大，动态、静态储量差异大的现象普遍存在，气田开发方案的编制和开发过程中的优化调整越来越依赖于动态储量认识。同时，受限于动态数据录取的精度和频率、生产制度的影响和气藏存在水驱、异常高压、外围补给等多种驱动特征，使得动态法储量计算结果也存在很大不确定性，尤其是在开发早期。针对日趋复杂的气藏地质条件，动态储量计算不再是简单的压降曲线回归计算，而是气藏全生命周期的压降特征分析、驱动能量识别以及地质和人为因素对储量动用影响评价等。

本书凝结了作者25年的气藏工程研究经验和不同气区十几个气田长期动态跟踪评价心得，首次以整本书的形式系统介绍不同类型气藏动态法储量计算的理论基础、计算公式、关键参数取值和应用实例，并结合目前气田开发形势，分析了动态、静态储量存在差异的原因，提出了提高动态法储量计算结果可靠性的建议。

目前不同类型气藏动态法储量计算方法非常多，书中重点介绍了一些经典的常用方法。作者认为，在目前复杂的气藏地质特征条件下，没有哪一种方法能够做到完全适用，提高气藏动态法储量计算可靠性的关键在于工程技术人员系统的气藏工程理念、对计算动态储量的基础资料也就是压力数据可靠性的追本溯源以及动静结合对气藏本质特征的认识。书中重点突出三个方面的内容：一是系统的气藏工程基础理论；二是大量的不同类型气田计算实例；三是地质与动态认识相结合，分析地质和人为因素对气藏压降趋势和储量动用影响。书中第一章用很大的篇幅介绍了气藏动态分析中的基本概念和渗流方程，这部分内容是不稳定试井解释、产能评价、现代产量递减分析和动态法储量计算的理论基础。尽管目前这些方法都已经形成了非常成熟的商业软件，使得工程技术人员不必再进行手工计算，大大提高了气藏动态分析效率，但只有掌握软件中各种方法的理论基础和适用条件，才能客观地对计算结果作出评价，提高计算结果的可靠性和可信度，而不只是简单地输入数据和输出结果。这也是作者在第一章用很大篇幅阐述理论基础的目的，旨在建立起一个系统的气藏工程理念。第二章至第四章分别介绍了定容封闭气藏、非均质气藏、水驱气藏和异常高压气藏动态法储量计算公式、关键参数取值和实例剖析。第五章介绍了以单井为基础的动态法储量计算。第六章结合目前气田开发现状，分析了动态、静态储量差异的原因，并提出了提高动态法储量计算结果可靠性的几点建议。

本书在编写过程中得到了孟凡坤、郭振华、罗瑞兰等同事的帮助和建议，在此表示感谢，同时也感谢各油气区的专业技术人员在合作研究中给予的支持。由于作者水平有限，书中难免有不妥之处，敬请读者批评指正。

CONTENTS

目录

第一章
气藏动态分析中的基本概念和渗流方程

本章系统总结了气藏工程中常用的基本概念和基础流动方程，包括对储层中流体类型及流动状态的定义、多孔介质中渗流偏微分方程建立及不同条件下的求解、现代产量递减分析基本原理和气藏物质平衡，这些是不稳定试井解释、产能评价、水体活动规律分析和动态法储量计算等气藏工程的理论基础。

第一节　气藏动态分析中的基本概念

油气藏工程的本质就是把储层孔隙中复杂的流动过程进行理想化和等效，然后采用数学模型描述出来。这个理想化和等效其实就是确定相应的数学模型和求解条件，因此油气藏工程的各种计算公式、方法和相应的软件都是有适用条件的，即针对什么样的流体类型、流动状态、流线形态及生产方式等。

一、流体类型

油气藏储层中通常包括油、气和水三种流体，即液相（油、水）和气相。在油气藏工程中按等温压缩系数将地下流体分为不可压缩流体、微可压缩流体和可压缩流体三种类型。

等温压缩系数的定义为：在恒温条件下，改变单位压力时，流体的体积或密度变化率，其表达式为：

$$C = -\frac{1}{V}\left(\frac{\partial V}{\partial p}\right)_T \tag{1-1}$$

式中　C——等温压缩系数，MPa^{-1}；

V——流体体积，m^3；

T——温度，K；

$\partial V/\partial p$——改变单位压力时流体体积变化值，m^3/MPa。

或

$$C = \frac{1}{\rho}\left(\frac{\partial \rho}{\partial p}\right)_T \tag{1-2}$$

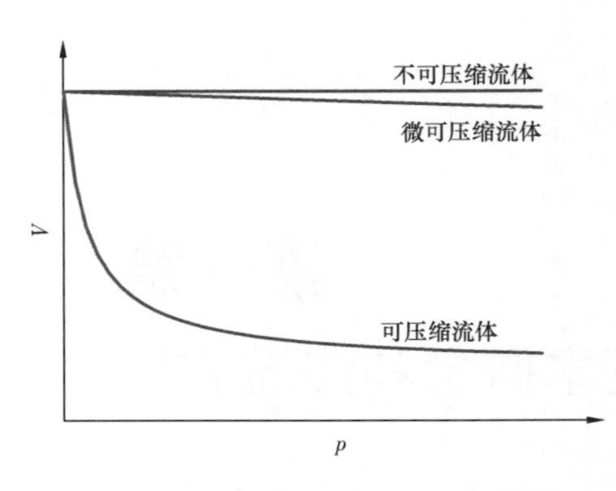

图 1－1 不同流体类型等温条件下 $V—p$ 关系示意图

式中 ρ——流体密度，g/cm^3；

$\partial\rho/\partial p$——改变单位压力时流体密度变化值，$g/(cm^3 \cdot MPa)$。

图 1－1 给出了不同类型流体等温条件下体积随压力变化示意图。

1. 不可压缩流体

不可压缩流体在等温条件下体积或密度不随压力改变（图 1－1），即 $C=0$，也就是$\partial V/\partial p=0$ 或 $\partial\rho/\partial p=0$。严格来讲，不可压缩流体在实际油气藏中是不存在的，但有时为了简化流动方程会假设流体为不可压缩流体。

2. 微可压缩流体

微可压缩流体在等温条件下体积或密度随压力变化很小，一般情况下假定压缩系数是常数，即 $C=$常数$\neq 0$，也就是$\partial V/\partial p=$常数或$\partial\rho/\partial p=$常数（图 1－1）。通常认为储层中的油和水属于微可压缩流体，其压缩系数的范围为：地面脱气原油等温压缩系数范围为$(4\sim7)\times10^{-4}$ MPa^{-1}；地层中原油由于溶解气含量不同，等温压缩系数范围为$(10\sim140)\times10^{-4}MPa^{-1}$；地层水的等温压缩系数范围为$(3.5\sim5.0)\times10^{-4}MPa^{-1}$。

3. 可压缩流体

可压缩流体在等温条件下体积或密度随压力变化明显（图 1－1），而且压缩系数不为常数，通常认为储层中的气体属于可压缩流体。

二、流动状态

在流体向井底流动过程中，根据储层中压力随时间的变化关系，将油气井流动状态分为三种类型，即稳定流动状态，不稳定流动状态和拟稳定流动状态（或边界流动状态）。不同流动状态下储层中某一点压力随时间变化趋势如图 1－2 所示。

1. 稳定流动状态

如果用$\partial p/\partial t$ 表示储层中某一点 i 处压力随时间的变化，稳定流动状态是指在生产过程中储层中某一点的压力随时间的变化率为 0，即$(\partial p/\partial t)_i=0$（图 1－2）。在实际生产过程中，处于稳定流动状态的油气井很少，一般在油气藏有很大的水体或很强的外来能量补充情况下，才能达到稳定流动状态。

2. 不稳定流动状态

不稳定流动时储层中压力变化与时间和位置有关，压力随时间的变化率不为常数（图 1－2），即$(\partial p/\partial t)_i=f(t)$。不稳定流动状态一般发生在油气井开井初期，此时压降未传播到边界，边界对压力传播没有影响。这一阶段是不稳定试井解释分析的主要阶段。

3. 拟稳定流动状态/边界流动状态

拟稳定流动指气井以定产量生产一段时间后，压降传播到边界，边界开始对压力变化产生影响，此时储层中任一点的压力下降速度相同，即$(\partial p/\partial t)_i$ = 常数≠0（图1－2）。气井达到拟稳定流动状态后，不同时刻的压力剖面呈一组平行线（图1－3）。

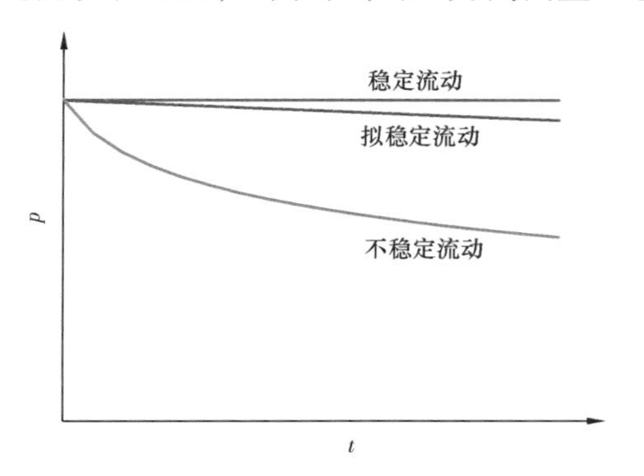

图1－2　不同流动状态下储层中某一点处 p—t 变化趋势示意图

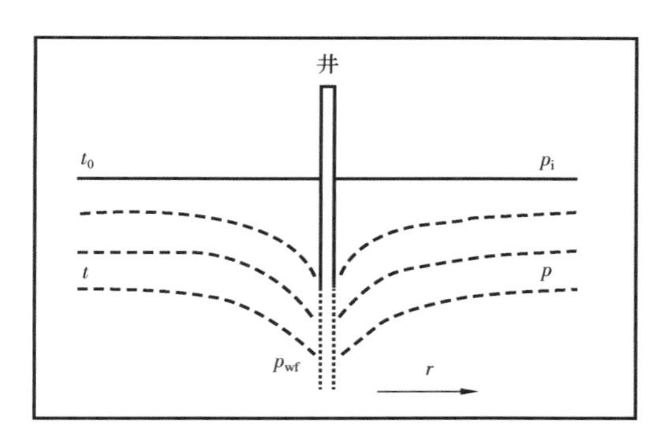

图1－3　气井拟稳定流动状态下储层中压力分布剖面示意图

国内常规气井多采用定产量的方式生产，除开井或改变工作制度初期处于不稳定流动状态，大多数时间都处于拟稳定流动阶段。低渗透致密气井由于储层渗透率低，压降传播速度慢，不稳定流动时间长。

有时气井以定井底流压方式生产，或在生产过程中井底流压和产量都在变化，这类井在投产一段时间后，压降传播到边界，边界开始对流动产生影响，此时的流动状态为边界流动状态。有些文献中把拟稳定流动状态归为边界流动状态的一种特例。

三、流线形态

储层中流体流向井筒过程中，流线的形态是由气藏的形状、井型和井的位置决定的。按流线的形态将流动形状分为三种类型，径向流、线性流和球形流（半球形流）。

1. 径向流

流体在平面上从四周向中心井点汇集或从中心井点向四周发射的流动方式称为径向流。流线的横截面积是以井筒为圆心的半径不等的圆形（图1－4）。气藏工程中大多数流动公式都是以径向流为基础的，即假设气藏为圆柱形，生产井处于中心位置。

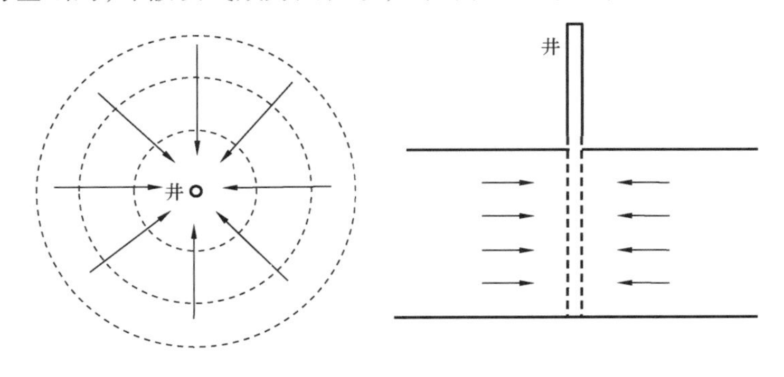

图1－4　径向流平面及剖面示意图

2. 线性流

线性流动是一维流动，流线相互平行地流向井筒，流线的截面积保持恒定（图1－5）。线性流动多发生在以下几种情形：大型压裂井中储层流体向人工裂缝的流动以及人工裂缝向井筒的流动，或是水平井中储层流体向井筒的流动。

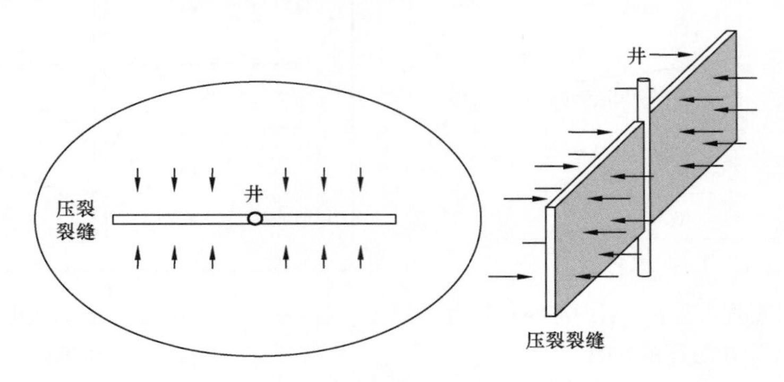

图1－5　线性流平面及剖面示意图

3. 球形流动（半球形流动）

球形流动（或半球形流动）指流体从空间不同位置向井筒汇集，流线形成球形（或半球形），通常发生在油气井部分射孔而储层厚度大、纵向连通性好的情况（图1－6）。

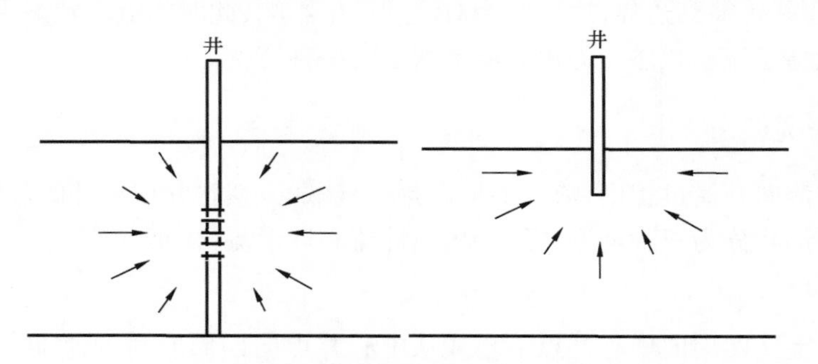

图1－6　球形流及半球形流剖面示意图

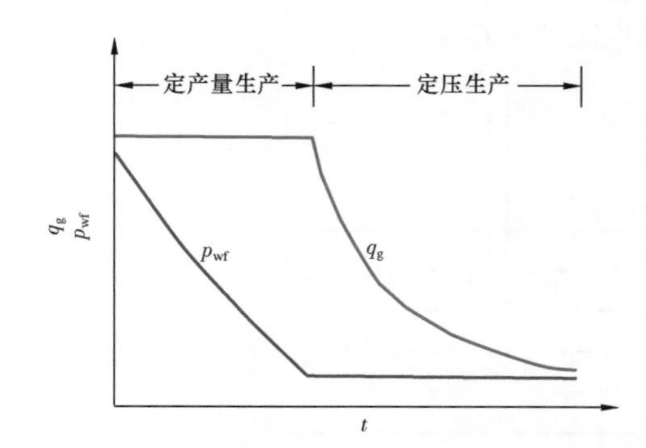

图1－7　气井不同生产方式时产量和井底流压随时间变化示意图

四、气井生产方式

在对储层中流体渗流基本微分方程求解时，通常会对气井的生产方式，也就是流动方程的内边界条件作出假设。一般分为两种情况：即以恒定产量生产或以恒定井底流压生产。

1. 定产量生产

定产量生产通过控制油嘴的方式保持气井产量不变，此时井底流压呈下降趋势。常规气藏中的生产井在开采的初期—中期（稳产期内）一般都以定产量的方式生产（图1－7）。

2. 定压生产

定压生产就是在生产过程中保持井底流压不变,此时产量呈下降趋势(图1-7)。常规气藏到了开采后期油压降到外输压力时,通常会保持井口油压在最低外输压力,即定井底流压生产,此时气井产量降低,进入递减阶段。低渗透、致密等非常规气藏通常采用定井底流压生产方式。

有些特殊气藏(如疏松砂岩气藏为了控制临界出砂压差)和处于开采中后期的气藏,采用同时降压和降产的生产方式。

在定产量生产阶段,气井压力变化趋势是气藏工程分析的重点,比如不稳定试井解释就是通过不同的压力变化特征图版来分析储层特征;在定压生产阶段,气井产量变化趋势是关注的重点,比如气藏开发后期的产量递减分析,还有水侵量计算,也是以气水边界定压为假设条件的。

第二节　气井渗流方程

达西定律、状态方程和连续性方程是气藏工程中的三个最基本的方程,也是气藏工程的理论基础。气藏工程中的不稳定试井解释、产能评价、水侵量计算、现代产量递减分析和物质平衡等方法的理论就是基于在这三个基本公式,加上假设条件和边界条件后变换得到的。本节将简明、系统地描述气井不稳定流动的偏微分方程的建立及其不同形式的解,并在图1-8中给出了整个过程的流程图,使读者对公式的推导过程和使用条件能够一目了然。

一、基本物理量的单位和取值说明

根据公式推导和实际矿场需要,主要用到了达西单位和法定单位这两种单位制。在基本微分方程的推导过程中,以达西单位为主。在实际应用中,以目前国内通用的法定单位为主。表1-1给出了公式中基本物理量的达西单位和法定单位,以及相互间的转换关系。

表1-1　基本物理量单位及取值

物理量	达西单位	法定单位	法定单位与达西单位之间换算关系
压力 p	atm	MPa	1MPa = 9.86923atm
油井产量 q_o	cm^3/s	m^3/d	$1m^3/d = 10^6/86400cm^3/s$
气井产量 q_g	cm^3/s	$10^4m^3/d$	$10^4m^3/d = 10^{10}/86400cm^3/s$
黏度 μ	cP	mPa·s	1mPa·s = 1cP
体积系数 B	cm^3/cm^3	m^3/m^3	$1m^3/m^3 = 1cm^3/cm^3$
渗透率 K	D	mD	1mD = 0.001D
储层厚度 h	cm	m	1m = 100cm
时间 t	s	h	1h = 3600s
压缩系数 C	atm^{-1}	MPa^{-1}	$1MPa^{-1} = 1/9.86923atm^{-1}$
温度 T	K	K	
密度 ρ	g/cm^3	g/cm^3	

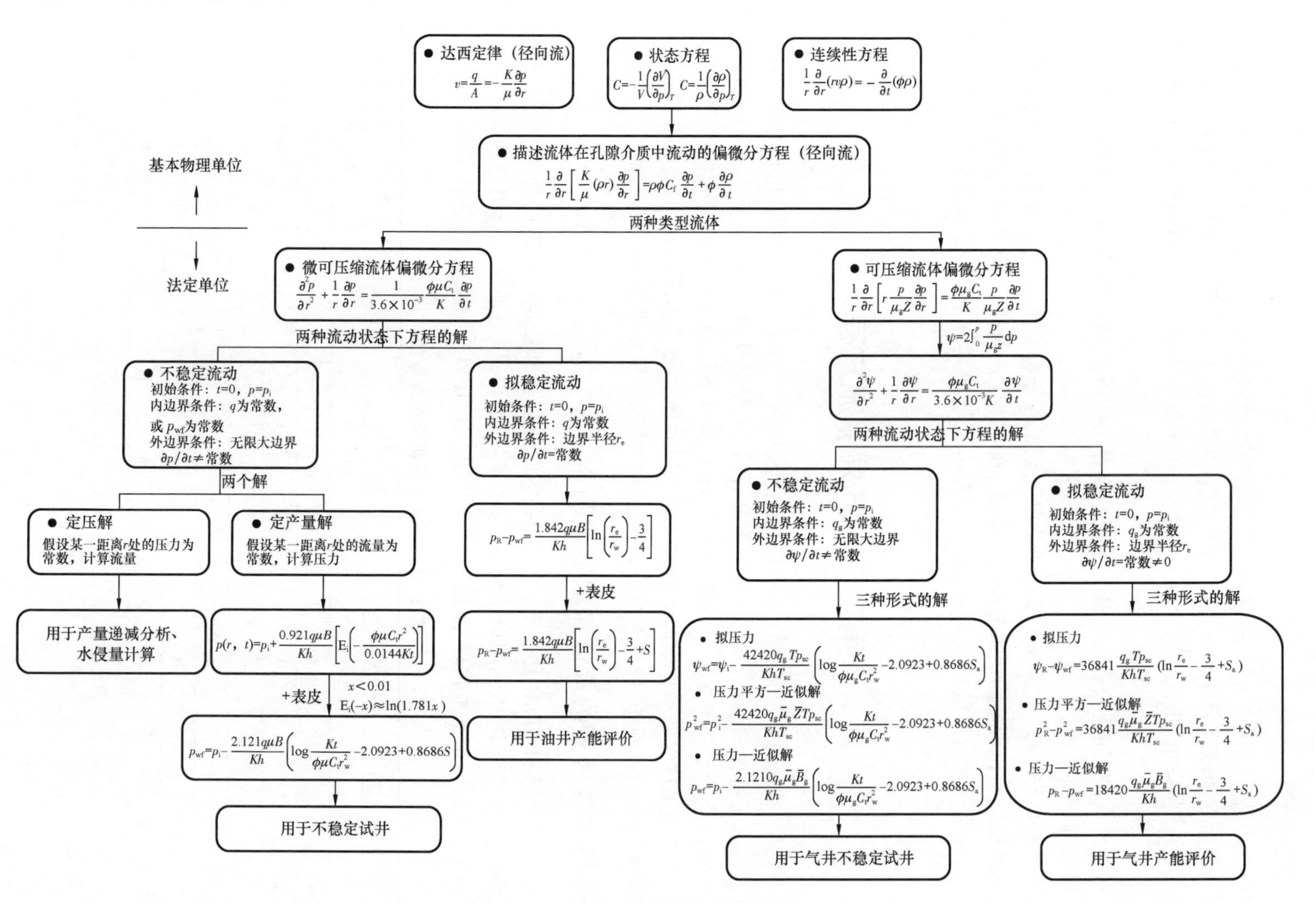

图1-8　径向渗流偏微分方程及解的形式

首先需要说明的是对渗透率的近似。在达西单位制中,渗透率的单位是达西(D),1达西(1D)的定义为:黏度为1cP的流体,在1atm压差作用下,通过截面积$1cm^2$,长度为1cm的多孔介质,其流量为$1cm^3/s$,则该多孔介质的渗透率为1达西(1D),根据定义可知$1D=(1/1.01325)\mu m^2$。在实际应用中,通常使用毫达西(mD)。后来新行业标准《石油勘探开发常用量和单位》(SY/T 6580—2004),规定渗透率单位是毫达西(mD),1mD=0.001D,并且规定使用近似式即$1mD=10^{-3}\mu m^2$。有的专业书籍中使用了该标准,有的则仍沿用$1mD=(1/1.01325)\times 10^{-3}\mu m^2$,这也是导致不同专业书籍中同一公式系数略有差别的原因。在本书编写过程中,根据新标准,对渗透率使用近似式,即$1mD=10^{-3}\mu m^2$。

对符号和单位还需要说明的是针对气井产量q_g,由于气体的体积受温度和压力影响很大,因此要标明产量对应的温压条件,石油工业普遍使用"标准条件"下的产量,即标准状态压力和标准状态温度下的产量,但我国标准条件和欧美国家标准条件存在差异。

我国的标准条件为:

标准状态压力p_{sc}=1atm=0.101325MPa

标准状态温度T_{sc}=20℃=293.15K

欧美的标准条件为:

标准状态压力p_{sc}=1atm=0.101325MPa

标准状态温度T_{sc}=15.56℃=60°F=288.71K

二、流体在多孔介质中流动的基本微分方程

流体在多孔介质中流动的基本微分方程是由达西定律(运动方程)、状态方程和连续性方程这三个基本定律推导出来的。

1. 达西定律(运动方程)

达西定律是1856年法国工程师达西通过实验发现的,揭示了流体流动速度与储层渗流能力、流体黏度和流动方向上压力梯度的关系。达西定律广泛应用于描述流体在多孔介质中的宏观流动规律。针对油气井的径向流动,其表达式为:

$$v=\frac{q}{A}=-\frac{K}{\mu}\frac{\partial p}{\partial r} \tag{1-3}$$

式中 v——某一点r处的流速,cm/s;

q——产量,cm^3/s;

A——流动截面积,cm^2;

K——渗透率,D;

μ——黏度,cP;

p——压力,atm;

$\partial p/\partial r$——流动方向上的压力梯度,atm/cm。

2. 状态方程

状态方程描述的是物质的密度或体积随压力p和温度T的变化关系。油气在储层中的渗流可以看成是恒温条件下的流动,因此通常用等温压缩系数C表示流体在温度不变情况下其

体积或密度随压力的变化关系，即式(1－1)或式(1－2)。

针对气体，根据波义耳—马略特定律 $pV = ZnRT$ 得到用 ρ 或 C_g 表示的状态方程：

$$\rho = \frac{pM}{ZRT} \tag{1-4}$$

$$C_g = \frac{1}{\rho}\frac{\partial \rho}{\partial p} = \frac{1}{p} - \frac{1}{Z}\left(\frac{\partial Z}{\partial p}\right)_T \tag{1-5}$$

式中 ρ——密度，g/cm^3；

p——压力，atm(达西单位)或 MPa(法定单位)；

M——气体分子量，g/mol；

Z——气体压缩因子；

R——通用气体常数，$82.06 atm \cdot cm^3 \cdot mol^{-1} \cdot K^{-1}$(达西单位)或 $0.008315 MPa \cdot m^3 \cdot kmol^{-1} \cdot K^{-1}$(法定单位)；

T——储层温度，K；

C_g——气体压缩系数，atm^{-1}(达西单位)或 MPa^{-1}(法定单位)。

3. 连续性方程

连续性方程就是质量守恒定律，即物质在运动过程中质量保持不变，既不会增加也不会减少。根据质量守恒定律可知，在一个均匀孔隙介质单元中，流入该单元的流体总量－流出该单元的流体总量＝该单元内流体的增量。

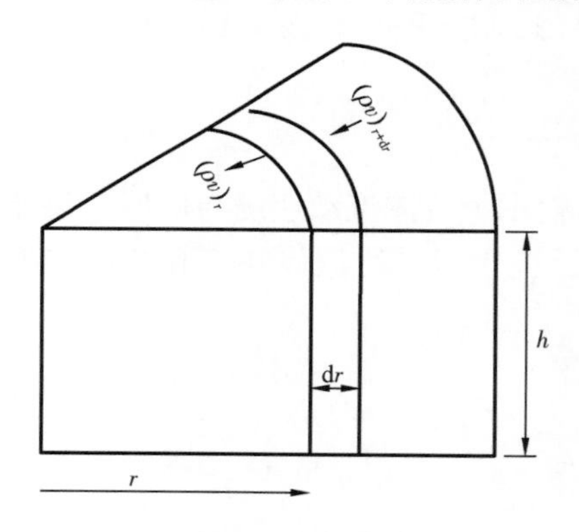

图 1－9 径向流动单元示意图

针对径向流情形(图 1－9)，假设在半径 r 处有一个沿 r 方向长度为 dr、高度为 h 的单元体，密度为 ρ 的流体以流速 v 由外向内流动。

在时间 Δt 内流入单元体的质量流量为：

$$m_{in} = -2\pi(r + dr)h\,(v\rho)_{r+dr}\Delta t \tag{1-6}$$

在时间 Δt 内流出单元的质量流量为：

$$m_{out} = -2\pi rh\,(v\rho)_r\Delta t \tag{1-7}$$

在 Δt 时间内单元体内的质量变化为：

$$\Delta m = -2\pi r dr h[(\phi\rho)_{t+\Delta t} - (\phi\rho)_t] \tag{1-8}$$

由质量守恒定律可知：

$$\Delta m = m_{in} - m_{out} \tag{1-9}$$

将式(1－6)、式(1－7)和式(1－8)代入式(1－9)得到：

$$2\pi(r + dr)h\,(v\rho)_{r+dr}\Delta t - 2\pi rh\,(v\rho)_r\Delta t = -2\pi r dr h[(\phi\rho)_{t+\Delta t} - (\phi\rho)_t]$$

两边同时除以 $2\pi r dr h\Delta t$ 有：

$$\frac{1}{r dr}[(r + dr)\,(v\rho)_{r+dr} - r\,(v\rho)_r] = -\frac{1}{\Delta t}[(\phi\rho)_{t+\Delta t} - (\phi\rho)_t]$$

进一步整理后得到：

$$\frac{1}{r}\frac{\partial}{\partial r}(rv\rho) = -\frac{\partial(\phi\rho)}{\partial t} \tag{1-10}$$

式(1－10)就是流体径向流动的连续性方程。

4. 描述流体在孔隙介质中流动的基本微分方程

将达西定律和状态方程代入连续性方程中,就得到描述流体在孔隙介质中流动的基本微分方程。

将式(1－10)右边展开,得到：

$$\frac{\partial}{\partial t}(\phi\rho) = \phi\frac{\partial\rho}{\partial t} + \rho\frac{\partial\phi}{\partial t} \tag{1-11}$$

根据状态方程可以确定岩石孔隙压缩系数 C_f表达式：

$$C_f = \frac{1}{\phi}\frac{\partial\phi}{\partial p}$$

得到：

$$\frac{\partial\phi}{\partial t} = \frac{\partial\phi}{\partial p}\frac{\partial p}{\partial t} = \phi C_f\frac{\partial p}{\partial t} \tag{1-12}$$

将式(1－3)、式(1－11)和式(1－12)代入式(1－10),有

$$\frac{1}{r}\frac{\partial}{\partial r}\left[\frac{K}{\mu}(\rho r)\frac{\partial p}{\partial r}\right] = \rho\phi C_f\frac{\partial p}{\partial t} + \phi\frac{\partial\rho}{\partial t} \tag{1-13}$$

式中　r——储层中某一点距井底距离,cm；

K——储层渗透率,D；

μ——流体黏度,cP；

ρ——流体密度,g/cm^3；

ϕ——储层孔隙度；

C_f——岩石孔隙压缩系数,atm^{-1}；

t——时间,s。

式(1－13)就是描述流体在孔隙介质中径向流动的偏微分方程。

三、不同流体类型及不同流动状态下基本微分方程的解

在前面的流体类型论述中已经提到,在储层中液体(油和水)属于微可压缩流体,气体属于可压缩流体。针对流动状态,分为早期的不稳定流动和中—后期的拟稳定流动。下面分别介绍式(1－13)针对液体(微可压缩流体)及气体(可压缩流体)在不稳定流动状态和拟稳定流动状态下的解。

1. 液体渗流偏微分方程及其解

1)液体渗流偏微分方程

针对液体(微可压缩流体),通常认为μ、K、C、ϕ为常数,对式(1-13)进行逐步变换:

$$\frac{K}{\mu}\frac{1}{r}\frac{\partial}{\partial r}\left[(\rho r)\frac{\partial p}{\partial r}\right]=\rho\phi C_{\mathrm{f}}\frac{\partial p}{\partial t}+\phi\frac{\partial \rho}{\partial t} \tag{1-14a}$$

$$\frac{K}{\mu}\left(\frac{\rho}{r}\frac{\partial p}{\partial r}+\rho\frac{\partial^{2} p}{\partial r^{2}}+\frac{\partial p}{\partial r}\frac{\partial \rho}{\partial r}\right)=\rho\phi C_{\mathrm{f}}\frac{\partial p}{\partial t}+\phi\frac{\partial \rho}{\partial t} \tag{1-14b}$$

$$\frac{K}{\mu}\left[\frac{\rho}{r}\frac{\partial p}{\partial r}+\rho\frac{\partial^{2} p}{\partial r^{2}}+\left(\frac{\partial p}{\partial r}\right)^{2}\frac{\partial \rho}{\partial p}\right]=\rho\phi C_{\mathrm{f}}\frac{\partial p}{\partial t}+\phi\frac{\partial p}{\partial t}\frac{\partial \rho}{\partial p} \tag{1-14c}$$

式(1-14c)两边同时除以ρ,得到:

$$\frac{K}{\mu}\left[\frac{1}{r}\frac{\partial p}{\partial r}+\frac{\partial^{2} p}{\partial r^{2}}+\left(\frac{\partial p}{\partial r}\right)^{2}\frac{1}{\rho}\frac{\partial \rho}{\partial p}\right]=\phi C_{\mathrm{f}}\frac{\partial p}{\partial t}+\phi\frac{\partial p}{\partial t}\frac{1}{\rho}\frac{\partial \rho}{\partial p} \tag{1-15}$$

根据流体的等温压缩系数定义:

$$C=\frac{1}{\rho}\frac{\partial \rho}{\partial p} \tag{1-16}$$

式(1-15)可写为:

$$\frac{K}{\mu}\left[\frac{\partial^{2} p}{\partial r^{2}}+\frac{1}{r}\frac{\partial p}{\partial r}+C\left(\frac{\partial p}{\partial r}\right)^{2}\right]=\phi C_{\mathrm{f}}\frac{\partial p}{\partial t}+\phi C\frac{\partial p}{\partial t} \tag{1-17}$$

由于

$$\left(\frac{\partial p}{\partial r}\right)^{2}\approx 0$$

式(1-17)简化为:

$$\frac{K}{\mu}\left(\frac{\partial^{2} p}{\partial r^{2}}+\frac{1}{r}\frac{\partial p}{\partial r}\right)=\phi(C_{\mathrm{f}}+C)\frac{\partial p}{\partial t} \tag{1-18}$$

用C_{t}表示储层和流体的总压缩系数,当多种流体存在时:

$$C_{\mathrm{t}}=C_{\mathrm{o}}S_{\mathrm{o}}+C_{\mathrm{w}}S_{\mathrm{w}}+C_{\mathrm{g}}S_{\mathrm{g}}+C_{\mathrm{f}} \tag{1-19}$$

最后得到描述液体在孔隙介质中流动的偏微分方程

$$\frac{\partial^{2} p}{\partial r^{2}}+\frac{1}{r}\frac{\partial p}{\partial r}=\frac{\phi\mu C_{\mathrm{t}}}{K}\frac{\partial p}{\partial t} \tag{1-20}$$

式中 r——储层中某一点距井底距离,cm;

p——压力,atm;

K——储层渗透率,D;

μ——流体黏度,cP;

ϕ——储层孔隙度;

C_t——总压缩系数,atm^{-1};

t——时间,s。

式(1－20)变成法定单位后,得到:

$$\frac{\partial^2 p}{\partial r^2}+\frac{1}{r}\frac{\partial p}{\partial r}=\frac{1}{3.6\times10^{-3}}\frac{\phi\mu C_t}{K}\frac{\partial p}{\partial t} \tag{1－21}$$

式中　r——储层中某一点距井底距离,m;

p——压力,MPa;

K——储层渗透率,mD;

μ——流体黏度,mPa·s;

ϕ——储层孔隙度;

C_t——总压缩系数,MPa^{-1};

t——时间,h。

式(1－20)或式(1－21)就是液体在孔隙介质中的渗流方程。

令

$$\eta=\frac{K}{\phi\mu C_t}$$

式中　η——导压系数,D·atm/cP(达西单位)或mD·MPa/(mPa·s)(法定单位)。

则式(1－20)变为

$$\frac{\partial^2 p}{\partial r^2}+\frac{1}{r}\frac{\partial p}{\partial r}=\frac{1}{\eta}\frac{\partial p}{\partial t} \tag{1－22}$$

式(1－22)变成法定单位后,得到

$$\frac{\partial^2 p}{\partial r^2}+\frac{1}{r}\frac{\partial p}{\partial r}=\frac{1}{3.6\times10^{-3}\eta}\frac{\partial p}{\partial t} \tag{1－23}$$

2)不稳定流动状态下液体渗流偏微分方程求解

在求解流动方程时,根据井实际生产情况定义初始条件和边界条件。针对不稳定流动状态,假设在均质无限大油藏中有一口井,以恒定产量q生产,t为生产时间,开井前整个油藏地层压力相同,假定为p_i。在无限远处,地层压力保持原始地层压力p_i。这些初始条件和边界条件可表示为:

$$p_{(t=0)}=p_i\text{(初始条件)}$$

$$p_{(r=\infty)}=p_i\text{(外边界条件)} \tag{1－24}$$

$$\left(r\frac{\partial p}{\partial r}\right)_{r=r_w}=\frac{q\mu B}{2\pi Kh}\text{(内边界条件)}$$

利用 Polubarinova – Kochina 方法对式(1 –22)进行求解,具体过程是先将二阶偏微分方程变换为二阶常微分方程,然后再将二阶常微分方程降阶为一阶常微分方程。

首先进行 Boltzmann 变换,将偏微分方程变为常微分方程。

令

$$y = \frac{\phi\mu C_t r^2}{4Kt} = \frac{r^2}{4\eta t} \tag{1-25}$$

则有:

$$\frac{\partial y}{\partial r} = \frac{r}{2\eta t} \tag{1-26}$$

$$\frac{\partial y}{\partial t} = -\frac{r^2}{4\eta t^2} \tag{1-27}$$

由此得到:

$$\frac{\partial p}{\partial r} = \frac{\partial p}{\partial y}\frac{\partial y}{\partial r} = \frac{r}{2\eta t}\frac{\partial p}{\partial y} \tag{1-28}$$

$$\frac{\partial^2 p}{\partial r^2} = \frac{\partial}{\partial r}\left(\frac{r}{2\eta t}\frac{\partial p}{\partial y}\right) = \frac{1}{2\eta t}\frac{\partial p}{\partial y} + \left(\frac{r}{2\eta t}\right)^2\frac{\partial^2 p}{\partial y^2} \tag{1-29}$$

$$\frac{\partial p}{\partial t} = \frac{\partial p}{\partial y}\frac{\partial y}{\partial t} = -\frac{r^2}{4\eta t^2}\frac{\partial p}{\partial y} \tag{1-30}$$

将式(1 –28)、式(1 –29)和式(1 –30)代入式(1 –22),整理后得到:

$$\frac{r^2}{4\eta t}\frac{\partial^2 p}{\partial y^2} + \left(1 + \frac{r^2}{4\eta t}\right)\frac{\partial p}{\partial y} = 0 \tag{1-31}$$

即

$$y\frac{\partial^2 p}{\partial y^2} + (1 + y)\frac{\partial p}{\partial y} = 0 \tag{1-32}$$

式(1 –32)中,p 仅对 y 求导,因此变成常微分方程:

$$y\frac{\mathrm{d}^2 p}{\mathrm{d}y^2} + (1 + y)\frac{\mathrm{d}p}{\mathrm{d}y} = 0 \tag{1-33}$$

相应的初始条件 $p_{(t=0)} = p_i$ 和外边界条件 $p_{(r=\infty)} = p_i$ 变为:

$$\lim_{y\to\infty} p = p_i \tag{1-34}$$

内边界条件

$$\left(r\frac{\partial p}{\partial r}\right)_{r=r_w} = \frac{q\mu B}{2\pi Kh} \tag{1-35}$$

变为：

$$\lim_{y \to 0} 2y \frac{dp}{dy} = \frac{q\mu B}{2\pi Kh} \tag{1-36}$$

然后对式(1－33)中的二阶常微分方程进行降阶。

令

$$p' = \frac{dp}{dy} \tag{1-37}$$

则式(1－33)变为：

$$y \frac{dp'}{dy} + (1 + y)p' = 0 \tag{1-38}$$

即

$$\frac{dp'}{p'} = \frac{-1 - y}{y} dy \tag{1-39}$$

$$\int \frac{dp'}{p'} = \int \frac{-1 - y}{y} dy \tag{1-40}$$

$$\ln p' = -y - \ln y + c \tag{1-41}$$

$$p' = \frac{e^{-y+c}}{y} = \frac{c_1 e^{-y}}{y} \tag{1-42}$$

利用式(1－36)确定式(1－42)中的积分常数。

$$2y \frac{dp}{dy} = 2yp' = 2y \frac{c_1 e^{-y}}{y} = 2c_1 e^{-y} \tag{1-43}$$

$$\lim_{y \to 0} 2y \frac{dp}{dy} = \lim_{y \to 0} 2c_1 e^{-y} = 2c_1 = \frac{q\mu B}{2\pi Kh} \tag{1-44}$$

因此

$$c_1 = \frac{q\mu B}{4\pi Kh} \tag{1-45}$$

将常数c_1代入式(1－42)中，得到：

$$\frac{dp}{dy} = \frac{q\mu B}{4\pi Kh} \frac{e^{-y}}{y} \tag{1-46}$$

$$p = \frac{q\mu B}{4\pi Kh} \int_{\infty}^{y} \frac{e^{-y}}{y} dy + c_2 \tag{1-47}$$

或

$$p = -\frac{q\mu B}{4\pi Kh} \int_{y}^{\infty} \frac{e^{-y}}{y} dy + c_2 = \frac{q\mu B}{4\pi Kh} E_i(-y) + c_2 \tag{1-48}$$

式(1－48)中 $E_i(-y)$ 是指数积分函数，即

$$E_i(-y) = -\int_y^{\infty} \frac{e^{-u}}{u} du \qquad (y > 0) \tag{1-49}$$

由式(1－34)和式(1－48)可以确定 c_2，即

$$\lim_{y\to\infty} p = \lim_{y\to\infty}\left[\frac{q\mu B}{4\pi Kh}E_i(-y) + c_2\right] = c_2 = p_i \tag{1-50}$$

将 c_2 和 y 代入式(1－48)，得到：

$$p(r,t) = p_i - \frac{q\mu B}{4\pi Kh}\left[-E_i\left(-\frac{\phi\mu C_t r^2}{4Kt}\right)\right] \tag{1-51}$$

式(1－51)描述了无限大油藏中某一点压力 p 与井距离 r 和开井时间 t 的关系。

指数积分函数 $E_i(-x)$ 的表达式为：

$$E_i(-x) = -\int_x^{\infty} \frac{e^{-u}du}{u} = \ln x - \frac{x}{1!} + \frac{x^2}{2(2!)} - \frac{x^3}{3(3!)} + \cdots + (-1)^k \frac{x^k}{k!k} \tag{1-52}$$

有如下近似表达式：

当 $1 \leqslant x \leqslant \infty$ 时：

$$E_i(-x) = -\frac{e^{-x}}{x}\frac{a_0 + a_1x + a_2x^2 + a_3x^3 + x^4}{b_0 + b_1x + b_2x^2 + b_3x^3 + x^4} \tag{1-53}$$

其中，$a_0 = 0.2677737343$，$a_1 = 8.6347608925$，$a_2 = 18.0590169730$，$a_3 = 8.5733287401$，$b_0 = 3.9584969228$，$b_1 = 21.0996530827$，$b_2 = 25.6329561486$，$b_3 = 9.5733223454$。

当 $0 < x < 1$ 时：

$$E_i(-x) = \ln x + 0.57721566 - 0.99999193x + 0.24991055x^2 - 0.05519968x^3 + 0.00976004x^4 - 0.00107857x^5 \tag{1-54}$$

且当 $x < 0.01$ 时，取式(1－54)前两项就完全能够满足油气藏工程计算精度要求，即：

$$E_i(-x) = \ln x + 0.5772 \approx \ln(1.781x) \tag{1-55}$$

式(1－55)将指数积分函数转化成对数形式，正是利用该近似形式，才导出了不稳定试井解释的半对数分析法。将式(1－55)代入式(1－51)中，令 $r = r_w$，并将自然对数变换为常用对数，就得到井底流压计算公式：

$$p_{(r_w,t)} = p_{wf} = p_i - \frac{q\mu B}{4\pi Kh}\left[2.303\lg\frac{Kt}{\phi\mu C_t r_w^2} + 0.80907\right] \tag{1-56}$$

式中 p_i，p_{wf}——原始地层压力、井底流压，atm；

q——产量，cm^3/s；

K——渗透率，D；

μ——黏度，cP；

h——储层厚度,cm;

t——时间,s;

B——体积系数,cm^3/cm^3;

C_t——储层总压缩系数,atm^{-1};

ϕ——孔隙度;

r_w——井筒半径,cm。

式(1-56)是不稳定试井解释中压力降落分析的基本公式,也是半对数分析的理论基础。式(1-56)转换成国内常用的法定单位形式为:

$$p_{wf} = p_i - \frac{2.121 q\mu B}{Kh}\left(\lg\frac{Kt}{\phi\mu C_t r_w^2} - 2.0923\right) \quad (1-57)$$

式中 p_i, p_{wf}——原始地层压力、井底流压,MPa;

q——产量,m^3/d;

K——渗透率,mD,并使用近似值 $1mD = 10^{-3}\mu m^2$;

μ——黏度,mPa·s;

h——储层厚度,m;

t——时间,h;

B——体积系数,m^3/m^3;

C_t——储层总压缩系数,MPa^{-1};

ϕ——孔隙度;

r_w——井筒半径,m。

在下面的推导过程中,在没有特殊说明的情况下,均采用法定单位。

3)拟稳定流动状态下液体渗流偏微分方程求解

假设均质、半径为 r_e 的油藏中有一口井,以恒定产量 q 生产,油井达到拟稳定流状态后,在某一点 r 处压力下降速度相同。开井前整个油藏地层压力相同,均为 p_i,这些初始条件和边界条件可表示为:

$$p_{(t=0)} = p_i\text{(初始条件)}$$

$$\left(\frac{\partial p}{\partial r}\right)_{r=r_e} = 0\text{(外边界条件)}$$

$$q = \text{常数(内边界条)}$$

$$\left(\frac{\partial p}{\partial t}\right)_r = \text{常数} \neq 0$$

根据等温压缩系数定义

$$C = -\frac{1}{V}\frac{dV}{dp} \quad (1-58)$$

得到

$$CV\mathrm{d}p = -\mathrm{d}V \tag{1-59}$$

将式(1－59)中压缩系数 C 用储层总压缩系数 C_t代替,并对时间 t(h)求导,得到

$$C_tV\frac{\mathrm{d}p}{\mathrm{d}t} = -\frac{\mathrm{d}V}{\mathrm{d}t} = -\frac{qB}{24} \tag{1-60}$$

$$\frac{\mathrm{d}p}{\mathrm{d}t} = -\frac{qB}{24C_tV} = -\frac{qB}{24C_tAh\phi} \tag{1-61}$$

t 时刻油藏平均压力用 p_R表示,则:

$$\frac{\mathrm{d}p}{\mathrm{d}t} = -\frac{p_i - p_R}{t} \tag{1-62}$$

将式(1－62)代入式(1－61)中,整理后得到:

$$p_i - p_R = \frac{qBt}{24C_tAh\phi} \tag{1-63}$$

$$p_R = p_i - \frac{qBt}{24C_tAh\phi} \tag{1-64}$$

将式(1－61)代入式(1－21)中,得到:

$$\frac{\partial^2 p}{\partial r^2} + \frac{1}{r}\frac{\partial p}{\partial r} = \frac{1}{3.6\times10^{-3}}\frac{\phi\mu C_t}{K}\left(-\frac{qB}{24C_tAh\phi}\right) \tag{1-65a}$$

$$\frac{\partial^2 p}{\partial r^2} + \frac{1}{r}\frac{\partial p}{\partial r} = -\frac{1}{3.6\times10^{-3}\times24}\frac{q\mu B}{AhK} \tag{1-65b}$$

$$\frac{1}{r}\frac{\partial}{\partial r}\left(r\frac{\partial p}{\partial r}\right) = -\frac{1}{3.6\times10^{-3}\times24}\frac{qB\mu}{AhK} \tag{1-65c}$$

$$r\frac{\partial p}{\partial r} = -\frac{1}{3.6\times10^{-3}\times24}\frac{q\mu B}{\pi r_e^2hK}\left(\frac{r^2}{2}\right) + c_3 \tag{1-65d}$$

其中 c_3为常数。

在油藏边界 r_e处有:

$$\left(\frac{\partial p}{\partial r}\right)_{r=r_e} = 0 \tag{1-66}$$

将上式代入式(1－65d)中,确定常数 c_3:

$$c_3 = \frac{1}{3.6\times10^{-3}\times24\times2\pi}\frac{q\mu B}{Kh} = 1.842\frac{q\mu B}{Kh} \tag{1-67}$$

将 c_3 代入式(1－65d)中,整理后得到:

$$\frac{\partial p}{\partial r} = 1.842\frac{q\mu B}{Kh}\left(\frac{1}{r} - \frac{r}{r_e^2}\right) \tag{1-68}$$

令油藏边界 r_e 处压力为 p_e,对式(1－68)积分得到:

$$\int_{p_{wf}}^{p_e} dp = 1.842\frac{q\mu B}{Kh}\int_{r_w}^{r_e}\left(\frac{1}{r} - \frac{r}{r_e^2}\right)dr \tag{1-69}$$

$$p_e - p_{wf} = 1.842\frac{qB\mu}{Kh}\left[\ln\frac{r_e}{r_w} - \frac{1}{2}\left(1 - \frac{r_w^2}{r_e^2}\right)\right] \tag{1-70}$$

由于

$$r_w^2/r_e^2 \approx 0$$

式(1－70)进一步简化为:

$$p_e - p_{wf} = \frac{1.842q\mu B}{Kh}\left(\ln\frac{r_e}{r_w} - \frac{1}{2}\right) \tag{1-71}$$

或

$$q = \frac{0.5429Kh(p_e - p_{wf})}{\mu B\left[\ln\left(\frac{r_e}{r_w}\right) - \frac{1}{2}\right]} \tag{1-72}$$

式中　p_e,p_{wf}——分别为边界处压力和井底流压,MPa;

q——产量,m^3/d;

μ——黏度,mPa · s;

B——体积系数,m^3/m^3;

K——渗透率,mD;

h——储层厚度,m;

r_e——井控半径,m;

r_w——井筒半径,m。

由于某一时刻边界 r_e 处压力 p_e 很难在实际中获取,因此一般用 t 时刻平均地层压力 p_R 代替 p_e,对于拟稳定流动状态,t 时刻的 p_R 与距离井 $0.472r_e$ 处压力相等。因此式(1－72)用平均地层压力表示为:

$$q = \frac{0.5429Kh(p_R - p_{wf})}{\mu B\ln\left(0.472\frac{r_e}{r_w}\right)} = \frac{0.5429Kh(p_R - p_{wf})}{\mu B\left[\ln\left(\frac{r_e}{r_w}\right) - 0.75\right]} \tag{1-73}$$

在式(1－73)中加入表皮系数 S,得到

$$q = \frac{0.5429Kh(p_R - p_{wf})}{\mu B\left[\ln\left(\frac{r_e}{r_w}\right) - 0.75 + S\right]} \tag{1-74}$$

式中 p_R——平均地层压力,MPa;

S——表皮系数。

式(1-74)就是拟稳定流条件下油井产量计算公式。

2. 气体渗流偏微分方程及其解

1)气体渗流偏微分方程

将气体的状态方程式(1-4)和式(1-5)代入径向流动偏微分方程式(1-13)中,整理后有:

$$\frac{1}{r}\frac{\partial}{\partial r}\left(r\frac{p}{\mu_g Z}\frac{\partial p}{\partial r}\right)=\frac{\phi\mu_g C_t}{K}\frac{p}{\mu_g Z}\frac{\partial p}{\partial t} \tag{1-75}$$

对于气体,在温度不变的情况下,μ_g、Z 是压力 p 的函数,不能看作常数。为了将式(1-75)线性化,Al-hussainy,Ramey 和 Crawford 引入了气体的拟压力函数,即

$$\psi=2\int_0^p\frac{p}{\mu_g Z}\mathrm{d}p \tag{1-76}$$

将气体黏度 μ_g、压缩因子 Z 这两个与 p 有关的变量组合成一个变量。引入拟压力后,式(1-75)变换为:

$$\frac{\partial^2\psi}{\partial r^2}+\frac{1}{r}\frac{\partial\psi}{\partial r}=\frac{\phi\mu_g C_t}{K}\frac{\partial\psi}{\partial t} \tag{1-77}$$

式中 ψ——气体拟压力,atm^2/cP;

r——储层中某一点距井底距离,cm;

K——储层渗透率,D;

μ_g——气体黏度,cP;

ϕ——储层孔隙度;

C_t——总压缩系数,atm^{-1};

t——时间,s。

式(1-77)就是描述气体在孔隙介质中渗流的偏微分方程。引入拟压力后,其形式与液体渗流偏微分方程式(1-20)类似。

式(1-77)写成法定单位的形式为:

$$\frac{\partial^2\psi}{\partial r^2}+\frac{1}{r}\frac{\partial\psi}{\partial r}=\frac{\phi\mu_g C_t}{3.6\times10^{-3}K}\frac{\partial\psi}{\partial t} \tag{1-78}$$

式中 ψ——气体拟压力,$MPa^2/(mPa\cdot s)$;

r——储层中某一点距井底距离,m;

K——储层渗透率,mD;

μ_g——气体黏度,mPa·s;

ϕ——储层孔隙度;

C_t——总压缩系数,MPa^{-1};

t——时间,h。

2）不稳定流动状态下气体渗流偏微分方程求解

对于气体不稳定流动状态时偏微分方程的求解，具体过程与液体不稳定流动状态求解过程相同。此时初始条件和边界条件分别为：

$$\psi_{(t=0)}=\psi_{\mathrm{i}}\text{（初始条件）}$$

$$\psi_{(r=\infty)}=\psi_{\mathrm{i}}\text{（外边界条件）}$$

$$\left(r\frac{\partial\psi}{\partial r}\right)_{r=r_{\mathrm{w}}}=\frac{1.1727\times10^{5}q_{\mathrm{g}}p_{\mathrm{sc}}T}{\pi KhT_{\mathrm{sc}}}\text{（内边界条件）}\qquad(1-79)$$

式中　q_{g}——标准条件下产气量，$10^4\mathrm{m}^3/\mathrm{d}$；

p_{sc}——标准状态压力，0.101325MPa；

T_{sc}——标准状态温度，293.15K；

T——储层温度，K。

同样利用前面介绍的 Polubarinova－Kochina 方法，结合边界条件和初始条件对式（1－78）进行求解，得到：

$$\psi_{\mathrm{wf}}=\psi_{\mathrm{i}}-\frac{42420q_{\mathrm{g}}Tp_{\mathrm{sc}}}{KhT_{\mathrm{sc}}}\left(\lg\frac{Kt}{\phi\mu_{\mathrm{g}}C_{\mathrm{t}}r_{\mathrm{w}}^{2}}-2.0923\right)\qquad(1-80)$$

式中　ψ_{i}、ψ_{wf}——分别以拟压力形式表示的原始地层压力和井底流压，$\mathrm{MPa}^2/(\mathrm{mPa\cdot s})$。

式（1－80）就是可压缩流体在不稳定流动状态下的解。由于拟压力计算过程复杂，在实际应用中，可以近似成压力一次方和压力平方形式。

当 $p<13.8$MPa 时，$\mu_{\mathrm{g}}Z\approx$常数（图 1－10），拟压力可以简化为压力平方形式，即：

$$\psi=2\int_{0}^{p}\frac{p}{\mu_{\mathrm{g}}Z}\mathrm{d}p=\frac{p^{2}}{\mu_{\mathrm{g}}Z}\qquad(1-81)$$

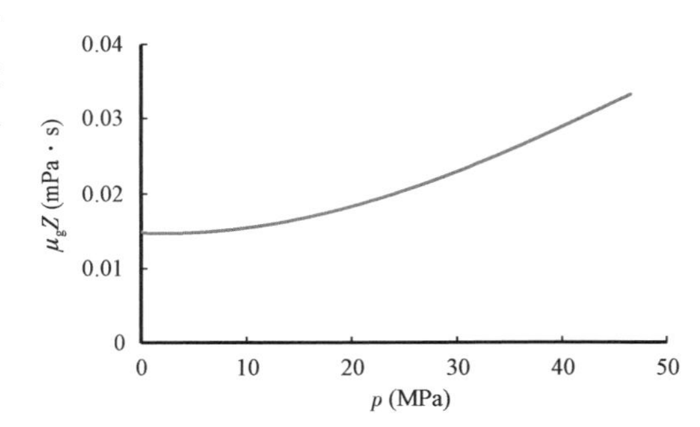

图 1－10　气体 $\mu_{\mathrm{g}}Z$—p 关系图

此时式（1－80）近似写成压力平方形式为：

$$p_{\mathrm{wf}}^{2}=p_{\mathrm{i}}^{2}-\frac{42420q_{\mathrm{g}}\bar{\mu}_{\mathrm{g}}\bar{Z}Tp_{\mathrm{sc}}}{KhT_{\mathrm{sc}}}\left(\lg\frac{Kt}{\phi\mu_{\mathrm{g}}C_{\mathrm{t}}r_{\mathrm{w}}^{2}}-2.0923\right)\qquad(1-82)$$

式中　$\bar{\mu}_{\mathrm{g}}$——平均气体黏度，取 $p=\sqrt{\dfrac{p_{\mathrm{i}}^{2}+p_{\mathrm{wf}}^{2}}{2}}$ 时的值，mPa·s；

$\bar{Z}$——平均气体压缩因子，取 $p=\sqrt{\dfrac{p_{\mathrm{i}}^{2}+p_{\mathrm{wf}}^{2}}{2}}$ 时的值。

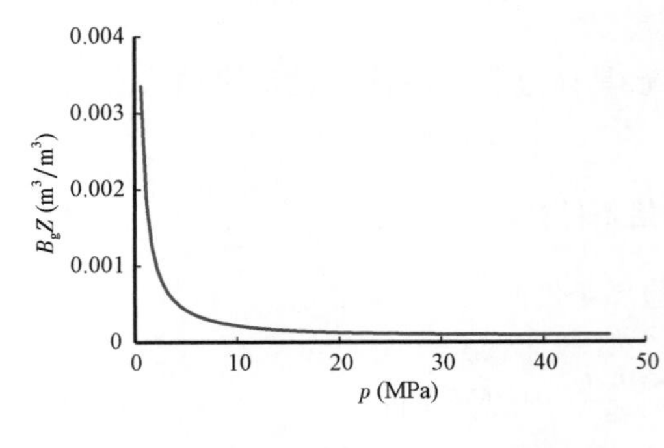

图 1－11　气体 $B_g\mu_g$—p 关系图

当 $p>20.7$MPa 时，$p/\mu_g Z\approx$常数，即 $B_g\mu_g\approx$常数（图 1－11），拟压力可以简化为压力形式，即：

$$\psi=2\int_0^p \frac{p}{\mu_g Z}\mathrm{d}p=2\int_0^p \frac{Tp_{sc}}{T_{sc}}\frac{1}{B_g\mu_g}\mathrm{d}p=\frac{2p}{B_g\mu_g}\frac{Tp_{sc}}{T_{sc}}$$

式（1－80）近似成压力形式为：

$$p_{wf}=p_i-\frac{21210q_g\bar{\mu}_g\bar{B}_g}{Kh}\left(\log\frac{Kt}{\phi\mu_g C_t r_w^2}-2.0923\right) \tag{1-83}$$

式中　$\bar{\mu}_g$——平均气体黏度，取 $p=\frac{p_i+p_{wf}}{2}$时的值，mPa·s；

$\bar{B}_g$——平均气体体积系数，取 $p=\frac{p_i+p_{wf}}{2}$时的值，m^3/m^3。

3）拟稳定流动状态下气体渗流偏微分方程求解

假设均质气藏中一口气井以恒定产量 q_g生产，气井井控半径为 r_e。当气井达到拟稳定流状态后，在距井距离为 r 处压力下降速度为常数。开井前整个气藏地层压力相同，均为 p_i，这些初始条件和边界条件可表示为：

$$\psi_{(t=0)}=\psi_i（初始条件）$$

$$\left(\frac{\partial\psi}{\partial r}\right)_{r=r_e}=0（外边界条件）$$

$$q_g=常数（内边界条件）$$

$$\left(\frac{\partial\psi}{\partial t}\right)_r=常数\neq 0$$

下面根据气藏物质平衡方程，确定气井达到拟稳定流动时$\partial\psi/\partial t$ 表达式。

根据气藏物质平衡方程，有：

$$\frac{p}{Z}=\frac{p_i}{Z_i}\left(1-\frac{G_p}{G}\right) \tag{1-84}$$

式（1－84）对 t 求导数，得到：

$$\mathrm{d}\left(\frac{p}{Z}\right)=-\frac{10^4}{24}\frac{p_i}{Z_i}\frac{q_g}{G}\mathrm{d}t \tag{1-85}$$

式中　q_g——日产气量，$10^4m^3/d$；

G——地质储量，m^3；

p_i——原始地层压力，MPa；

p——某一时刻地层压力,MPa;

Z_i——原始状态下气体的压缩因子;

Z——地层压力为 p 时气体的压缩因子;

t——时间,h。

根据气体状态方程式(1-5)可知:

$$C_g = \frac{1}{\rho}\frac{d\rho}{dp} = \frac{ZRT}{pM}\frac{d}{dp}\left(\frac{pM}{ZRT}\right) = \frac{Z}{p}\frac{d}{dp}\left(\frac{p}{Z}\right) \tag{1-86}$$

式(1-86)进一步变形后,得到:

$$\frac{p}{Z}dp = \frac{1}{C_g}d\left(\frac{p}{Z}\right) \tag{1-87}$$

根据式(1-87)和气体拟压力定义,有:

$$\psi = 2\int_0^p \frac{p}{\mu_g Z}dp = 2\int_0^p \frac{1}{\mu_g C_g}d\frac{p}{Z} \tag{1-88}$$

将式(1-85)代入式(1-88)中,整理后得到:

$$\psi = -\frac{10^4}{12}\int_0^t \frac{1}{\mu_g C_g}\frac{p_i}{Z_i}\frac{q_g}{G}dt \tag{1-89}$$

根据容积法储量计算公式可知:

$$\frac{p_i/Z_i}{G} = \frac{p_i/Z_i B_{gi}}{Ah\phi S_g} = \frac{Tp_{sc}}{Ah\phi S_g T_{sc}} \tag{1-90}$$

将式(1-90)代入式(1-89)中,有:

$$\psi = -\frac{10^4}{12}\frac{Tp_{sc}}{Ah\phi S_g T_{sc}}\int_0^t \frac{q_g}{\mu_g C_g}dt \tag{1-91}$$

气井流动达到拟稳定流状态时:

$$\left(\frac{\partial\psi}{\partial t}\right)_r = 常数 \neq 0$$

由式(1-91)可知:

$$\frac{\partial\psi}{\partial t} = -\frac{10^4}{12}\frac{Tp_{sc}}{Ah\phi S_g T_{sc}}\frac{\partial\left(\int_0^t \frac{q_g}{\mu_g C_g}dt\right)}{\partial t} = -\frac{10^4}{12}\frac{Tp_{sc}}{Ah\phi T_{sc}}\frac{q_g}{\mu_g S_g C_g} \tag{1-92}$$

将式(1-92)代入式(1-78)中,由于 $S_g C_g \approx C_t$,整理后得到:

$$\frac{\partial^2\psi}{\partial r^2} + \frac{1}{r}\frac{\partial\psi}{\partial r} = -\frac{1}{3.6\times10^{-3}}\frac{10^4}{12}\frac{q_g Tp_{sc}}{\pi r_e^2 KhT_{sc}} \tag{1-93}$$

即：

$$\frac{1}{r}\frac{\partial}{\partial r}\left(r\frac{\partial\psi}{\partial r}\right)=-\frac{1}{3.6\times10^{-3}}\frac{10^4}{12}\frac{q_g T p_{sc}}{\pi r_e^2 KhT_{sc}} \tag{1-94}$$

式(1－92)进一步整理后，得到：

$$\frac{\partial\psi}{\partial r}=-\frac{1}{3.6\times10^{-3}}\frac{10^4}{24}\frac{q_g T p_{sc}}{\pi r_e^2 KhT_{sc}}r+\frac{c_4}{r} \tag{1-95}$$

式(1－95)中 c_4 为常数。将外边界条件 $\left(\frac{\partial\psi}{\partial r}\right)_{r=r_e}=0$ 代入式(1－95)中，得到 c_4 值：

$$c_4=\frac{1}{3.6\times10^{-3}}\frac{10^4}{24}\frac{q_g T p_{sc}}{\pi KhT_{sc}} \tag{1-96}$$

将 c_4 值代入式(1－95)中，得到：

$$\frac{\partial\psi}{\partial r}=\frac{1}{3.6\times10^{-3}}\frac{10^4}{24}\frac{q_g T p_{sc}}{\pi KhT_{sc}}\left(\frac{1}{r}-\frac{r}{r_e^2}\right) \tag{1-97}$$

令边界 r_e 处拟压力为 ψ_e，井底 r_w 处拟压力为 ψ_{wf}，式(1－97)两边积分后，有：

$$\int_{\psi_{wf}}^{\psi_e}\partial\psi=\frac{1}{3.6\times10^{-3}}\frac{10^4}{24}\frac{q_g T p_{sc}}{\pi KhT_{sc}}\int_{r_w}^{r_e}\left(\frac{1}{r}-\frac{r}{r_e^2}\right)\partial r \tag{1-98}$$

对式(1－98)进行整理，并认为 $r_w^2/r_e^2\approx0$，得到：

$$\psi_e-\psi_{wf}=\frac{1}{3.6\times10^{-3}}\frac{10^4}{24}\frac{q_g T p_{sc}}{\pi KhT_{sc}}\left(\ln\frac{r_e}{r_w}-\frac{1}{2}\right) \tag{1-99}$$

针对式(1－99)，用 t 时刻平均压力条件下的拟压力 ψ_R 代替 ψ_e，得到：

$$\psi_R-\psi_{wf}=\frac{1}{3.6\times10^{-3}}\frac{10^4}{24}\frac{q_g T p_{sc}}{\pi KhT_{sc}}\left(\ln\frac{r_e}{r_w}-\frac{3}{4}\right)$$

即：

$$\psi_R-\psi_{wf}=12.74\frac{q_g T}{Kh}\left(\ln\frac{r_e}{r_w}-\frac{3}{4}\right) \tag{1-100}$$

式中 ψ_R，ψ_{wf}——分别以拟压力形式表示的平均地层压力和井底流压，$MPa^2/(mPa\cdot s)$；

q_g——标准条件下产气量，$10^4m^3/d$；

T——储层温度，K；

K——储层渗透率，mD；

h——储层厚度，m；

r_e——井控半径，m；

r_w——井筒半径，m。

考虑到气井的总表皮系数 S_a后，式（1－100）变为：

$$\psi_R - \psi_{wf} = 12.74\frac{q_g T}{Kh}\left(\ln\frac{r_e}{r_w} - \frac{3}{4} + S_a\right) \tag{1-101a}$$

其中

$$S_a = S + Dq_g$$

式中　S_a——气井总表皮系数；

S——由于储层污染、部分射开等造成的表皮系数；

D——非达西流系数，$(10^4 m^3/d)^{-1}$。

式（1－101a）就是气井产能计算的基本理论公式，转化成常用的二项式产能方程的形式为：

$$\psi_R - \psi_{wf} = 12.74\frac{T}{Kh}\left(\ln\frac{0.472r_e}{r_w} + S\right)q_g + 12.74\frac{T}{Kh}Dq_g^{\ 2} \tag{1-101b}$$

前面已经提到，当 $p < 13.8$MPa 时，$\mu_g Z \approx$ 常数，可以用压力平方代替拟压力，此时式（1－101a）简化为：

$$p_R^2 - p_{wf}^2 = 12.74\frac{q_g\bar{\mu}_g\bar{Z}T}{Kh}\left(\ln\frac{r_e}{r_w} - \frac{3}{4} + S_a\right) \tag{1-102a}$$

式（1－102a）转化成二项式产能方程的形式为：

$$p_R^2 - p_{wf}^2 = 12.74\frac{q_g\bar{\mu}_g\bar{Z}T}{Kh}\left(\ln 0.472\frac{r_e}{r_w} + S\right)q_g + 12.74\frac{\bar{\mu}_g\bar{Z}T}{Kh}Dq_g^{\ 2} \tag{1-102b}$$

式中　$\bar{\mu}_g$——气体平均黏度，取 $p = \sqrt{\frac{p_R^2 + p_{wf}^2}{2}}$时的值，mPa · s；

$\bar{Z}$——气体平均压缩因子，取 $p = \sqrt{\frac{p_R^2 + p_{wf}^2}{2}}$时的值。

当 $p > 20.7$MPa 时，$B_g\mu_g \approx$ 常数，拟压力可以简化为压力形式，式（1－101a）变为：

$$p_R - p_{wf} = 1.842\times10^4\frac{q_g\bar{\mu}_g\bar{B}_g}{Kh}\left(\ln\frac{r_e}{r_w} - \frac{3}{4} + S_a\right) \tag{1-103a}$$

式（1－103a）转化成二项式产能方程的形式为：

$$p_R - p_{wf} = 1.842\times10^4\frac{\bar{\mu}_g\bar{B}_g}{Kh}\left(\ln 0.472\frac{r_e}{r_w} + S\right)q_g + 1.842\times10^4\frac{\bar{\mu}_g\bar{B}_g}{Kh}Dq_g^{\ 2} \tag{1-103b}$$

式中 $\bar{\mu}_g$——气体平均黏度，取 $p=\frac{p_R+p_{wf}}{2}$ 时的值，mPa·s；

$\bar{B}_g$——气体平均体积系数，取 $p=\frac{p_R+p_{wf}}{2}$ 时的值，m^3/m^3。

四、van Everdingen – Hurst 无因次偏微分方程及其解

1. 无因次参数定义及 van Everdingen – Hurst 无因次偏微分方程

图 1 – 12 给出了 van Everdingen – Hurst 无因次偏微分方程的建立及不同条件下求解过程流程图。在复杂的工程计算中，通常对具有某些物理意义的参数团进行组合，形成无因次形式，这样参数的值就不会随单位的变化而变化，并且具有归一化功能，扩大公式的使用范围。比如不稳定试井解释中的双对数特征曲线以及现代产量递减分析方法中的标准曲线图版，都是无因次形式的。在油气藏工程中，常用的无因次参数包括无因次压力 p_D、无因次产量 q_D、无因次时间 t_D 和无因次半径 r_D。

针对油井（微可压缩流体），无因次时间 p_D、无因次产量 q_D、无因次时间 t_D、无因次半径 r_D 和无因次井控半径 r_{eD} 的表达式分别为：

$$p_D=\frac{Kh}{1.842q\mu B}(p_i-p_{wf})=\frac{Kh}{1.842q\mu B}\Delta p \tag{1-104}$$

$$q_D=\frac{1}{p_D}=\frac{1.842q\mu B}{Kh(p_i-p_{wf})} \tag{1-105}$$

$$t_D=\frac{3.6\times10^{-3}Kt}{\phi\mu C_t r_w^2} \tag{1-106}$$

$$r_D=\frac{r}{r_w} \tag{1-107}$$

$$r_{eD}=\frac{r_e}{r_w} \tag{1-108}$$

式中 p_i，p_{wf}——原始地层压力、井底流压，MPa；

q——产量，m^3/d；

K——渗透率，mD；

μ——黏度，mPa·s；

h——储层厚度，m；

B——体积系数，m^3/m^3；

t——时间，h；

r——储层中某一点距井的距离，m；

r_e——井控半径，m；

r_w——井筒半径，m。

针对气井（可压缩流体），无因次时间 p_D、无因次产量 q_D 表达式分别为：

$$p_D=\frac{2.714\times10^{-5}Kh}{q_g}\frac{T_{sc}}{Tp_{sc}}(\psi_i-\psi_{wf})=0.07849\frac{Kh}{q_gT}\Delta\psi \tag{1-109}$$

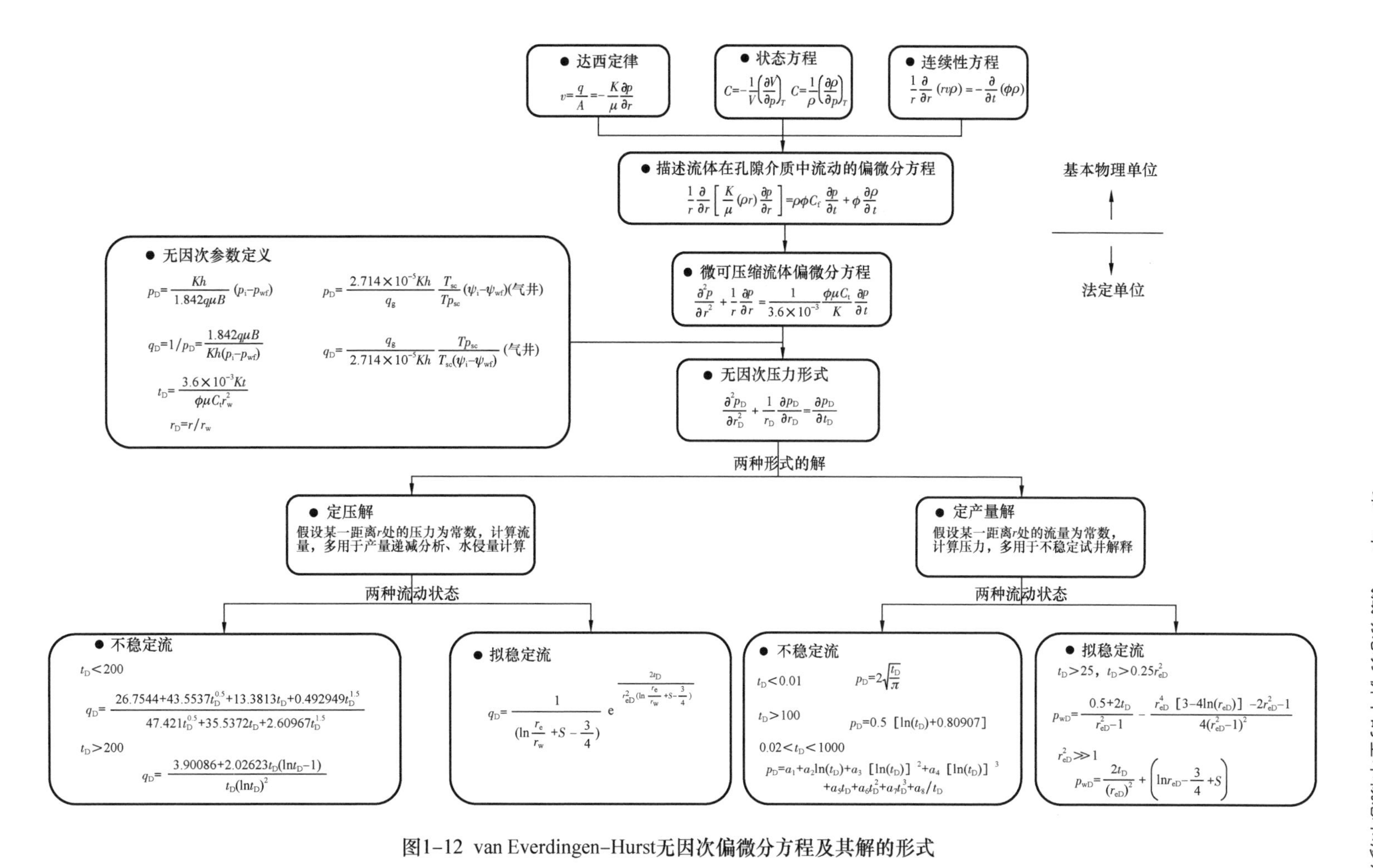

图1-12　van Everdingen-Hurst无因次偏微分方程及其解的形式

$$q_{\mathrm{D}} = \frac{q_{\mathrm{g}}}{2.714 \times 10^{-5}Kh}\frac{Tp_{\mathrm{sc}}}{T_{\mathrm{sc}}(\psi_{\mathrm{i}} - \psi_{\mathrm{wf}})} = 12.74\frac{q_{\mathrm{g}}T}{Kh\Delta\psi} \tag{1-110}$$

式中 ψ_{i},ψ_{wf}——以拟压力形式表示的原始地层压力和井底流压,$\mathrm{MPa}^2/(\mathrm{mPa\cdot s})$;

$\Delta\psi$——以拟压力形式表示的压差,$\Delta\psi=\psi_{\mathrm{i}}-\psi_{\mathrm{wf}}$,$\mathrm{MPa}^2/(\mathrm{mPa\cdot s})$;

q_{g}——产气量,$10^4\mathrm{m}^3/\mathrm{d}$;

T——储层温度,K;

T_{sc}——标准状态温度,293.15K;

p_{sc}——标准状态压力,0.101325MPa。

气井的无因次时间 t_{D}、无因次半径 r_{D}和无因次井控半径 r_{eD}表达式与油井相同。

引入无因次变量后,描述流体在孔隙介质中的渗流方程式(1-21)和式(1-78)可写成无因次形式:

$$\frac{\partial^2 p_{\mathrm{D}}}{\partial r_{\mathrm{D}}^2} + \frac{1}{r_{\mathrm{D}}}\frac{\partial p_{\mathrm{D}}}{\partial r_{\mathrm{D}}} = \frac{\partial p_{\mathrm{D}}}{\partial t_{\mathrm{D}}} \tag{1-111}$$

van Everdingen 和 Hurst 对式(1-111)进行了 Laplace 变换,给出了利用指数和 Bessel 函数系列表示的解,包括不稳定流动状态和拟稳定流动状态下定产量解、定井底流压解。内边界定产情况下给出的 p_{D}—t_{D}关系主要用于不稳定试井解释等以压力变化为主的分析,在内边界定压情况下给出的 q_{D}—t_{D}关系主要用于现代产量递减分析和水侵量计算。

2. $p_{\mathrm{D}}(q_{\mathrm{D}})$—$t_{\mathrm{D}}$关系图

图 1-13 给出了平面径向流定井底流压生产情况下 q_{D}—t_{D}关系。从图中可以看出,在不稳定流动阶段,q_{D}变化与 r_{eD}无关,仅与 t_{D}有关,因此不同 r_{eD}情况下的产量递减曲线汇聚为一条线。到了边界流动状态,不同 r_{eD}情况下 q_{D}呈现出不同的递减趋势。图 1-14 给出了平面径向流定产量生产情况下 p_{D}^{-1}—t_{D}关系,其变化趋势与图 1-13 中 q_{D}—t_{D}变化形式类似,在不稳定流动阶段,p_{D}^{-1}变化与 r_{eD}无关,仅与 t_{D}有关,到了边界流动状态,不同 r_{eD}情况下 p_{D}^{-1}呈现出不同的递减趋势。图 1-13 和图 1-14 是气井现代产量递减分析中特征图版建立的基础。

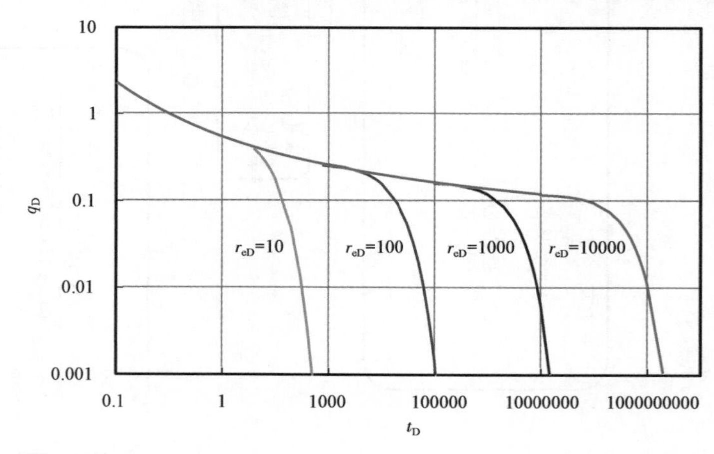

图 1-13 平面径向流定井底流压条件下 q_{D}—t_{D}关系曲线

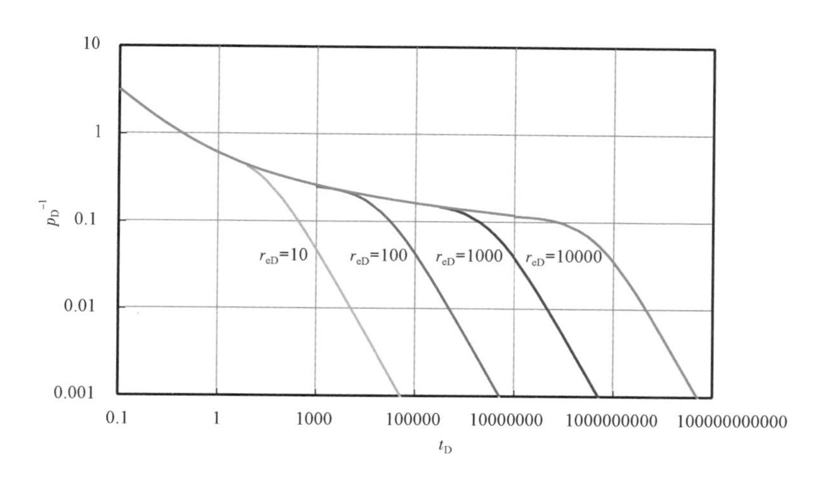

图 1－14　平面径向流定产条件下 p_D^{-1}—t_D 关系曲线

3. 以列表形式给出的定产量情况下 p_D—t_D 关系

Chatas(1953)和 Lee(1982)通过列表的形式给出了定产量情况下不同流动状态时 t_D 对应的 p_D 值。表 1－2 为不稳定流动状态时不同 t_D 对应的 p_D 值，表 1－3 给出了拟稳定流动状态、无因次半径 r_{eD}＝1.5～10 时 p_D 与 t_D 对应关系。

表 1－2　无限大径向流、内边界定产情况下 p_D 与 t_D 关系表

t_D	p_D	t_D	p_D	t_D	p_D
0	0	0.15	0.375	60	2.4758
0.0005	0.0250	0.2	0.4241	70	2.5501
0.0010	0.0352	0.3	0.5024	80	2.6147
0.0020	0.0495	0.4	0.5645	90	2.6718
0.0030	0.0603	0.5	0.6167	100	2.7233
0.0040	0.0694	0.6	0.6622	150	2.9212
0.0050	0.0774	0.7	0.7024	200	3.0636
0.0060	0.0845	0.8	0.7387	250	3.1726
0.0070	0.0911	0.9	0.7716	300	3.2630
0.0080	0.0971	1.0	0.8019	350	3.3394
0.0090	0.1028	1.2	0.8672	400	3.4057
0.0100	0.1081	1.4	0.916	450	3.4641
0.0150	0.1312	2.0	1.0195	500	3.5164
0.0200	0.1503	3.0	1.1665	550	3.5643
0.0250	0.1669	4.0	1.275	600	3.6076
0.0300	0.1818	5.0	1.3625	650	3.6476
0.0400	0.2077	6.0	1.4362	700	3.6842
0.0500	0.2301	7.0	1.4997	750	3.7184

续表

t_D	p_D	t_D	p_D	t_D	p_D
0.0600	0.2500	8.0	1.5557	800	3.7505
0.0700	0.2680	9.0	1.6057	850	3.7805
0.0800	0.2845	10.0	1.6509	900	3.8088
0.0900	0.2999	15.0	1.8294	950	3.8355
0.1000	0.3144	20.0	1.9601	1000	3.8584
		30.0	2.1470		
		40.0	2.2824		
		50.0	2.3884		

表 1-3　拟稳定流动状态、内边界定产情况下 p_D 与 t_D 关系表

$r_{eD}=1.5$		$r_{eD}=2.0$		$r_{eD}=2.5$		$r_{eD}=3.0$		$r_{eD}=3.5$		$r_{eD}=4.0$	
t_D	p_D	t_D	p_D	t_D	p_D	t_D	p_D	t_D	p_D	t_D	p_D
0.06	0.251	0.22	0.443	0.40	0.565	0.52	0.627	1.00	0.802	1.5	0.927
0.08	0.288	0.24	0.459	0.42	0.576	0.54	0.636	1.10	0.830	1.6	0.948
0.10	0.322	0.26	0.476	0.44	0.587	0.56	0.645	1.20	0.857	1.7	0.968
0.12	0.355	0.28	0.492	0.46	0.598	0.60	0.662	1.30	0.882	1.8	0.988
0.14	0.387	0.30	0.507	0.48	0.608	0.65	0.683	1.40	0.906	1.9	1.007
0.16	0.420	0.32	0.522	0.50	0.618	0.70	0.703	1.50	0.929	2.0	1.025
0.18	0.452	0.34	0.536	0.52	0.628	0.75	0.721	1.60	0.951	2.2	1.059
0.20	0.484	0.36	0.551	0.54	0.638	0.80	0.740	1.70	0.973	2.4	1.092
0.22	0.516	0.38	0.565	0.56	0.647	0.85	0.758	1.80	0.994	2.6	1.123
0.24	0.548	0.40	0.579	0.58	0.657	0.90	0.776	1.90	1.014	2.8	1.154
0.26	0.580	0.42	0.593	0.60	0.666	0.95	0.791	2.00	1.034	3.0	1.184
0.28	0.612	0.44	0.607	0.65	0.688	1.00	0.806	2.25	1.083	3.5	1.255
0.30	0.644	0.46	0.621	0.70	0.710	1.20	0.865	2.50	1.130	4.0	1.324
0.35	0.724	0.48	0.634	0.75	0.731	1.40	0.920	2.75	1.176	4.5	1.392
0.40	0.804	0.50	0.648	0.80	0.752	1.60	0.973	3.00	1.221	5.0	1.460
0.45	0.884	0.60	0.715	0.85	0.772	2.00	1.076	4.00	1.401	5.5	1.527
0.50	0.964	0.70	0.782	0.90	0.792	3.00	1.328	5.00	1.579	6.0	1.594
0.55	1.044	0.80	0.849	0.95	0.812	4.00	1.578	6.00	1.757	6.5	1.660
0.60	1.124	0.90	0.915	1.00	0.832	5.00	1.828			7.0	1.727
0.65	1.204	1.00	0.982	2.00	1.215					8.0	1.861
0.70	1.284	2.00	1.649	3.00	1.506					9.0	1.994
0.75	1.364	3.00	2.316	4.00	1.977					10.0	2.127
0.80	1.444	5.00	3.649	5.00	2.398						

续表

$r_{eD}=4.5$		$r_{eD}=5$		$r_{eD}=6$		$r_{eD}=7$		$r_{eD}=8$		$r_{eD}=9$		$r_{eD}=10$	
t_D	p_D	t_D	p_D	t_D	p_D	t_D	p_D	t_D	p_D	t_D	p_D	t_D	p_D
2.0	1.023	3.0	1.167	4.0	1.275	6.0	1.436	8.0	1.556	10.0	1.651	12.0	1.732
2.1	1.040	3.1	1.180	4.5	1.322	6.5	1.470	8.5	1.582	10.5	1.673	12.5	1.750
2.2	1.056	3.2	1.192	5.0	1.364	7.0	1.501	9.0	1.607	11.0	1.693	13.0	1.768
2.3	1.702	3.3	1.204	5.5	1.404	7.5	1.531	9.5	1.631	11.5	1.713	13.5	1.784
2.4	1.087	3.4	1.215	6.0	1.441	8.0	1.559	10.0	1.653	12.0	1.732	14.0	1.801
2.5	1.102	3.5	1.227	6.5	1.477	8.5	1.586	10.5	1.675	12.5	1.750	14.5	1.817
2.6	1.116	3.6	1.238	7.0	1.511	9.0	1.613	11.0	1.697	13.0	1.768	15.0	1.832
2.7	1.130	3.7	1.249	7.5	1.544	9.5	1.638	11.5	1.717	13.5	1.786	15.5	1.847
2.8	1.144	3.8	1.259	8.0	1.576	10.0	1.663	12.0	1.737	14.0	1.803	16.0	1.862
2.9	1.158	3.9	1.270	8.5	1.607	11.0	1.711	12.5	1.757	14.5	1.819	17.0	1.890
3.0	1.171	4.0	1.281	9.0	1.638	12.0	1.757	13.0	1.776	15.0	1.835	18.0	1.917
3.2	1.197	4.2	1.301	9.5	1.668	13.0	1.810	13.5	1.795	15.5	1.851	19.0	1.943
3.4	1.222	4.4	1.321	10.0	1.698	14.0	1.845	14.0	1.813	16.0	1.867	20.0	1.968
3.6	1.246	4.6	1.340	11.0	1.757	15.0	1.888	14.5	1.831	17.0	1.897	22.0	2.017
3.8	1.269	4.8	1.360	12.0	1.815	16.0	1.931	15.0	1.849	18.0	1.926	24.0	2.063
4.0	1.292	5.0	1.378	13.0	1.873	17.0	1.974	17.0	1.919	19.0	1.955	26.0	2.108
4.5	1.349	5.5	1.424	14.0	1.931	18.0	2.016	19.0	1.986	20.0	1.983	28.0	2.151
5.0	1.403	6.0	1.469	15.0	1.988	19.0	2.058	21.0	2.051	22.0	2.037	30.0	2.194
5.5	1.457	6.5	1.513	16.0	2.045	20.0	2.100	23.0	2.116	24.0	2.906	32.0	2.236
6.0	1.510	7.0	1.556	17.0	2.103	22.0	2.184	25.0	2.180	26.0	2.142	34.0	2.278
7.0	1.615	7.5	1.598	18.0	2.160	24.0	2.267	30.0	2.340	28.0	2.193	36.0	2.319
8.0	1.719	8.0	1.641	19.0	2.217	26.0	2.351	35.0	2.499	30.0	2.244	38.0	2.360
9.0	1.823	9.0	1.725	20.0	2.274	28.0	2.434	40.0	2.658	34.0	2.345	40.0	2.401
10.0	1.927	10.0	1.808	25.0	2.560	30.0	2.517	45.0	2.817	38.0	2.446	50.0	2.604
11.0	2.031	11.0	1.892	30.0	2.846					40.0	2.496	60.0	2.806
12.0	2.135	12.0	1.975							45.0	2.621	70.0	3.008
13.0	2.239	13.0	2.059							50.0	2.746	80.0	3.210
14.0	2.343	14.0	2.142							60.0	2.996	90.0	3.412
15.0	2.447	15.0	2.225							70.0	3.246	100.0	3.614

4. $p_D(q_D)$—t_D关系近似表达式

针对不同的情形,式(1-111)的解也可以用下列公式进行近似。

(1)内边界为定产量情形,不稳定流动状态(储层外边界无限大)。

当 $t_D<0.01$ 时:

$$p_D = 2\sqrt{\frac{t_D}{\pi}} \tag{1-112}$$

当 $t_D > 100$ 时：

$$p_D = 0.5(\ln t_D + 0.80907) \tag{1-113}$$

式(1－113)就是式(1－57)的无因次形式。

当 $0.02 < t_D < 1000$ 时：

$$p_D = a_1 + a_2 \ln t_D + a_3(\ln t_D)^2 + a_4(\ln t_D)^3 + a_5 t_D + a_6 {t_D}^2 + a_7 {t_D}^3 + a_8/t_D \tag{1-114}$$

式中各项系数的值为：

$a_1 = 0.8085064$，$a_2 = 0.29302022$，$a_3 = 3.5264177 \times 10^{-2}$，$a_4 = -1.4036304 \times 10^{-3}$，$a_5 = -4.7722225 \times 10^{-4}$，$a_6 = 5.1240532 \times 10^{-7}$，$a_7 = -2.3033017 \times 10^{-10}$，$a_8 = -2.6723117 \times 10^{-3}$。

(2)内边界为定产量情形，拟稳定流动状态。

针对不同的无因次井控半径 r_{eD} 值，当 t_D 值小于表1－3中的初始值时，流动处于不稳定流动状态，用表1－2确定相应的 p_D 值。

当 $t_D > 25$ 且 $0.25{r_{eD}}^2 < t_D$ 时：

$$p_D = \frac{0.5 + 2t_D}{r_{eD}^2 - 1} - \frac{r_{eD}^4(3 - 4\ln r_{eD}) - 2r_{eD}^2 - 1}{4(r_{eD}^2 - 1)^2} \tag{1-115}$$

当 ${r_{eD}}^2 \gg 1$ 时：

$$p_D = \frac{2t_D}{r_{eD}^2} + \left(\ln r_{eD} - \frac{3}{4}\right) \tag{1-116}$$

(3)内边界为定井底流压情形，不稳定流动状态(储层外边界无限大)。

当 $t_D < 200$ 时：

$$q_D = \frac{26.7544 + 43.5537 t_D^{0.5} + 13.3813 t_D + 0.492949 t_D^{1.5}}{47.421 t_D^{0.5} + 35.5372 t_D + 2.60967 t_D^{1.5}} \tag{1-117}$$

当 $t_D > 200$ 时：

$$q_D = \frac{3.90086 + 2.02623 t_D(\ln t_D - 1)}{t_D(\ln t_D)^2} \tag{1-118}$$

(4)内边界为定井底流压情形，拟定流动状态(无因次井控半径 r_{eD})。

$$q_D = \frac{1}{\ln r_{eD} - 3/4} e^{-\frac{2t_D}{r_{eD}^2(\ln r_{eD} - 3/4)}} \tag{1-119}$$

第三节　气井现代产量递减分析基本原理

传统的产量递减分析是以 Arps 产量递减法为基础，以产量为目标进行分析，对于常规气井(藏)，到了中后期稳产期结束后才进入产量递减阶段。现代产量递减分析通过引入新的产量、压力和时间函数，在不稳定试井理论与传统的产量递减分析方法的基础上，建立了递减曲线特征图版，在实际应用中，通过日常生产数据与特征图版拟合的方法计算储层渗透率、表皮系数（裂缝半长）、井控半径、井控储量等参数。本节系统介绍了 Arps、Fetkovich、Blasingame、Agarwal - Gardner（AG）和 Flowing Material Balance（流动物质平衡）等常用方法的基本原理及应用。目前现代产量递减分析方法已形成商业软件，广泛应用于油气井生产动态分析中。

一、传统 Arps 递减方法

1945 年 Arps 在大量生产数据统计的基础上，总结出了油气井产量递减的三种规律。

指数式递减：

$$q = q_i \cdot e^{-D_i t} \tag{1-120}$$

双曲递减：

$$q = \frac{q_i}{(1 + bD_i t)^{1/b}} \tag{1-121}$$

式中 b 为常数，且 $0 < b < 1$

调和递减：

$$q = \frac{q_i}{(1 + D_i t)} \tag{1-122}$$

式中 q_i——初始时刻产量，m^3/d；

q——t 时刻产量，m^3/d；

D_i——初始递减率、瞬时递减率，d^{-1}；

b——递减指数；

t——生产时间，d。

传统的 Arps 递减曲线是在经验的基础上总结出来的，而不是利用理论公式推导出来的。对气井生产数据进行 Arps 递减分析时要求生产时间足够长，能够发现产量递减趋势。从严格的流动阶段来讲，递减曲线代表边界流阶段，不能用于分析生产早期的不稳定流阶段。Arps 递减分析仅以产量变化为依据，适用于定压生产情况，国内大多数气井都是采用定产降压的生产制度，一般要到开发中后期才能识别产量递减趋势。

三种产量递减形式均可以用双曲递减公式表达，即：

$$q = \frac{q_i}{(1 + bD_i t)^{1/b}} \tag{1-123}$$

在式（1 - 123）中，当 $b = 0$ 时为指数递减，$b = 1$ 时为调和递减，$0 < b < 1$ 时为双曲递减。

产量递减分析中仅涉及产量与时间的变化趋势，因此既适用于单井也适用于气田或区块的生产后期递减分析。根据实际产量递减趋势确定初始递减时刻产量 q_i、递减指数 b 及递减率 D_i，预测后期产量及最终可采储量。图 1 - 15 为四川盆地 PLB 气田历年产量，该气田 1991 年投产，2005 年开始递减，到了后期井口压力降到了外输压力，基本采取定井口油压的生产方式，因此符合 Arps 递减方法应用条件。根据产量递减趋势分析，认为整体属于指数递减（$b=0$），初始递减时刻产量 $q_i=102.2\times10^4m^3/d$，每天递减率 $D_i=3.7\times10^{-4}d^{-1}$。如果不采取任何挖潜措施，在废弃产量取 $3\times10^4m^3/d$ 情况下，气田最终可采储量 $58.78\times10^8m^3$，剩余可采储量 $3.93\times10^8m^3$。

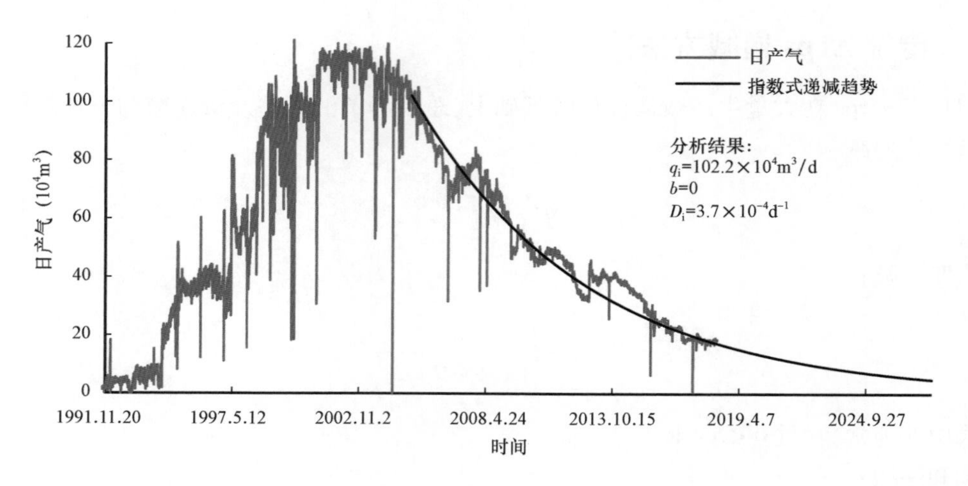

图 1－15 PLB 气田产量递减分析

二、Fetkovich 产量递减分析方法

1. 无因次产量 q_{Dd} 和无因次时间 t_{Dd} 定义

Fetkovich 提出了利用无因次参数建立特征图版的方式进行产量递减分析，并根据 Arps 递减公式，引入了新的无因次产量（q_{Dd}）和无因次时间（t_{Dd}）。

$$q_{Dd}=\frac{q}{q_i} \tag{1-124}$$

$$t_{Dd}=D_it \tag{1-125}$$

Arps 产量递减公式的无因次形式为：

$$q_{Dd}=\frac{1}{(1+bt_{Dd})^{1/b}} \tag{1-126}$$

当 $b=0$ 时为指数递减，式（1－126）变为：

$$q_{Dd}=e^{-D_it}=e^{-t_{Dd}} \tag{1-127}$$

当 $b=1$ 时为调和递减，式（1－126）变为：

$$q_{Dd}=\frac{1}{1+t_{Dd}} \tag{1-128}$$

图 1－16 给出了 Arps 无因次产量递减曲线图版。从图版中可以看出，采用了无因次形式之后，曲线的形状与初始产量 q_i 的大小和初始递减率 D_i 大小无关，从而扩大了图版应用范围。

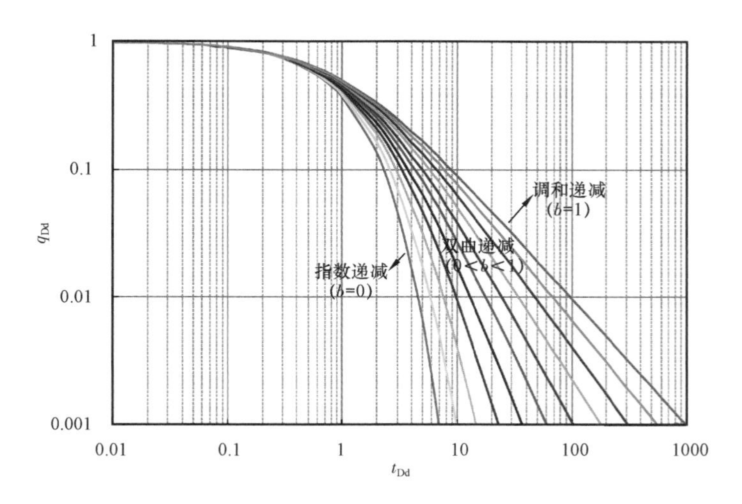

图 1－16　Arps 无因次产量递减曲线图版

2. q_{Dd}、t_{Dd}与 van Everdingen－Hurst 无因次参数 q_D及 t_D关系的建立

从严格的流动阶段来讲，Arps 递减曲线代表边界流阶段，不能用于分析生产早期的不稳定流阶段。Fetkovich 建立了 van Everdingen－Hurst 无因次偏微分方程中 q_D、t_D与 Arps 产量递减分析中 q_{Dd}、t_{Dd}关系，从而将 Arps 无因次产量递减图版扩展到早期不稳定流动阶段，由此建立了产量递减分析典型图版，为后来的 Palacio－Blasingame 和 Agarwal－Gardner 等为主的现代产量递减分析典型图版的建立提供了基础。

1）q_{Dd}与 q_D关系建立

根据拟稳定流动状态时产量公式式（1－72）确定生产井初始产量 q_i表达式为：

$$q_i = \frac{0.5429Kh(p_i - p_{wf})}{\mu B\left[\ln\left(\frac{r_e}{r_w}\right) - \frac{1}{2}\right]} \tag{1-129}$$

将式（1－129）代入式（1－124）中，得到：

$$q_{Dd} = \frac{q}{q_i} = \frac{q}{\frac{0.5429Kh(p_i - p_{wf})}{\mu B\left[\ln\left(\frac{r_e}{r_w}\right) - \frac{1}{2}\right]}} = 1.842\frac{q\mu B}{Kh(p_i - p_{wf})}\left[\ln\left(\frac{r_e}{r_w}\right) - \frac{1}{2}\right] \tag{1-130}$$

式（1－105）给出了 van Everdingen－Hurst 无因次产量 q_D表达式，将式（1－105）代入式（1－130）中，得到：

$$q_{Dd} = q_D\left[\ln\left(\frac{r_e}{r_w}\right) - \frac{1}{2}\right] \tag{1-131}$$

式（1－131）就是产量递减分析中 q_{Dd}与 van Everdingen－Hurst 无因次流动方程中 q_D关系式。

2) t_{Dd}与 t_D关系建立

根据油井产量公式可知:

$$q = J(p_R - p_{wf}) \tag{1-132}$$

式中 q——产量,m^3/d;

J——采油指数,$m^3/(d \cdot MPa)$;

p_R——平均地层压力,MPa;

p_{wf}——井底流压,MPa。

定义最大产量 q_{imax}为初始阶段井底流压为0时的产量,即:

$$q_{imax} = Jp_i \tag{1-133}$$

式中 p_i——原始地层压力,MPa。

由式(1-133)得到:

$$J = \frac{q_{imax}}{p_i} \tag{1-134}$$

将式(1-134)代入式(1-132)中,得到:

$$q = \frac{q_{imax}}{p_i}(p_R - p_{wf}) \tag{1-135}$$

式(1-135)还可以写为:

$$q = \frac{dN_p}{dt} = \frac{q_{imax}}{p_i}(p_R - p_{wf}) \tag{1-136}$$

即:

$$dN_p = \frac{q_{imax}}{p_i}(p_R - p_{wf})dt \tag{1-137}$$

式中 N_p——累积产油,m^3。

根据油藏物质平衡得到:

$$N_p = C_t N(p_i - p_R) \tag{1-138}$$

式中 N——地质储量,m^3;

C_t——总压缩系数,MPa^{-1}。

定义 N_{pmax}为地层压力为0时的最大累积产油量,即:

$$N_{pmax} = C_t N p_i \tag{1-139}$$

由此得到:

$$C_t N = \frac{N_{pmax}}{p_i} \tag{1-140}$$

将式(1－140)代入式(1－138)中,整理后得到:

$$p_R = p_i - \frac{N_p}{C_t N} = p_i - \frac{p_i N_p}{N_{pmax}} \tag{1-141}$$

对式(1－141)进行求导,并联立式(1－140)有:

$$dN_p = -C_t N dp_R = -\frac{N_{pmax}}{p_i} dp_R \tag{1-142}$$

将式(1－142)代入式(1－137)中,整理后得到:

$$\frac{dp_R}{p_R - p_{wf}} = -\frac{q_{imax}}{N_{pmax}} dt \tag{1-143}$$

假定 p_{wf} = 常数,对式(1－143)两边积分后进行变换:

$$\int_{p_i}^{p_R} \frac{dp_R}{p_R - p_{wf}} = -\frac{q_{imax}}{N_{pmax}} \int_0^t dt \tag{1-144}$$

$$\frac{q_{imax}}{N_{pmax}} t = \ln \frac{(p_i - p_{wf})}{(p_R - p_{wf})} \tag{1-145}$$

$$\frac{p_i - p_{wf}}{p_R - p_{wf}} = e^{\frac{q_{imax}}{N_{pmax}} t} \tag{1-146}$$

将式(1－132)代入式(1－146)中,得到:

$$\frac{J(p_i - p_{wf})}{q} = e^{\frac{q_{imax}}{N_{pmax}} t}$$

式(1－146)进一步变形后,有:

$$\frac{q}{q_i} = e^{-\frac{q_{imax}}{N_{pmax}} t} \tag{1-147}$$

根据 Fetkovich 无因次产量定义可知:

$$q_{Dd} = \frac{q}{q_i} = e^{-\frac{q_{imax}}{N_{pmax}} t} \tag{1-148}$$

根据式(1－148)和式(1－127)得到初始递减率 D_i 和无因次时间 t_{Dd} 表达式:

$$D_i = \frac{q_{imax}}{N_{pmax}} \tag{1-149}$$

$$t_{Dd} = \frac{q_{imax}}{N_{pmax}} t \tag{1-150}$$

根据式(1－139)得到 N_{pmax} 表达式:

$$N_{pmax} = \frac{\pi(r_e^2 - r_w^2)h\phi C_t p_i}{B_i} \tag{1-151}$$

根据式(1－72)得到 q_{imax} 表达式：

$$q_{imax} = \frac{0.5429Khp_i}{B_i\mu\left[\ln\left(\frac{r_e}{r_w}\right) - \frac{1}{2}\right]} \tag{1-152}$$

将式(1－151)、式(1－152)代入式(1－150)中，得到：

$$t_{Dd} = \frac{q_{imax}}{N_{pmax}}t = \frac{Kt}{1.842\phi\mu C_t \pi r_w^2\left[\ln\left(\frac{r_e}{r_w}\right) - \frac{1}{2}\right]\left[\left(\frac{r_e}{r_w}\right)^2 - 1\right]} \tag{1-153}$$

整理后得到：

$$t_{Dd} = \frac{0.0864Kt}{\phi\mu C_t r_w^2}\frac{1}{\frac{1}{2}\left[\ln\left(\frac{r_e}{r_w}\right) - \frac{1}{2}\right]\left[\left(\frac{r_e}{r_w}\right)^2 - 1\right]} \tag{1-154}$$

式中 t_{Dd}——产量递减分析中无因次时间；

K——渗透率，mD；

t——时间，d；

ϕ——孔隙度；

μ——黏度，mPa·s；

C_t——储层总压缩系数，MPa^{-1}；

r_w——井筒半径，m；

r_e——井控半径，m。

式(1－106)给出了 van Everdingen－Hurst 无因次流动方程中 t_D 表达式(式中 t 的单位为 h)，将公式中 t 的单位由小时(h)转化为天(d)，此时 t_D 表达式为：

$$t_D = \frac{0.0864Kt}{\phi\mu C_t r_w^2} \tag{1-155}$$

将式(1－155)代入式(1－154)中，得到：

$$t_{Dd} = \frac{t_D}{\frac{1}{2}\left[\ln\left(\frac{r_e}{r_w}\right) - \frac{1}{2}\right]\left[\left(\frac{r_e}{r_w}\right)^2 - 1\right]} \tag{1-156}$$

式(1－156)就是产量递减分析中 t_{Dd} 与 van Everdingen－Hurst 无因次流动方程中 t_D 关系。

在考虑到生产井的表皮系数 S 后，在产量递减分析中，无因次半径 r_{eD} 定义为：

$$r_{eD}=\frac{r_e}{r_{wa}}=\frac{r_e}{r_w e^{-S}}$$

此时 t_{Dd} 表达式为：

$$t_{Dd}=\frac{0.0864Kt}{\phi\mu C_t r_{wa}^2}\frac{1}{\frac{1}{2}\left[\ln\left(\frac{r_e}{r_{ws}}\right)-\frac{1}{2}\right]\left[\left(\frac{r_e}{r_{wa}}\right)^2-1\right]}=\frac{t_D}{\frac{1}{2}\left(\ln r_{eD}-\frac{1}{2}\right)(r_{eD}^2-1)} \tag{1-157}$$

式(1－131)和式(1－157)就是 Fetkovich 建立的 q_{Dd} 与 q_D、t_{Dd} 与 t_D 关系，即：

$$q_{Dd}=q_D\left(\ln r_{eD}-\frac{1}{2}\right)$$

$$t_{Dd}=\frac{t_D}{\frac{1}{2}\left(\ln r_{eD}-\frac{1}{2}\right)(r_{eD}^2-1)}$$

3. Fetkovich 产量递减分析图版的建立

经过上述变换后，图 1－13 中的 q_D—t_D 关系曲线在 q_{Dd}—t_{Dd} 坐标中的形状如图 1－17 所示。由于横坐标 t_{Dd} 中包含了 r_e/r_{wa}，因此在不稳定流阶段变成了一组对应不同 r_e/r_{wa} 的曲线，而在边界流阶段汇聚成一条指数递减曲线（Fetkovich 认为，在定井底流压、流体微可压缩情况下，边界流阶段的 q—t 关系与 Arps 指数递减形式相似）。

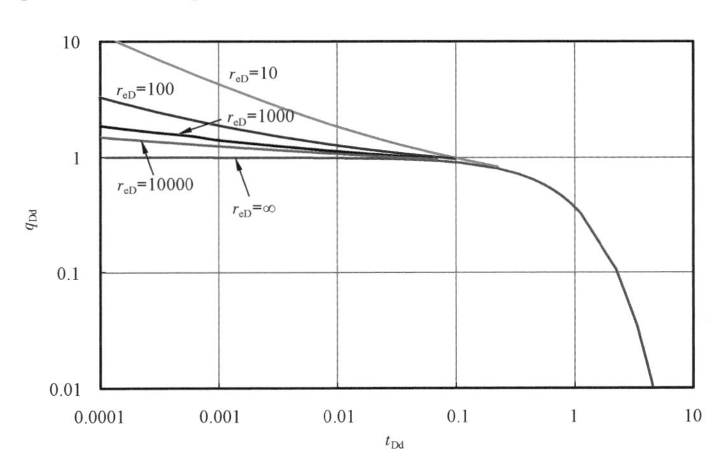

图 1－17　平面径向流定井底流压条件下 q_{Dd}—t_{Dd} 关系图

在边界流阶段，Fetkovich 又将图 1－16 中的 Arps 典型曲线结合起来，建立了 Fetkovich 递减曲线特征图版（图 1－18）。图版包括两部分，前半部分代表不稳定流阶段，不同的 r_e/r_{wa} 对应不同的曲线；后半部分就是 Arps 无因次递减曲线（对应不同的 b 值）。

4. 实际生产数据的图版拟合分析

Fetkovich 递减曲线特征图版的适用于油井（微可压缩流体）、定井底流压生产情形（即 p_{wf} =

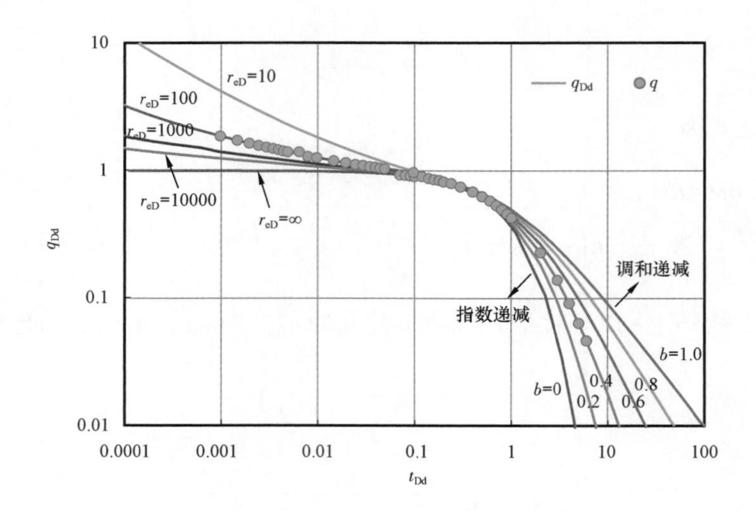

图 1－18　Fetkovich 递减曲线特征图版

常数）。尽管 Fetkovich 特征图版包括了早期的不稳定流动阶段，但必须等到生产井的流动达到边界流后才能利用该图版，否则会使 r_e/r_{wa} 的拟合存在多解性。

在应用中，利用实际生产数据通过 Fetkovich 递减曲线特征图版拟合确定 q_i、D_i、K、S 等参数。

在 Fetkovich 产量递减分析图版拟合分析过程中，图版中特征曲线是 q_{Dd}—t_{Dd} 曲线，实际生产数据是 q—t 曲线，图版拟合法利用了双对数坐标的主要特点。对式（1－124）和式（1－125）两边取对数，得到：

$$\lg q_{Dd} = \lg q - \lg q_i \tag{1-158}$$

$$\lg t_{Dd} = \lg t + \lg D_i \tag{1-159}$$

对于某一生产井来说，q_i 和 D_i 是不随时间变化的常数，根据式（1－158）和式（1－159）可知在双对数坐标中，q—t 曲线与 q_{Dd}—t_{Dd} 曲线形状相同，只是在 X 和 Y 轴上的截距不同，将 q—t 曲线沿 X 轴和 Y 轴平行移动，直到不稳定流动段（左边）和右边（边界流动段）均得到拟合，从而得到生产数据 q—t 曲线对应的 q_{Dd}—t_{Dd} 曲线以及 r_{eD}（match）和 b（match）（图 1－18）。在图版右半部分边界流动段取任一实际生产数据点和对应的特征曲线拟合点，计算 q_i 和 D_i，即：

$$q_i = \frac{q(\text{match})}{q_{Dd}(\text{match})} \tag{1-160}$$

$$D_i = \frac{t_{Dd}(\text{match})}{t(\text{match})} \tag{1-161}$$

利用图版左半部分不稳定流动段的产量拟合数据求取渗透率 K。将气井无因次产量 q_D 表达式（1－110）代入式（1－131）中，得到：

$$q_{Dd} = q_D\left(\ln r_{eD} - \frac{1}{2}\right) = 12.74\frac{q_g T}{Kh(\psi_i - \psi_{wf})}\left(\ln r_{eD} - \frac{1}{2}\right) \tag{1-162}$$

整理后得到 K 求解公式：

$$K = \left(\frac{q_g}{q_{Dd}}\right)_{match} 12.74 \frac{T}{h(\psi_i - \psi_{wf})}\left[\ln(r_{eD})_{match} - \frac{1}{2}\right] \tag{1-163}$$

利用图版左半部分不稳定流动段的时间拟合数据求取表皮系数 S。根据式(1－157)得到 r_{wa}求解公式：

$$r_{wa} = \sqrt{\left(\frac{t}{t_{Dd}}\right)_{match} \frac{0.0864K}{\phi\mu_g C_t} \frac{1}{\frac{1}{2}\left[\ln(r_{eD})_{match} - \frac{1}{2}\right]\left[(r_{eD})^2_{match} - 1\right]}} \tag{1-164}$$

然后利用公式(1－165)计算 S：

$$S = \ln\left(\frac{r_w}{r_{wa}}\right) \tag{1-165}$$

三、Palacio－Blasingame 产量递减分析方法

Fetkovich 递减曲线图版适用于微可压缩流体、定井底流压生产情形。针对气井，储层流体为可压缩流体，而且实际生产过程中既有变井底流压也有变产量情形，或者二者同时存在。J. C. Palacio 和 T. A. Blasingame 等人利用物质平衡拟时间函数和规整化拟压力进行了等效，使 Fetkovich 图版同样适用于气井在变产量/变井底流压情况下的产量递减分析。

1. 利用物质平衡时间函数建立“定压”与“定产”之间的等效关系

图 1－13 和图 1－14 分别给出了平面径向流定井底流压情况下 q_D—t_D关系和定产量情况下 p_D^{-1}—t_D关系。将二者绘制在同一张图中可以看出(图 1－19)，在不稳定流动阶段，q_D—t_D曲线与 p_D^{-1}—t_D关系曲线基本重合，而在边界流动段，q_D—t_D曲线呈指数递减趋势，而 p_D^{-1}—t_D关系曲线呈调和递减趋势。后来 Blasingame 和 Lee 等人提出了物质平衡时间函数概念，即：

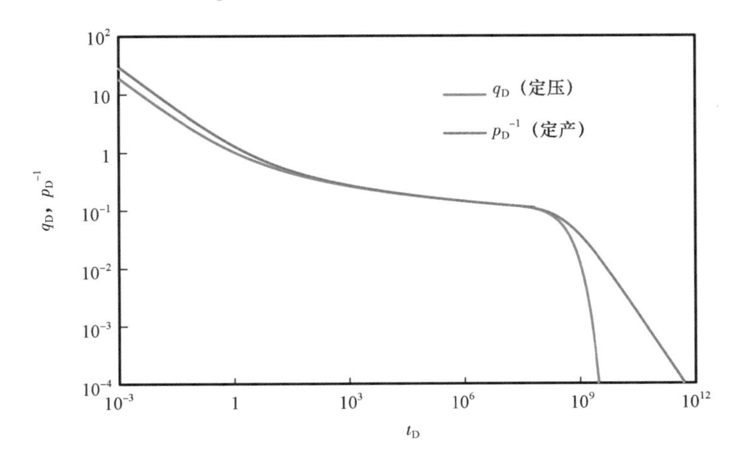

图 1－19　平面径向流定井底流压条件下 q_D—t_D关系及定产条件下 p_D^{-1}—t_D关系图
(r_{eD} = 1000，t_D表达式中时间为实际时间 t)

$$t_c = \frac{N_p}{q} = \frac{\int_0^t q\mathrm{d}t}{q} \tag{1-166}$$

式中　t_c——物质平衡时间，d；

N_p——累积产量，m^3；

q——产量，m^3/d；

t——实际时间，d。

将无因次时间 t_D 表达式（1－155）中的实际时间 t 用物质平衡时间 t_c 代替，即：

$$t_D = \frac{0.0864Kt_c}{\phi\mu C_t r_w^2} \tag{1-167}$$

经过变换后，此时无论是在不稳定流动阶段还是在边界流动阶段，定压条件下的 q_D—t_D 关系曲线都和定产量情况下 p_D^{-1}—t_D 关系曲线重合（图 1－20）。也就是说，用 t_c 代替实际时间 t 后，建立了“定产”与“定压”之间的等效关系，使得递减曲线既适用于“定压”也适用于“定产”情况。

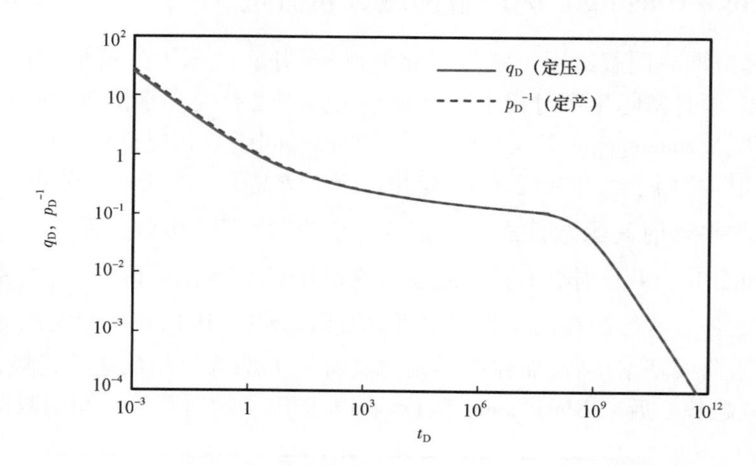

图 1－20　平面径向流定井底流压条件下 q_D—t_D 关系及定产条件下 p_D^{-1}—t_D 关系图

（$r_{eD}=1000$，t_D 表达式中时间为物质平衡时间 t_c）

2. 利用“拟时间”函数将气体等效成液体

Fraim 和 Lee 建立了油井存在有限导流能力裂缝情况下的产量递减曲线，为了使其适用于气井（可压缩流体），引入了拟时间函数，即：

$$t_a = \mu_{gi} C_{ti} \int_0^t \frac{1}{\mu_g C_t} \mathrm{d}t \tag{1-168}$$

式中　t_a——拟时间，d；

μ_{gi}，μ_g——对应压力分别为 p_i 和 p 时气体黏度，mPa·s；

C_{ti}，C_t——对应压力分别为 p_i 和 p 时储层总压缩系数，MPa^{-1}；

t——实际时间，d。

从图 1－21 可以看出，将实际时间 t 由 t_a 代替后，定井底流压生产情况下气井产量递减曲线 q_g—t_a 与特征曲线完全重合。因此，将 Fetkovich 无因次时间 t_{Dd} 表达式中实际时间 t 用拟时间 t_a 代替，即：

$$t_{Dd}=\frac{t_D}{\frac{1}{2}\left(\ln r_{eD}-\frac{1}{2}\right)(r_{eD}^2-1)}=\frac{0.0864Kt_a}{\phi\mu C_t r_{wa}^2}\frac{1}{\frac{1}{2}\left(\ln r_{eD}-\frac{1}{2}\right)(r_{eD}^2-1)} \quad (1-169)$$

就可以用油井产量递减曲线分析气井。

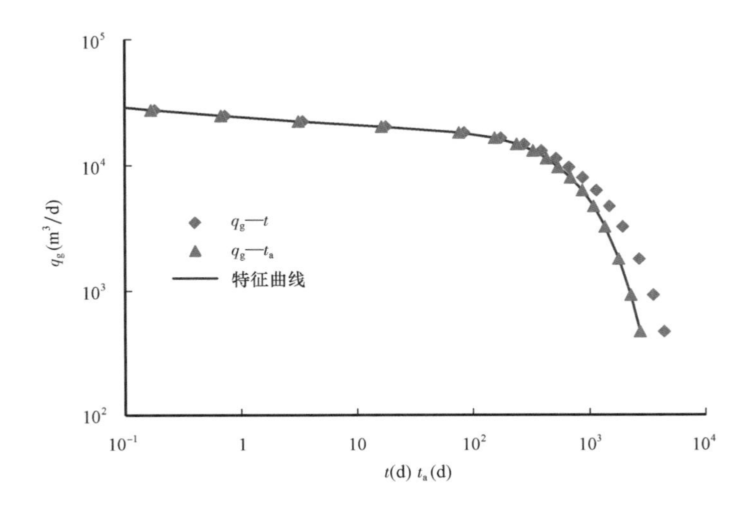

图 1－21　定井底流压生产条件下 q_g—t 与 q_g—t_a 关系图

3. Palacio－Blasingame“物质平衡拟时间”函数建立

Blasingame 和 Lee 定义的物质平衡拟时间函数 t_{ca} 表达式为：

$$t_{ca}=\frac{\mu_{gi}C_{ti}}{q_g}\int_0^t\frac{q_g}{\mu_g C_t}dt \quad (1-170)$$

式中　t_{ca}——物质平衡拟时间，d；

t——实际时间，d；

q_g——气产量，m^3/d；

μ_{gi}，μ_g——对应压力分别为 p_i 和 p 时气体黏度，mPa·s；

C_{ti}，C_t——对应压力分别为 p_i 和 p 时储层总压缩系数，MPa^{-1}。

从式（1－170）可以看出，物质平衡拟时间函数实际上是结合了物质平衡时间和拟时间函数的定义式，即式（1－166）和式（1－168），从而使得 Fetkovich 递减曲线图版的应用范围从液体、定井底流压生产扩展到气体，定井底流压或定产量生产情况下的递减分析。

下面论述 t_{ca} 与平均地层压力 p 及物质平衡方程之间的关系。

根据气体等温压缩系数 C_g 定义式（1－86）和物质平衡方程，有：

$$\frac{p}{Z}dp=\frac{1}{C_g}d\left(\frac{p}{Z}\right) \quad (1-171)$$

$$d\left(\frac{p}{Z}\right) = -\frac{p_i}{Z_i}\frac{q_g}{G}dt \tag{1-172}$$

将式(1－172)代入式(1－171)中,整理后得到:

$$q_g = -G\frac{Z_i}{p_i}\frac{p}{Z}C_g\frac{dp}{dt} \tag{1-173}$$

将式(1－173)代入式(1－170)中,有:

$$t_{ca} = -\frac{\mu_{gi}C_{ti}}{q_g}G\frac{Z_i}{p_i}\int_{p_i}^{p}\frac{p}{Z}\frac{C_g}{\mu_g C_t}dp \tag{1-174}$$

一般情况下,与气体压缩系数相比,岩石和束缚水压缩系数可以忽略不计,此时 $C_g \approx C_t$,则式(1－174)变为:

$$t_{ca} = -\frac{GC_{ti}}{q_g}\frac{Z_i\mu_{gi}}{p_i}\int_{p_i}^{p}\frac{p}{\mu_g Z}dp \tag{1-175}$$

Meunier 等人定义的气体规整化拟压力(p_p)为:

$$p_p = \frac{\mu_{gi}Z_i}{p_i}\int_0^p\frac{p}{\mu_g Z}dp \tag{1-176}$$

与拟压力相比,规整化拟压力保留了压力的单位。

根据式(1－176)定义的规整化拟压力,式(1－175)变为:

$$t_{ca} = \frac{GC_{ti}}{q_g}(p_{pi} - p_p) \tag{1-177}$$

式中 p_{pi}——原始地层条件下的规整化拟压力,MPa;

p_p——地层压力为 p 时的规整化拟压力,MPa。

式(1－177)变形后就得到利用规整化拟压力和物质平衡拟时间函数表示的物质平衡方程,即;

$$p_{p_i} - p_p = \frac{q_g}{GC_{ti}}t_{ca} \tag{1-178}$$

4. 气井拟稳定流动阶段产量递减特征曲线的建立

式(1－101)给出了用拟压力表示的气井拟稳态流动方程,将其变成规整化拟压力的形式,并将气井产量单位由 $10^4 m^3/d$ 变成 m^3/d 后,得到

$$p_p - p_{p_{wf}} = 1.842\frac{q_g B_{gi}\mu_{gi}}{Kh}\left(\ln\frac{r_e}{r_w} - \frac{3}{4} + S\right) \tag{1-179}$$

式中 $p_{p_{wf}}$——以规整化拟压力形式表示的井底流压,MPa;

q_g——气产量,m^3/d。

为了与 Fetkovich 无因次产量 q_{Dd} 形式相对应,在产量递减分析中,Palacio 和 Blasingame 将

式(1－179)右侧括号中的常数3/4变为1/2，由于$r_{eD}=r_e/r_w e^{-S}$，因此式(1－179)可进一步写为：

$$p_p - p_{p_{wf}} = 1.842\frac{q_g B_{gi}\mu_{gi}}{Kh}\left(\ln r_{eD} - \frac{1}{2}\right) \quad (1-180)$$

合并式(1－178)和式(1－180)得到：

$$p_{p_i} - p_p + p_p - p_{p_{wf}} = p_{p_i} - p_{p_{wf}} = \frac{1}{GC_{ti}}q_g t_{ca} + 1.842\frac{q_g B_{gi}\mu_{gi}}{Kh}\left(\ln r_{eD} - \frac{1}{2}\right) \quad (1-181)$$

式(1－181)就是气井达到拟稳定流条件下以规整化拟压力和物质平衡拟时间形式表示的流动方程。其物理意义为从原始地层压力p_{pi}到井底流压$p_{p_{wf}}$的压力损失由两部分组成(图1－22)：一部分由于气体的采出而引起的压力衰竭(从p_{pi}到p_p，等式右边第一项)，另一部是气体从储层流向到井底过程中的压力损失(从p_p到$p_{p_{wf}}$，等式右边第二项)。

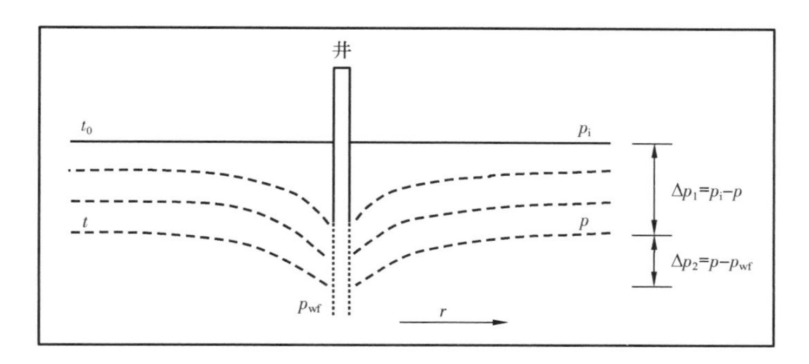

图1－22　气井衰竭式开采过程中压力损失示意图

令

$$\Delta p_p = p_{p_i} - p_{p_{wf}} \quad (1-182)$$

$$m_a = \frac{1}{GC_{ti}} \quad (1-183)$$

$$b_{pss} = 1.842\frac{\mu_{gi}B_{gi}}{Kh}\left(\ln r_{eD} - \frac{1}{2}\right) \quad (1-184)$$

式中　b_{pss}——生产指数的倒数，MPa/(m^3/d)。

由式(1－183)和式(1－184)可知，b_{pss}和m_a为常数。

将式(1－182)、式(1－183)和式(1－184)代入式(1－181)中，整理后得到：

$$\frac{\Delta p_p}{q_g} = m_a t_{ca} + b_{pss} \quad (1-185)$$

式(1－185)进一步变形后得到：

$$\frac{q_g}{\Delta p_p}b_{pss} = \frac{1}{1+\left(\frac{m_a}{b_{pss}}\right)t_{ca}} \tag{1-186}$$

式(1－186)左边与 Fetkovich 无因次产量 q_{Dd}[式(1－130)]形式相同,即:

$$\frac{q_g}{\Delta p_p}b_{pss} = \frac{q_g}{(p_{pi}-p_{pwf})}\times 1.842\frac{\mu_{gi}B_{gi}}{Kh}\left(\ln r_{eD}-\frac{1}{2}\right) = q_{Dd} \tag{1-187}$$

定义无因次时间 $t_{ca,Dd}$ 为:

$$t_{ca,Dd} = \frac{m_a}{b_{pss}}t_{ca} \tag{1-188}$$

下面说明 $t_{ca,Dd}$ 在形式上与 Fetkovich 无因次时间 t_{Dd} 形式相同。假定储层孔隙中含气饱和度 $S_{gi}=100\%$,此时 G 可以表示为:

$$G = \frac{\pi(r_e^2-r_w^2)h\phi}{B_{gi}} \tag{1-189}$$

将式(1－183)、式(1－184)和式(1－189)代入式(1－188)中,整理后得到:

$$t_{ca,Dd} = \frac{0.0864Kt_{ca}}{\phi\mu_{gi}C_{ti}r_{wa}^2}\frac{1}{\frac{1}{2}\left(\ln r_{eD}-\frac{1}{2}\right)(r_{eD}^2-1)} \tag{1-190}$$

式(1－190)与 Fetkovich 无因次时间 t_{Dd} 表达式[式(1－154)]在形式上完全相同,只是将实际时间 t 用物质平衡拟时间 t_{ca} 代替。

将式(1－187)、式(1－188)代入式(1－186)中,得到:

$$q_{Dd} = \frac{1}{1+t_{ca,Dd}} \tag{1-191}$$

式(1－191)就是 Fetkovich 递减曲线图版后半部分的调和递减形式。

由式(1－187)和式(1－188)可知:

$$\lg q_{Dd} = \lg\left(\frac{q_g}{\Delta p_p}b_{pss}\right) = \lg\left(\frac{q_g}{\Delta p_p}\right)+\lg b_{pss} \tag{1-192}$$

$$\lg t_{ca,Dd} = \lg\left(\frac{m_a}{b_{pss}}t_{ca}\right) = \lg t_{ca}+\lg\left(\frac{m_a}{b_{pss}}\right) \tag{1-193}$$

从式(1－192)和式(1－193)中可以看出,Palacio－Blasingame 产量递减分析中,针对气井,"时间"形式为物质平衡拟时间 t_{ca},"产量"形式为拟压力规整化产量 $q_g/\Delta p_p$,即:

$$\frac{q_g}{\Delta p_p} = \frac{q_g}{p_{pi}-p_{pwf}} \tag{1-194}$$

由于 b_{pss} 和 m_a 为常数,根据式(1－192)和式(1－193)可知,在双对数坐标中($q_g/\Delta p_p$)—t_{ca} 关系曲线与 q_{Dd}—t_{Dd} 曲线形状相同,在拟稳定流动段符合调和递减趋势。也就是说,通过利用拟压力规整化产量和物质平衡拟时间函数，将气井的定量/定压（或二者同时变化）条件下的递减曲线等效成油井定压情况下的递减曲线。

图1－23为Palacio－Blasingame气井递减曲线。在双对数坐标中 q_{Dd}—t_{Dd} 呈单调递减关系，前期不稳定流动阶段不同的曲线代表不同的 r_e/r_{wa}，就是Fetkovich递减曲线的不稳定流动部分；后期拟稳定流阶段采用物质平衡拟时间函数后，所有曲线都汇聚成Arps调和递减曲线（斜率－1）。

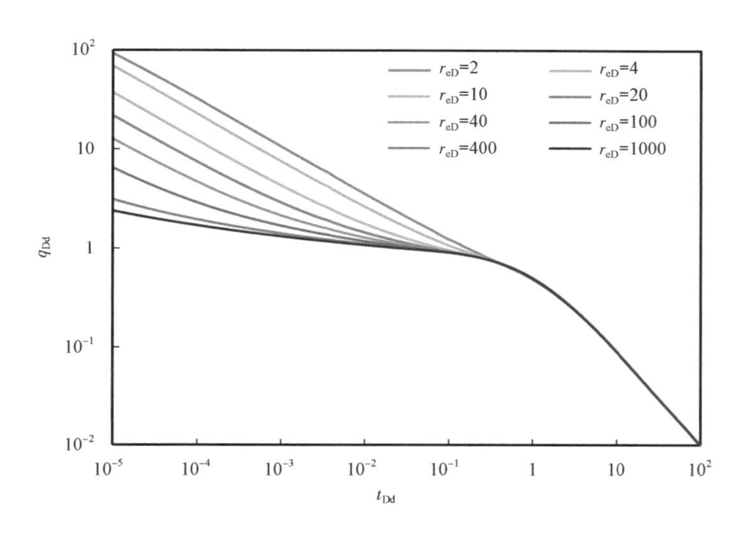

图1－23 Palacio－Blasingame q_{Dd}—t_{Dd} 关系曲线

5. Blasingame递减曲线特征图版

在商业软件中，Palacio－Blasingame产量递减分析方法与不稳定试井解释一样，是通过特征图版拟合的方式确定储层的物性参数和动态储量。为了降低拟合的多解性，克服由于生产数据精度低而导致的数据分散情况，软件中的Blasingame特征图版包括三组特征曲线，分别是拟压力规整化产量 $q_g/\Delta p_p$、拟压力规整化产量积分 $(q_g/\Delta p_p)_i$ 和拟压力规整化产量积分后求导 $(q_g/\Delta p_p)_{id}$。

1）拟压力规整化产量特征曲线（产量曲线）

拟压力规整化产量特征曲线，即 $q_g/\Delta p_p$—t_{ca} 关系曲线，是Blasingame特征图版中的基础曲线。其无因次形式就是图1－23中的 q_{Dd}—t_{Dd} 关系曲线。

2）拟压力规整化产量积分曲线（积分曲线）

拟压力规整化产量积分特征曲线，即 $(q_g/\Delta p_p)_i$—t_{ca} 关系曲线，是Blasingame特征图版中的辅助曲线。拟压力规整化产量积分形式为：

$$\left(\frac{q_g}{\Delta p_p}\right)_i = \frac{1}{t_{ca}}\int_0^{t_{ca}} \frac{q_g}{\Delta p_p} \mathrm{d}t_{ca} \tag{1-195}$$

$(q_g/\Delta p_p)_i$—t_{ca} 关系曲线对应的无因次形式为 q_{Ddi}—t_{Dd} 关系曲线，无因次产量积分 q_{Ddi} 形式为：

$$q_{\mathrm{Ddi}} = \frac{1}{t_{\mathrm{Dd}}}\int_0^{t_{\mathrm{Dd}}} q_{\mathrm{Dd}}\mathrm{d}t_{\mathrm{Dd}} \tag{1-196}$$

利用积分形式可以有效地去除实际生产数据 $q_g/\Delta p_p$ 的“噪声”和不连续现象，对曲线进行平滑（图 1 – 24），$(q_g/\Delta p_p)_i$—t_{ca} 关系曲线与 $q_g/\Delta p_p$—t_{ca} 关系曲线形状相同，只是在横轴上要滞后一些。

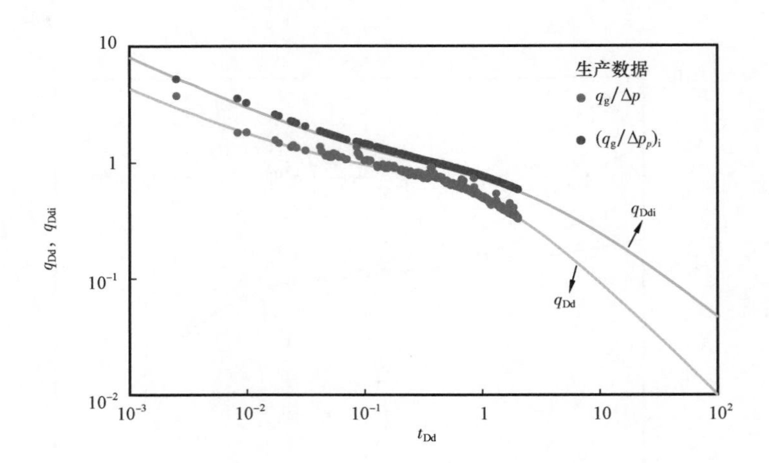

图 1 – 24 Blasingame 图版 q_{Dd}—t_{Dd} 及 q_{Ddi}—t_{Dd} 关系曲线

3）拟压力规整化产量积分后求导曲线（导数曲线）

拟压力规整化产量积分求导特征曲线就是 $(q_g/\Delta p_p)_{id}$—t_{ca} 关系曲线，也是 Blasingame 特征图版中的辅助曲线。拟压力规整化产量积分求导就是上面的积分曲线对时间的自然对数求导，其形式为：

$$\left(\frac{q}{\Delta p_p}\right)_{\mathrm{id}} = \frac{\mathrm{d}\left(\frac{q}{\Delta p_p}\right)_{\mathrm{i}}}{\mathrm{dln}(t_{\mathrm{ca}})} = t_{\mathrm{ca}}\frac{\mathrm{d}}{\mathrm{d}t_{\mathrm{ca}}}\left(\frac{1}{t_{\mathrm{ca}}}\int_0^{t_{\mathrm{ca}}}\frac{q_{\mathrm{g}}}{\Delta p_p}\mathrm{d}t_{\mathrm{ca}}\right) \tag{1-197}$$

利用导数形式放大了数据的局部变化趋势，能够提高对变换趋势的识别度，有助于判断流动状态变化。

$(q_g/\Delta p_p)_{id}$—t_{ca} 关系曲线对应的无因次形式为 q_{Ddid}—t_{Dd} 关系曲线，无因次产量积分求导 q_{Ddid} 形式为：

$$q_{\mathrm{Ddid}} = \frac{\mathrm{d}q_{\mathrm{Ddi}}}{\mathrm{dln}(t_{\mathrm{Dd}})} = t_{\mathrm{Dd}}\frac{\mathrm{d}}{\mathrm{d}t_{\mathrm{Dd}}}\left(\frac{1}{t_{\mathrm{Dd}}}\int_0^{t_{\mathrm{Dd}}} q_{\mathrm{Dd}}\mathrm{d}t_{\mathrm{Dd}}\right) \tag{1-198}$$

图 1 – 25 给出了常用软件中包括规整化产量、规整化产量积分和导数曲线在内的 Blasingame 图版和实际生产动态数据。

6. 实际生产数据的图版拟合分析

Blasingame 递减曲线图版通过引入规整化拟压力和物质平衡拟时间函数，扩大了 Fetkovich图版的应用范围，使其同样适用于气井（可压缩流体）在变产量或（和）变井底流压生

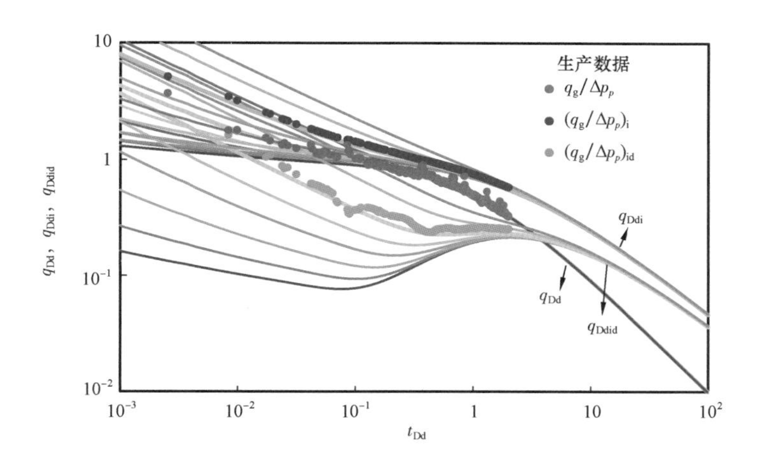

图 1-25 Blasingame 图版及生产数据拟合

产时的分析。尽管 Blasingame 递减曲线图版包括了早期的不稳定流动阶段，但必须等到流动达到边界流后才能利用该图版，否则会使 r_e/r_{wa} 的拟合和 G 的计算存在多解性。

在应用中，利用实际生产数据通过 Blasingame 递减曲线图版拟合确定 K、S、x_f（压裂井裂缝半长）、F_{CD}（无因次裂缝导流能力）、A（井控面积）和 G 等参数。

根据式(1-192)和式(1-193)可知，在 Blasingame 产量递减图版拟合分析过程中，图版中特征曲线是 q_{Dd}—t_{Dd} 关系曲线，实际生产数据是 $q_g/(p_{pi}-p_{pwf})$—t_{ca} 关系曲线。由式(1-170)可知，在计算 t_{ca} 时涉及 t 时刻平均压力 p 对应的 μ_g 和 C_t，而 p 与储量 G 有关。可以利用迭代的方式同时计算 G 和 t_{ca}，具体过程如下：

(1)利用 PVT 数据确定不同压力 p 对应的 Z、μ_g、C_g、p/Z、$p/(\mu_g Z)$ 和 p_p；

(2)假设一个气井井控储量 G 值，根据气井累积产量 G_p 通过物质平衡公式计算 p/Z；

(3)利用(1)中的数据，确定不同 p/Z 对应的平均地层压力 p 及 p_p；

(4)根据气井生产数据和假设的 G 值，利用式(1-177)计算物质平衡拟时间 t_{ca}；

(5)根据式(1-185)在直角坐标中绘制 $(p_{pi}-p_p)/q_g$—t_{ca} 关系，确定直线段斜率 m_a，并根据式(1-183)计算井控储量 G，即 $G=1/(m_a C_{ti})$；

(6)利用新确定的 G 值，重复上面(2)~(5)计算过程，重新计算 t_{ca}，直到最后得到一个收敛的 G 值。

在利用上面的过程计算确定了 G 和每个实际时间 t 对应的 t_{ca} 后，将实际生产数据 $q_g/(p_{pi}-p_{pwf})$—t_{ca} 关系曲线与特征曲线进行拟合，确定对应的 r_{eD} 值，选取图版左边不稳定流动段的拟合点计算 K、S，选取图版右边拟稳定流动段拟合点计算 G。

根据式(1-187)得到 K 计算公式：

$$K=\frac{\left(\dfrac{q_g}{p_{pi}-p_{pwf}}\right)_{match}}{(q_{Dd})_{match}}\times 1.842\frac{\mu_{gi}B_{gi}}{h}\left[\ln(r_{eD})_{match}-\frac{1}{2}\right]$$

根据式(1-190)得到 r_{wa} 求解公式：

$$r_{wa} = \sqrt{\frac{(t_{ca})_{match}}{(t_{Dd})_{match}} \frac{0.0864K}{\phi\mu_{gi}C_{ti}} \frac{1}{\frac{1}{2}\left[\ln(r_{eD})_{match} - \frac{1}{2}\right]\left[(r_{eD})^2_{match} - 1\right]}}$$

然后利用下面公式计算 S：

$$S = \ln\left(\frac{r_w}{r_{wa}}\right)$$

根据式(1－183)、式(1－187)和式(1－188)，得到 G 的计算公式：

$$G = \frac{1}{C_{ti}} \frac{(t_{ca})_{match}}{(t_{Dd})_{match}} \frac{\left(\frac{q_g}{p_{pi} - p_{pwf}}\right)_{match}}{(q_{Dd})_{match}} S_{gi}$$

井控面积 A 计算公式：

$$A = \frac{GB_{gi}}{h\phi S_{gi}}$$

四、Agarwal－Gardner 产量递减分析方法

在 Agarwal－Gardner 产量递减分析中，对“产量”和“时间”函数的定义来源于不稳定试井中对无因次产量和无因次时间的定义。不稳定试井的主要原理是基于微可压缩流体以定产量生产。为了将定压生产等效成定产量生产、将气体等效成液体，Agarwal－Gardner 产量递减方法也用到了 Palacio－Blasingame 递减分析方法中的物质平衡拟时间函数 t_{ca}。

1. Agarwal－Gardner 无因次产量和无因次时间的定义

在不稳定试井解释中，常用的无因次参数包括无因次压力(p_D)、无因次压力对无因次时间的半对数导数 $\mathrm{dln}p_{D'}$($dp_D/\mathrm{dln}t_D$)。在 Agarwal－Gardner 产量递减分析方法中，采用这两个参数倒数的形式，即：p_D^{-1} 和($\mathrm{dln}p_{D'}$)$^{-1}$。

针对气井，式(1－109)给出了拟压力形式的无因次压力：

$$p_D = 0.07849 \frac{Kh}{T} \frac{(\psi_i - \psi_{wf})}{q_g}$$

式中 ψ_i，ψ_{wf}——以拟压力形式表示的原始地层压力和井底流压，$MPa^2/(mPa \cdot s)$；

$\Delta\psi$——以拟压力形式表示的压差，$\Delta\psi = \psi_i - \psi_{wf}$，$MPa^2/(mPa \cdot s)$；

q_g——气产量，$10^4 m^3/d$；

T——储层温度，K。

在 Agarwal－Gardner 产量递减分析，无因次产量 $q_D = 1/p_D$，即：

$$q_D = \frac{1}{p_D} = 12.74 \frac{T}{Kh} \frac{q_g}{\psi_i - \psi_{wf}} \quad (1－199)$$

无因次压力对无因次时间的半对数导数的倒数(1/DER)表达式为：

$$\frac{1}{\mathrm{DER}}=\frac{1}{\mathrm{dln}p'_{\mathrm{D}}}=\frac{1}{\dfrac{\mathrm{d}p_{\mathrm{D}}}{\mathrm{dln}t_{\mathrm{DA}}}} \tag{1-200}$$

此外,在 Agarwal－Gardner 产量递减分析中,为了消除导数造成的数据点的“噪声”现象,提高曲线的光滑度,还增加了半对数积分导数(1/DERi),即:

$$\frac{1}{\mathrm{DERi}}=\frac{1}{\dfrac{\mathrm{d}\left(\dfrac{1}{t_{\mathrm{DA}}}\int p_{\mathrm{D}}\mathrm{d}t_{\mathrm{DA}}\right)}{\mathrm{dln}t_{\mathrm{DA}}}} \tag{1-201}$$

对于无因次时间,在 Agarwal－Gardner 产量递减分析中采用不稳定试井中基于井控面积 A 定义的无因次时间 t_{DA},即:

$$t_{\mathrm{DA}}=\frac{0.0864Kt}{\phi\mu_{\mathrm{gi}}C_{\mathrm{ti}}A} \tag{1-202}$$

式中　t——时间,d;

　　A——井控面积,m^2。

不稳定试井中基于井筒有效半径 r_{wa} 定义的 t_{D} 与基于井控面积定义的 t_{DA} 的关系为:

$$t_{\mathrm{D}}=\frac{\pi r_{\mathrm{e}}^{2}}{r_{\mathrm{wa}}^{2}}t_{\mathrm{DA}}=\pi r_{\mathrm{eD}}^{2}t_{\mathrm{DA}} \tag{1-203}$$

为了将变产量、可压缩流体等效成定产量、微可压缩流体,在 Agarwal－Gardner 产量递减分析中 t_{DA} 中的实际时间 t 由物质平衡拟时间 t_{ca} 代替,即:

$$t_{\mathrm{DA}}=\frac{0.0864Kt_{\mathrm{ca}}}{\phi\mu_{\mathrm{gi}}C_{\mathrm{ti}}A} \tag{1-204}$$

Agarwal－Gardner 产量递减分析图版就是根据本章第二节中 van Everdingen－Hurst 定产条件下 p_{D}^{-1}—t_{D} 关系,建立 p_{D}^{-1}—t_{DA} 和 $(\mathrm{dln}p_{\mathrm{D}}')^{-1}$—$t_{\mathrm{DA}}$ 关系。

2. Agarwal－Gardner 产量递减分析图版

常用的 Agarwal－Gardner 产量递减分析图版包括三种关系曲线,分别是 $1/p_{\mathrm{D}}$—t_{DA}、$(\mathrm{DER})^{-1}$—t_{DA} 和 $(\mathrm{DERi})^{-1}$—t_{DA} 关系曲线(图 1－26)。

在双对数图中,p_{D}^{-1}—t_{DA} 关系在不稳定流动阶段由于 $r_{\mathrm{e}}/r_{\mathrm{wa}}$ 不同而呈现不同的曲线,边界流动阶段都汇成一条斜率为－1 的直线(调和递减)。$(\mathrm{DER})^{-1}$—t_{DA} 关系在不稳定流动段同样由于 $r_{\mathrm{e}}/r_{\mathrm{wa}}$ 不同而呈现不同的曲线,当 $r_{\mathrm{e}}/r_{\mathrm{wa}}\rightarrow\infty$ 时,$(\mathrm{DER})^{-1}$—t_{DA} 关系变为值等于常数 2 的水平线,在边界流动段汇聚成一条斜率变为－1 的直线。$(\mathrm{DERi})^{-1}$—t_{DA} 关系曲线与 $(\mathrm{DER})^{-1}$—t_{DA} 关系曲线形状相同,只是在时间轴上有所滞后。从图 1－26 中来看,$1/p_{\mathrm{D}}$—t_{DA} 关系曲线形式与 Blasingame 中产量 q_{Dd}—t_{Dd} 递减曲线形式相同,从不稳定流动段到拟稳定流动段呈现渐变的过程,但 Agarwal－Gardner 产量递减分析图版中的 $(\mathrm{DER})^{-1}$—t_{DA} 及 $(\mathrm{DERi})^{-1}$—t_{DA} 关系曲线能显著地区分不稳定流动段和拟稳定流动段,这也是 Agarwal－Gardner 产量递减分

析图版的优势之一。但压力导数对数据质量要求高，在应用中受生产数据精度影响，常比p_D^{-1}—t_{DA}关系曲线以及 Blasingame 递减曲线等图版数据点更散乱。

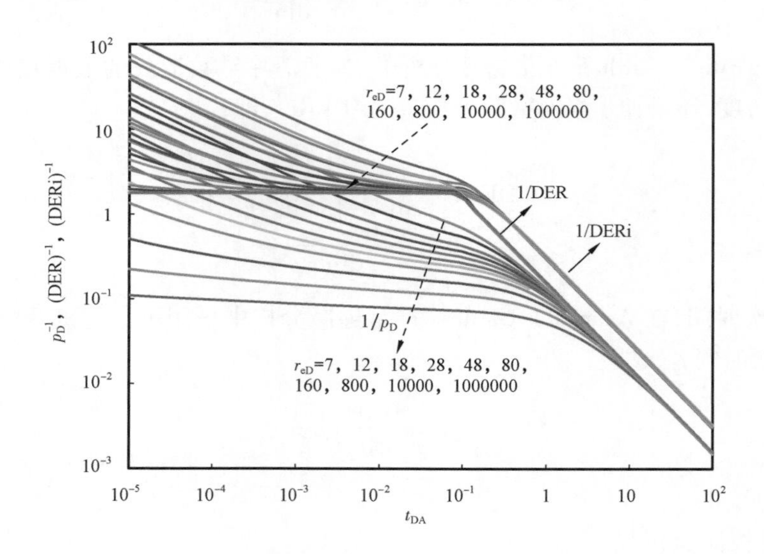

图 1－26　Agarwal－Gardner 产量递减分析图版

3. 实际生产数据的图版拟合分析

根据式(1－199)和式(1－204)可知，利用 Agarwal－Gardner 产量递减图版进行分析时，图版中的特征曲线是p_D^{-1}—t_{DA}关系曲线及辅助的导数曲线和积分曲线，实际生产数据形式为$q_g/(\psi_i-\psi_{wf})$—t_{ca}关系曲线及导数曲线和积分曲线，利用实际生产数据通过拟合特征曲线确定K、S、x_f(压裂井裂缝半长)、F_{CD}(无因次裂缝导流能力)、A(井控面积)和G等参数。在分析时t_{ca}的计算过程与 Palacio－Blasingame 递减曲线分析相同。

利用图版拟合数据，根据式(1－199)和式(1－204)，分别用以下公式计算K和r_e：

$$K = 12.74\frac{T}{h}\frac{\left(\frac{q_g}{\psi_i-\psi_{wf}}\right)_{match}}{(q_D)_{match}}$$

$$r_e = \sqrt{\frac{0.0864}{\phi\mu_{gi}C_{ti}\pi}K\frac{(t_{ca})_{match}}{(t_{DA})_{match}}} = \sqrt{\frac{0.0864}{\phi\mu_{gi}C_{ti}\pi}12.74\frac{T}{h}\frac{\left(\frac{q_g}{\psi_i-\psi_{wf}}\right)_{match}}{(q_D)_{match}}\frac{(t_{ca})_{match}}{(t_{DA})_{match}}}$$

然后利用下面的公式计算S和G：

$$S = \ln\left(\frac{r_w}{r_{wa}}\right) = \ln\left[\frac{r_w}{r_e/(r_{eD})_{match}}\right]$$

$$G = \frac{\pi r_e^2 h\phi s_{gi}}{B_{gi}} = \frac{\pi h\phi s_{gi}}{B_{gi}}\frac{0.0864}{\phi\mu_{gi}C_{ti}\pi}12.74\frac{T}{h}\frac{\left(\frac{q_g}{\psi_i-\psi_{wf}}\right)_{match}}{(q_D)_{match}}\frac{(t_{ca})_{match}}{(t_{DA})_{match}}$$

五、流动物质平衡

传统的物质平衡以静压为基础计算动态储量。Agarwal - Gardner 流动物质平衡不需要关井测压资料，以气井流压为基础，通过等效变换后建立“流压”与“累产”直线关系，外推计算动态储量。气井的流动物质平衡分为定产量生产条件下流动物质平衡和变产量生产条件下流动物质平衡。

1. 气井定产生产条件下的流动物质平衡

在本章第一节中已经提到，气井以定产量生产，流动达到拟稳定状态后，储层中任一点的压力下降速度相同，包括边界点、井底和代表平均地层压力 p 那一点，此时储层中不同时刻的压力剖面呈一组平行线（图 1 - 27），对于相同的时间段 Δt，有：

$$p_1 - p_2 = p_{wf1} - p_{wf2}$$

$$p_2 - p_3 = p_{wf2} - p_{wf3}$$

$$\cdots$$

$$p_n - p_{n+1} = (p_{wf})_n - (p_{wf})_{n+1}$$

因此有：

$$p_1 - p_{wf1} = p_2 - p_{wf2} = p_3 - p_{wf3} = \cdots = p_n - p_{wfn} \tag{1-205}$$

根据式（1 - 205）可知，井底流压 p_{wf} 的下降趋势与平均地层压力 p 的下降趋势呈现相互平行的直线关系，因此 $p_{wf}/Z—G_p$ 平行于 $p/Z—G_p$，在实际应用中通过 $p_{wf}/Z—G_p$ 直线关系平行移动，过原始视地层压力点 p_i/Z_i，此时直线在 X 轴上的截距即为气井动态储量（图 1 - 28）。

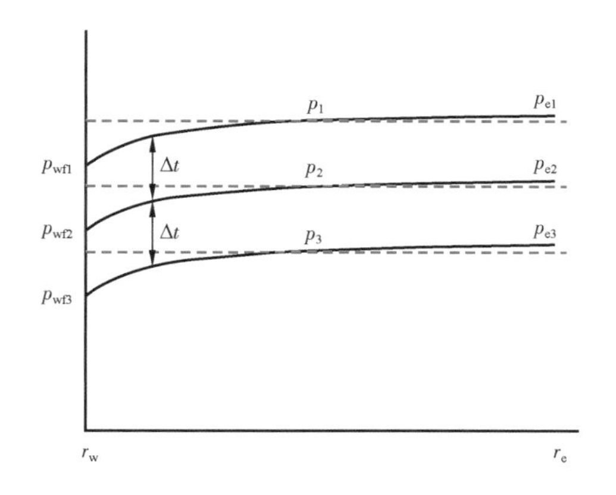

图 1 - 27　气井拟稳定流状态下储层中压力分布示意图

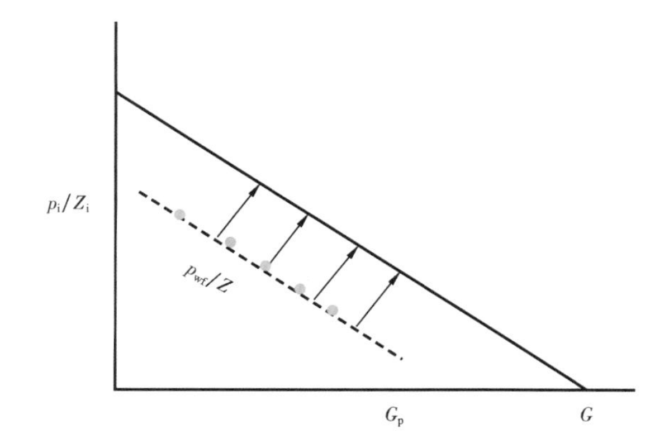

图 1 - 28　气井定产情况下流动物质平衡方法动态储量示意图

2. 气井变产量生产情况下流动物质平衡

式（1 - 181）给出了气井达到拟稳定流条件下以规整化拟压力和物质平衡拟时间形式表示的流动方程。采用拟压力形式表示为：

$$\psi_i - \psi_{wf} = \frac{2p_i}{GC_{ti}\mu_{gi}Z_i}q_g t_{ca} + 1.842\frac{2p_i}{\mu_{gi}Z_i}\frac{q_g B_{gi}\mu_{gi}}{Kh}\left(\ln r_{eD} - \frac{1}{2}\right) \qquad (1-206)$$

式中　ψ_i,ψ_{wf}——以拟压力形式表示的原始地层压力和井底流压,$MPa^2/(mPa \cdot s)$;

q_g——气产量,m^3/d;

t_{ca}——物质平衡拟时间,d。

令

$$b_{pss} = 1.842\frac{2p_i}{\mu_{gi}Z_i}\frac{B_{gi}\mu_{gi}}{Kh}\left(\ln r_{eD} - \frac{3}{4}\right) = 3.684\frac{p_{sc}T}{T_{sc}Kh}\left(\ln r_{eD} - \frac{3}{4}\right)$$

式中　b_{pss}——生产指数的倒数,$MPa^2/(mPa \cdot s \cdot m^{-3} \cdot d)$。

式(1-206)进一步变换后得到 Agarwal-Gardner FMB 递减曲线方程(又称 Agarwal-Gardner 流动物质平衡),即:

$$\frac{q_g}{\Delta\psi} = -\frac{2p_i q_g t_{ca}}{C_{ti}\mu_{gi}Z_i\Delta\psi}\frac{1}{G}\frac{1}{b_{pss}} + \frac{1}{b_{pss}} \qquad (1-207)$$

式中　$\Delta\psi$——以拟压力形式表示的压差,$\Delta\psi = \psi_i - \psi_{wf}$,$MPa^2/(mPa \cdot s)$。

由于 b_{pss} 为常数,根据式(1-207)可知,在直角坐标系中 $q_g/\Delta\psi$—$2p_i q_g t_{ca}/C_{ti}\mu_{gi}Z_i\Delta\psi$ 成单调递减曲线关系(图1-29),到拟稳定流动段呈斜率不变的直线关系,利用直线段外推到与横轴交点即为 G。传统的物质平衡方程需要关井测静压资料才能计算动态储量,Agarwal-Gardner 流动物质平衡不需要关井测压资料,只利用产量和流压就能计算动态储量,条件是气井达到拟稳定流动阶段,这对常规中—高渗透气藏来说很容易实现。

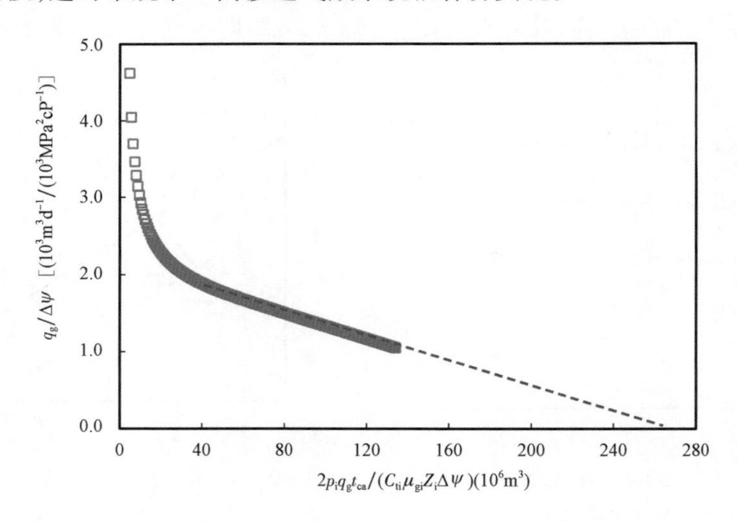

图1-29　$q_g/\Delta\psi$—$2p_i q_g t_{ca}/(C_{ti}\mu_{gi}Z_i\Delta\psi)$关系曲线

在计算过程中,由于 t_{ca} 的计算涉及平均地层压力 p,利用多次迭代的方式同时计算 t_{ca} 和 G,具体过程如下:

(1)利用 PVT 数据确定不同压力 p 对应的 Z、μ_g、C_g、p/Z、$p/(Z\mu_g)$、ψ 和 p_p;

(2)假设一个气井井控储量 G 值，根据气井生产数据，确定不同时间气井的累积产气 G_p，利用传统物质平衡方法计算 p/Z；

(3)利用(1)中的数据，确定不同 p/Z 对应的平均地层压力 p、ψ 和 p_p；

(4)根据气井生产数据和假设的 G 值，利用式(1－177)计算物质平衡拟时间 t_{ca}；

(5)在直角坐标中绘制 $q_g/\Delta\psi—2p_i q_g t_{ca}/(C_{ti}\mu_{gi}Z_i\Delta\psi)$ 关系曲线，确定直线段并进行外推求取在 X 轴的截距 G；

(6)利用新确定的 G 值，重复上面(2)～(5)计算过程，开始重新计算 t_{ca}，直到最后得到一个收敛的 G 值。

六、关于现代产量递减分析的几点说明

随着成熟的商业软件的推广和应用，现代产量递减分析方法已广泛应用于油气井动态分析。现代产量递减曲线图版功能主要有两点，一是利用生产动态数据通过典型图版拟合方式来确定储渗参数，属于定量分析；另一个功能就是对生产动态数据进行诊断，定性地判断流动状态、生产指数变化(表皮增加或降低)、井间干扰、外来压力补充(边底水情况)等。图1－30为利用Blasingame递减曲线图版对气井生产动态进行诊断的示意图，图中实线表示图版中标准曲线($q_{Dd}—t_{Dd}$关系曲线)。在早期不稳定流动阶段，可以判断生产指数变化，如果实际生产曲线逐渐向上接近标准曲线说明井的表皮系数在逐渐降低，生产指数增加，也就是清井过程；如果实际生产曲线逐渐向下接近标准曲线，表明井的表皮系数在增加，生产指数降低。在后期边界流阶段，可以判断井控范围内能量补给变化，如果实际生产数据逐渐偏离直线段向左，说明存在井间干扰使得该井的井控储量减少；反之，如果实际生产数据逐渐向右偏，说明存在外来能量供给，比如水驱或邻井产量降低。

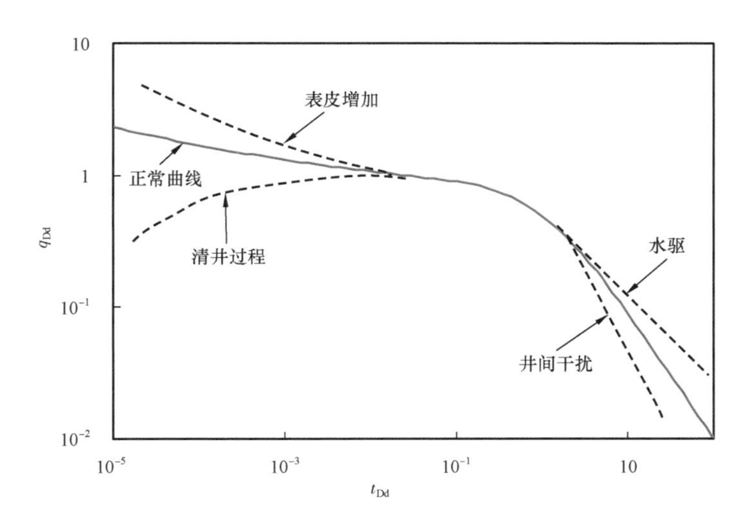

图1－30　Blasingame图版 $q_{Dd}—t_{Dd}$ 关系诊断曲线

与传统的产量递减分析方法相比，现代产量递减分析具有以下特点：

(1)以van Everdingen－Hurst描述多孔介质中流动的无因次方程和Arps无因次递减曲线为基础，建立了特征曲线图版，实现了对日常生产动态数据的定量分析；

（2）分析范围扩展到整个流动阶段，包括早期的不稳定流和后期的边界流；

（3）通过引入新的“压力”“产量”和“时间”形式，建立了气体与液体、定产与定压之间的等效关系，使分析方法适用于储层中不同的流体和生产状态；

（4）在同一图版中，利用多条曲线来辅助拟合，减少不确定性；

（5）除原始地层压力之外，不需要其他关井测压数据，对于那些由于条件限制无法关井测压的气井，提供了有效的分析手段；

（6）与不稳定试井相比，成本低，资料来源广泛，利用气井日常生产数据就能分析；

（7）该方法借鉴了不稳定试井双对数图版拟合的理念，试井数据获取的精度和频率高，日常生产数据精度低、获取频率低，有时数据点比较分散，导致结果可靠性差，这也是该方法不能取代不稳定试井分析的原因；

（8）在实际应用中，曲线的诊断功能很关键，能够为动态分析提供重要的参考信息。

第四节　气藏物质平衡方程

物质平衡方程就是质量守恒定律的一种形式，是计算动态储量、分析压力变化趋势和识别气藏驱动能量的主要手段。

一、气藏物质平衡方程推导

1. 假设条件

气藏物质平衡方程推导的前提条件为：（1）气藏内储层物性（C_f，S_{wi}）和流体性质（PVT，C_w）均一；（2）同一时间内气藏各点处于平衡状态，即折算到同一深度后压力相同，内部不存在压力梯度；（3）在开发过程中气藏温度保持不变；（4）不考虑重力和毛细管压力。

2. 利用质量守恒定律推导物质平衡方程

对于一个具有天然水体的气藏，假设气藏在原始地层条件下气的量为 n_i（mol），目前累积采出气量为 n_p（mol），目前地下剩余气量为 n（mol），根据质量守恒原理可知：

$$n_p = n_i - n \tag{1-208}$$

根据气体的状态方程可知：

（1）在原始地层条件下：

$$p_i V_i = Z_i n_i RT \tag{1-209}$$

即：

$$n_i = p_i V_i / Z_i RT \tag{1-210}$$

（2）在目前地层条件下：

$$pV = ZnRT \tag{1-211}$$

即：

$$n = pV/ZRT \tag{1-212}$$

（3）在地面标准条件下，针对累积采气量 n_p 有：

$$p_{sc}V_{sc} = Z_{sc}n_pRT_{sc} \tag{1-213}$$

即：

$$n_p = p_{sc}V_{sc}/Z_{sc}RT_{sc} \tag{1-214}$$

在地面标准条件下 $Z_{sc}=1$，因此式（1－214）可以简化为：

$$n_p = p_{sc}V_{sc}/RT_{sc} \tag{1-215}$$

式中　p_i, p, p_{sc}——分别为原始地层压力、目前地层压力和标准状态下的压力，MPa；

V_i, V, V_{sc}——分别对应 p_i、p 和 p_{sc} 时气体的体积，m^3；

Z_i, Z, Z_{sc}——分别为 p_i、p 和 p_{sc} 时气体的压缩因子；

T, T_{sc}——分别为储层温度和标准状态时的温度，K；

R——通用气体常数，0.008315MPa · m^3/(kmol · K)。

将式（1－210）、式（1－212）、式（1－215）代入式（1－208）中，得到：

$$\frac{p_{sc}V_{sc}}{RT_{sc}} = \frac{p_iV_i}{Z_iRT} - \frac{pV}{ZRT} \tag{1-216}$$

假设水体侵入气藏的累积水侵量为 W_e，累积产出地层水量为 W_p，则目前侵入储层净水侵量 V_{ew} 可表示为：

$$V_{ew} = W_e - W_pB_w \tag{1-217}$$

式中　V_{ew}——侵入储层的净水侵量，m^3；

W_e——累积水侵量，m^3；

W_p——累积产水量，m^3；

B_w——目前地层条件下水的体积系数，m^3/m^3。

假设气藏压力从原始地层压力 p_i 下降到目前地层压力 p 时，由于岩石孔隙压缩和束缚水弹性膨胀而占据的储层孔隙体积 V_c，即：

$$V_c = \frac{V_i}{1-S_{wi}}C_f(p_i-p) + \frac{V_i}{1-S_{wi}}S_{wi}C_w(p_i-p) = V_i\frac{C_f+S_{wi}C_w}{1-S_{wi}}(p_i-p) \tag{1-218}$$

式中　C_f——岩石孔隙压缩系数，MPa^{-1}；

C_w——地层水压缩系数，MPa^{-1}；

S_{wi}——初始含水饱和度。

令 $C_e=\dfrac{C_f+S_{wi}C_w}{1-S_{wi}}$，$\Delta p=(p_i-p)$，则式（1－218）变为：

$$V_c = C_e\Delta p \tag{1-219}$$

式中　C_e——有效压缩系数，MPa^{-1}；

Δp——储层压降，MPa。

在考虑水侵和岩石及束缚水弹性膨胀情况下，气藏中目前气体占据的孔隙体积等于原始条件下气体占据的孔隙体积减去净水侵量和岩石及束缚水弹性膨胀量，即：

$$V = V_i - V_{ew} - V_c \tag{1-220}$$

将式(1－217)和式(1－219)代入式(1－220)中，得到：

$$V = V_i - V_i C_e \Delta p - (W_e - W_p B_w) \tag{1-221}$$

将式(1－221)代入式(1－216)中，整理后得到：

$$\frac{p_{sc} V_{sc}}{T_{sc}} = \frac{p_i V_i}{Z_i T} - \frac{p V_i}{Z T}\left(1 - C_e \Delta p - \frac{W_e - W_p B_w}{V_i}\right) \tag{1-222}$$

式(1－222)两边同时除以 p_{sc}/T_{sc}，得到：

$$V_{sc} = \frac{p_i V_i / Z_i T}{p_{sc}/T_{sc}} - \frac{p V_i / Z T}{p_{sc}/T_{sc}}\left(1 - C_e \Delta p - \frac{W_e - W_p B_w}{V_i}\right) \tag{1-223}$$

根据气体体积系数的定义可知：

$$B_{gi} = \frac{Z_i R T}{p_i} \Big/ \frac{R T_{sc}}{p_{sc}} = \frac{p_{sc}/T_{sc}}{p_i / Z_i T} \tag{1-224}$$

$$B_g = \frac{Z R T}{p} \Big/ \frac{R T_{sc}}{p_{sc}} = \frac{p_{sc}/T_{sc}}{p / Z T} \tag{1-225}$$

将式(1－224)和式(1－225)代入式(1－223)，整理后得到：

$$V_{sc} = \frac{V_i}{B_{gi}} - \frac{V_i}{B_g}\left(1 - C_e \Delta p - \frac{W_e - W_p B_w}{V_i}\right) \tag{1-226}$$

由于

$$V_{sc} = G_p$$

$$V_i = G B_{gi}$$

因此式(1－226)进一步写为：

$$G_p B_g = G B_g - G B_{gi}\left(1 - C_e \Delta p - \frac{W_e - W_p B_w}{G B_{gi}}\right) \tag{1-227}$$

式中 G_p——累积产气量，m^3；

G——天然气地质储量，m^3；

B_{gi}，B_g——气藏压力分别为 p_i 和 p 时的气体体积系数，m^3/m^3。

式(1－227)简化后得到：

$$G_p B_g + W_p B_w = G(B_g - B_{gi}) + G B_{gi} C_e \Delta p + W_e \tag{1-228}$$

式(1－228)就是考虑水侵、岩石和束缚水弹性膨胀情况下气藏的物质平衡方程，写成 Havlena－Odeh 驱动能量的形式为：

$$F = G(E_g + E_{fw}) + W_e \tag{1-229}$$

其中 F 为地下采出量：

$$F = G_p B_g + W_p B_w$$

E_g表示气体的弹性膨胀：

$$E_g = B_g - B_{gi}$$

E_{fw}表示束缚水和岩石的弹性膨胀：

$$E_{fw} = B_{gi}\frac{C_f + S_{wi}C_w}{1 - S_{wi}}\Delta p$$

分别定义气驱指数 I_g、岩石和束缚水弹性膨胀驱动指数 I_c以及水侵指数 I_w为：

$$I_g = \frac{G(B_g - B_{gi})}{G_p B_g}$$

$$I_c = \frac{GB_{gi}C_e\Delta p}{G_p B_g}$$

$$I_w = \frac{W_e - W_p B_w}{G_p B_g}$$

则式(1－228)变为：

$$I_g + I_c + I_w = 1$$

二、不同类型气藏物质平衡方程和压降曲线特征

利用物质平衡方法计算动态储量时，第一步也是最关键的一步就是判断气藏驱动类型，主要判断是否存在水驱，以及岩石孔隙压缩和束缚水弹性膨胀等天然能量是否需要考虑等，对天然驱动能量判断不准确会导致计算动态储量偏高或偏低现象。根据气藏在衰竭式开发过程中的驱动能量特点，物质平衡方程可以简化成以下几种形式。

1. 定容封闭气藏

以气体的弹性膨胀为主，认为岩石孔隙压缩和束缚水弹性膨胀提供的驱动能量可以忽略，同时不存在水驱效应，即 $C_e \approx 0$，$W_e = 0$，此时式(1－228)变为：

$$G_p B_g = GB_g - GB_{gi} \tag{1-230}$$

将式(1－224)和式(1－225)代入式(1－230)中，简化后得到以$\frac{p}{Z}$形式表示的物质平衡方程：

$$\frac{p}{Z}=\frac{p_{\mathrm{i}}}{Z_{\mathrm{i}}}\left(1-\frac{G_{\mathrm{p}}}{G}\right) \tag{1-231}$$

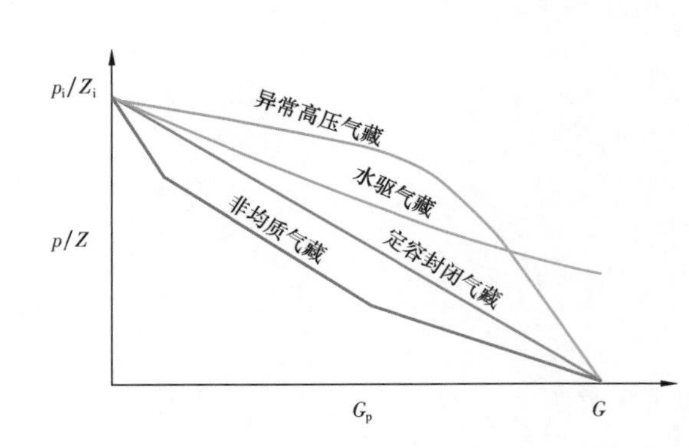

图1-31　不同类型气藏压降曲线特征

式(1-231)就是最常见的定容封闭气藏物质方程。在直角坐标中,定容封闭气藏的压降特征曲线 p/Z—G_p 是一条斜率为常数的直线(图1-31),直线外推到 $p/Z=0$ 即为气藏的动态储量 G。定容封闭气藏物质平衡法动态储量计算详见第二章。

2. 水驱气藏

水驱气藏在开采过程中除气体的弹性膨胀能量之外,水驱提供了不可忽视的驱动能量,针对常压气藏,忽略岩石孔隙压缩和束缚水弹性膨胀,即 $C_e\approx0$,此时式(1-228)变为:

$$G_pB_g=G(B_g-B_{gi})+W_e-W_pB_w \tag{1-232}$$

式(1-232)写成 p/Z 的形式为:

$$\frac{p}{Z}=\frac{p_{\mathrm{i}}}{Z_{\mathrm{i}}}\left(1-\frac{G_{\mathrm{p}}}{G}\right)+\frac{p_{\mathrm{i}}}{Z_{\mathrm{i}}}\frac{W_e-W_pB_w}{GB_g} \tag{1-233}$$

式(1-232)、式(1-233)就是常压气藏在考虑水驱时的物质平衡方程。在直角坐标中,水驱气藏的压降特征曲线逐渐偏离定容封闭气藏直线而向上弯曲(图1-31)。水驱气藏动态法储量计算见第三章。

3. 异常高压气藏

针对异常高压气藏,岩石孔隙压缩在开发早期提供了重要的驱动能量,不能忽略,在不考虑水驱的情况下($W_e=0$),式(1-228)变为:

$$G_pB_g=G(B_g-B_{gi})+GB_{gi}C_e\Delta p \tag{1-234}$$

式(1-234)写成 p/Z 的形式为:

$$\frac{p}{Z}(1-C_e\Delta p)=\frac{p_{\mathrm{i}}}{Z_{\mathrm{i}}}\left(1-\frac{G_{\mathrm{p}}}{G}\right) \tag{1-235}$$

式(1-234)、式(1-235)就是异常高压气藏不考虑水驱时的物质平衡方程。在直角坐标系中,典型的异常高压气藏的压降特征曲线 p/Z—G_p 通常表现为由两个近似不同斜率的直线组成的向下弯曲的曲线(图1-31)。

当在异常高压气藏物质平衡中考虑水驱效应时,就是式(1-228)。异常高压气藏动态法储量计算详见第四章。

第二章

定容封闭气藏和非均质性气藏动态法储量计算

本章主要介绍两种类型气藏的动态法储量计算，一类是比较简单的定容封闭气藏；另一类是非均质性气藏，包括低渗致密气藏和由于岩性变化或断层遮挡而形成的部分连通气藏，这类气藏由于储层非均质性强，在矿场有限的关井时间内气藏压力无法达到平衡，利用实测静压建立的 $p/Z—G_p$ 曲线表现出多段特征（图 1－31）。

第一节　定容封闭气藏动态法储量计算

一、定容封闭气藏物质平衡

第一章第四节式（1－230）给出了定容封闭气藏物质平衡，以 B_g 形式表示为：

$$G_pB_g = GB_g - GB_{gi}$$

式中　G_p——累积产气量，m^3；

G——天然气地质储量，m^3；

B_{gi}，B_g——气藏压力分别为 p_i 和 p 时的气体体积系数，m^3/m^3。

式（1－230）以 p/Z 形式表示为：

$$\frac{p}{Z} = \frac{p_i}{Z_i}\left(1 - \frac{G_p}{G}\right)$$

式中　p_i，p——原始气藏压力和某一时刻平均地层压力，MPa；

Z_i，Z——气藏压力分别为 p_i 和 p 时气体压缩因子。

式（1－230）写成 Havlena－Odeh 形式为：

$$F = GE_g \tag{2－1}$$

式中　F——采出气体的地下体积，$F = G_pB_g$，m^3；

E_g——单位体积气体的弹性膨胀量，$E_g = B_g - B_{gi}$，m^3/m^3。

二、定容封闭气藏基本特征

定容封闭气藏一般具有以下几个特征：

（1）开采过程中地下气体所占的孔隙体积不变，即 $V_g = V_{gi}$。气藏的驱动能量以气体的弹性膨胀为主，气藏不存在水体或水体不活跃，对气藏压降不产生影响。束缚水和岩石的弹性能量可以忽略不计；

(2)储层物性好，具有均质或视均质特征，传导率近似无限大，压降能迅速传播到整个气藏并达到平衡，气藏关井后压力恢复快，内部基本不存在压力梯度；

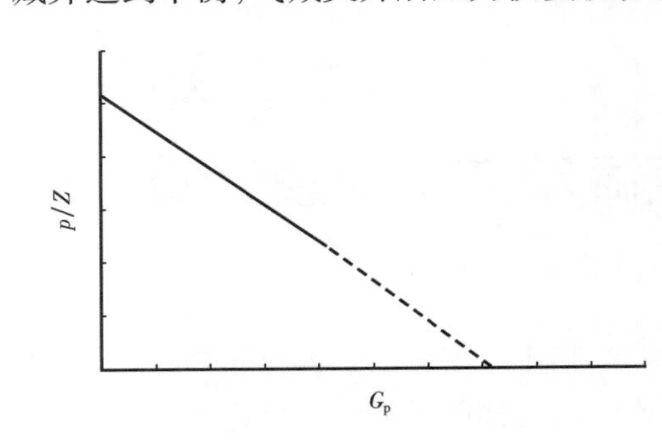

图2-1 定容封闭气藏 $p/Z—G_p$ 关系图

(3) $p/Z—G_p$ 表现为直线关系(图2-1)，而且直线的斜率不随时间和开采速度而发生变化，也就是说定容封闭气藏的物质平衡是一个与时间和采气速度无关的物质平衡。有许多气藏在早期阶段压降曲线表现出直线特征，但到中后期随采气速度变化或压力进一步降低，压降曲线斜率发生变化，表现出水驱或外围补给特征，这类气藏就不是定容封闭气藏。

在实际生产过程中，一些中—高孔、中—高渗透的孔隙型气藏，常表现为定容封闭气藏特征，即气藏纵横向连通性好，同一时期各井关井静压折算到同一海拔后相同，而且后投产井具有先期压降特征。这类气藏由于基质物性好，一般动态法储量与静态容积法储量基本一致。

三、定容封闭气藏动态法储量计算实例

由于不存在水驱和外围补给等其他驱动能量，定容封闭气藏动态法储量计算过程相对简单，在直角坐标中回归 $p/Z—G_p$ 直线关系，外推在横轴上的截距即为气藏储量 G。

图2-2为四川盆地石炭系一气藏 $p/Z—G_p$ 关系图，该气藏位于川东高陡构造带，为裂缝—孔隙型长轴背斜气藏。气藏储层厚度为6.3~11.68m，平均8.5m。尽管储层厚度较薄，但在平面上连片分布，纵向上净毛比较高，达到60%~80%。该气藏储层物性好，主要为Ⅰ+Ⅱ类储层，气藏平均孔隙度为8.87%，岩心分析基质渗透率为0.5~2.7mD，但由于裂缝普遍

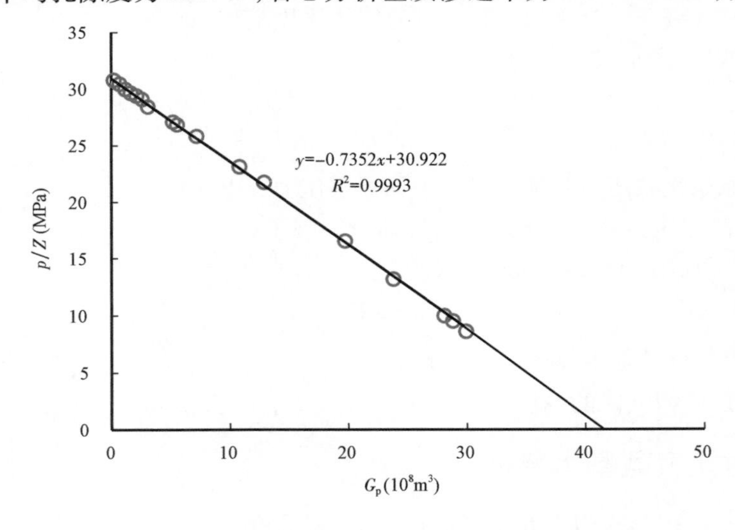

图2-2 四川盆地某石炭系气藏 $p/Z—G_p$ 关系图

发育，在纵横向分布比较均匀，有效改善了储层整体渗流能力。不稳定试井解释渗透率普遍较高，为20～90mD，气藏水体不活跃。生产过程中井间连通关系好，不存在压降漏斗。不同时期$p/Z—G_p$关系表现出斜率一致的直线特征（图2－2），回归计算动态储量为$42.1\times10^8m^3$，该气藏容积法计算储量为$45.6\times10^8m^3$。

第二节　有外围补给的气藏动态法储量计算

前面的定容封闭气藏假设储层传导率足够大，开采过程中产生的压降能迅速传播到整个气藏并达到平衡，气藏关井后不存在压降漏斗或压降漏斗很小，整个生产过程中$p/Z—G_p$关系表现为斜率不变的直线特征。但对于低渗致密气藏或由于断层遮挡、物性变化等导致内部连通性差的非均质性气藏，在开采过程中不同部位压降不均衡，存在压降漏斗，使得$p/Z—G_p$关系图上数据点分布散乱，线性相关性差，或是出现不同斜率直线特征。针对这类气藏，用传统的$p/Z—G_p$直线外推的方式计算动态储量会存在很大误差。这类气藏可以利用有外围补给形式的物质平衡来计算动态储量。

一、具有外围补给的气藏物质平衡

假设一个复合气藏由两个定容气藏组成，分别为1区和2区（图2－3），气藏之间具有一定的连通程度，两个区具有相同的初始压力p_i，气藏投产后，在压差的作用下，有气体从1区流向2区，流速与两边的压力平方差或拟压力差成正比，根据达西定律有：

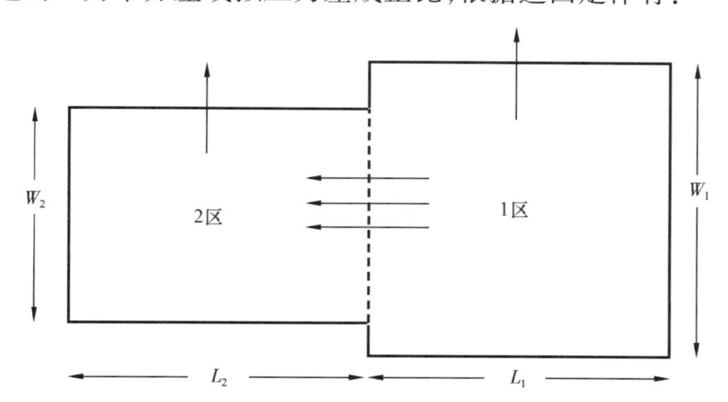

图2－3　具有外围补给的气藏示意图

$$Q_{sc12}=C_{12}(\psi_1-\psi_2)\tag{2-2}$$

其中

$$C_{12}=\frac{2C_1C_2}{C_1+C_2}\tag{2-3}$$

$$C_1=\frac{123.7A_{c1}K_1}{TL_1}\tag{2-4}$$

$$C_2=\frac{123.7A_{c2}K_2}{TL_2}\tag{2-5}$$

式中 Q_{sc12}——从 1 区流向 2 区的气体的流速，m^3/d(标准状况)；
C_{12}——1 区和 2 区之间的传导系数，$(m^3/d)/[MPa^2/(mPa \cdot s)]$；
ψ_1——1 区的平均地层压力 p_1 对应的拟压力，$MPa^2/(mPa \cdot s)$；
ψ_2——2 区的平均地层压力 p_2 对应的拟压力，$MPa^2/(mPa \cdot s)$；
C_1, C_2——分别为 1 区和 2 区的传导系数，$(m^3/d)/[MPa^2/(mPa \cdot s)]$；
A_{c1}, A_{c2}——分别为 1 区和 2 区的过流截面积，m^2；
K_1, K_2——分别为 1 区和 2 区的渗透率，mD；
L_1, L_2——分别为 1 区和 2 区的长度，m；
Z_1, Z_2——分别为 1 区和 2 区的气体压缩因子；
μ_{g1}, μ_{g2}——分别为 1 区和 2 区的气体黏度，mPa·s；
T——储层温度，K。

从 1 区流向 2 区的累积天然气流量 G_{p12} 可以表示为：

$$G_{p12} = \int_0^t Q_{sc12} dt = \sum_0^t Q_{sc12} \Delta t \qquad (2-6)$$

对于 1 区和 2 区，根据气藏物质平衡有：

$$\frac{p_1}{Z_1} = \frac{p_i}{Z_i}\left(1 - \frac{G_{p1} + G_{p12}}{G_1}\right) \qquad (2-7)$$

$$\frac{p_2}{Z_2} = \frac{p_i}{Z_i}\left(1 - \frac{G_{p2} - G_{p12}}{G_2}\right) \qquad (2-8)$$

式中 G_{p12}——从 1 区流向 2 区的累积天然气流量，m^3；
p_1, p_2——分别为 1 区和 2 区的平均地层压力，MPa；
G_1, G_2——分别为 1 区和 2 区的原始地质储量，m^3；
G_{p1}, G_{p2}——分别为 1 区和 2 区的实际累积采气量，m^3。

根据容积法储量计算公式，有：

$$G_1 = A_1 h_1 \phi_1 (1 - S_{wi}) / B_{gi} \qquad (2-9)$$

$$G_2 = A_2 h_2 \phi_2 (1 - S_{wi}) / B_{gi} \qquad (2-10)$$

式中 A_1, A_2——分别为 1 区和 2 区的含气面积，m^2；
h_1, h_2——分别为 1 区和 2 区的储层有效厚度，m；
ϕ_1, ϕ_2——分别为 1 区和 2 区的孔隙度。

二、具有外围补给的气藏动态法储量计算过程及实例

采用具有外围补给的物质平衡方法计算动态储量时需要的已知参数包括：每个区的地质储量(或含气面积、有效厚度、孔隙度和原始含气饱和度)，原始地层压力，两个区之间的传导系数 C_{12}，以及每个区的生产数据。该方法将生产历史划分为若干段，每个时间步长采用显式方法计算地层压力，通过与实际压力进行拟合的方式确定各区动态储量和传导率。具体计算

过程如下。

(1)根据气体组分、气藏压力和温度计算 PVT 数据,建立 Z、μ_g、ψ 与 p 关系。

(2)将气藏划分为若干个区域,确定每个区域的长度 L,宽度 W,厚度 h 和面积 A。

(3)用式(2-9)分别计算每个区的原始地质储量 G。

(4)对每个区,根据第(3)步确定的地质储量建立 p/Z—G_p直线关系。

(5)利用式(2-4)计算每个区的传导系数 C,采用式(2-3)计算相邻两区之间的传导系数 C_{12}。

(6)选择小的时间步长 Δt,利用生产数据,计算每个区的实际采气量 G_p,对于未有生产井的区域,$G_p=0$。

(7)假设每个区的压力值,对于一个具有两个分区的气藏,假设开始计算的压力分别为 p_1^k 和 p_2^k,然后利用第(1)步的结果分别计算 p_1^k和 p_2^k对应的 Z、μ_g以及 ψ。

(8)根据第(7)步计算的每个区的 ψ 值,分别利用式(2-2)和式(2-6)计算相邻两个区之间的流速 Q_{sc12}和累积流量 G_{p12}。

(9)将 G_{p12}和 Z 值分别代入式(2-7)和式(2-8)中,计算每个区的压力 p_1^{k+1}和 p_2^{k+1},即:

$$p_1^{k+1}=\left(\frac{p_i}{Z_i}\right)Z_1\left(1-\frac{G_{p1}+G_{p12}}{G_1}\right)$$

$$p_2^{k+1}=\left(\frac{p_i}{Z_i}\right)Z_2\left(1-\frac{G_{p2}-G_{p12}}{G_2}\right)$$

(10)比较 $|p_1^k-p_1^{k+1}|$和 $|p_2^k-p_2^{k+1}|$,如果二者误差在允许范围内,重复第(6)~(10)步开始下一个时间步长的计算;如果 $|p_1^k-p_1^{k+1}|$和 $|p_2^k-p_2^{k+1}|$之间误差较大,则令 $p_1^k=p_1^{k+1}$、$p_2^k=p_2^{k+1}$,重复第(7)~(10)步。

(11)建立每个区的压力变化曲线,并与实测压力变化趋势进行对比,如果误差在允许范围内,说明每个分区储量、传导系数符合实际情况。如果变化趋势与实际不符,则应重新确定分区、储量、传导系数,然后再重复第(2)~(11)步。

采用具有外围补给的物质平衡方法计算动态储量过程中,为了使计算压力能够拟合实测压力,需要变化分区个数和相邻区之间的传导系数,直到得到满意的计算结果。分区的原则是单个区块在关井后内部具有相同的压力,不存在压力梯度。在利用具有外围补给的气藏物质平衡进行动态储量计算时,各区储量以及相邻区之间的传导系数存在多解性。尽管利用气藏工程软件很快就能完成各区储量计算和压力拟合,但为了降低多解性,建议在利用软件计算时还是根据实际地质情况,了解每个分区的容积法储量范围、储层物性情况以及传导系数分布范围。

下面以实际气田生产数据为例,介绍有外围补给的气藏动态储量计算过程。

WLH 气田为一北东—南西向的狭长背斜构造(图 2-4),气田主体部位以中—高渗透为主,渗透率分布范围 4.5~170mD,在南端及南区东翼渗透率较低,在 0.5mD 左右,储层具有非均质性,采用容积法计算气藏地质储量为 $185\times10^8\text{m}^3$。气藏开采过程中在高渗透区形成压降漏斗(图 2-4)。主体生产区 p/Z—G_p关系曲线在中后期下降趋势逐渐变缓(图 2-5),表现出三段式特征,根据主体区不同阶段的压降变化趋势进行直线外推,计算动态储量分别为:

$128.2\times10^{8}m^{3}$、$142.6\times10^{8}m^{3}$和$159.6\times10^{8}m^{3}$（表2-1），这一计算结果仅以主体区块压降为依据，未考虑主体区块与外围之间的压降漏斗，因此计算结果不能代表整个气藏，只是主体区块储量和外围补给量的综合反映，小于整个气藏的储量。

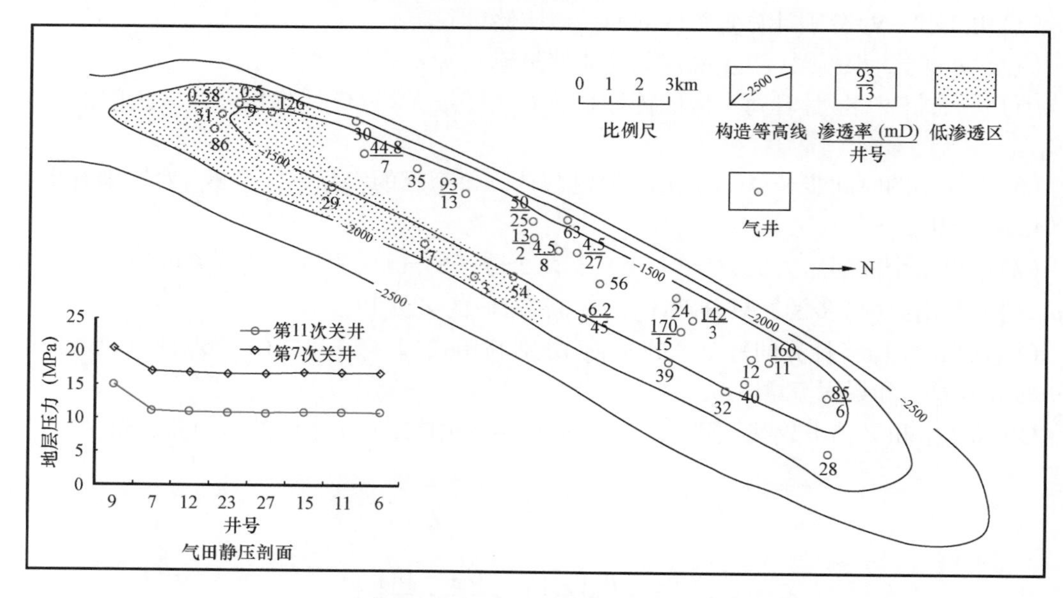

图2-4 WLH气田井位分布图

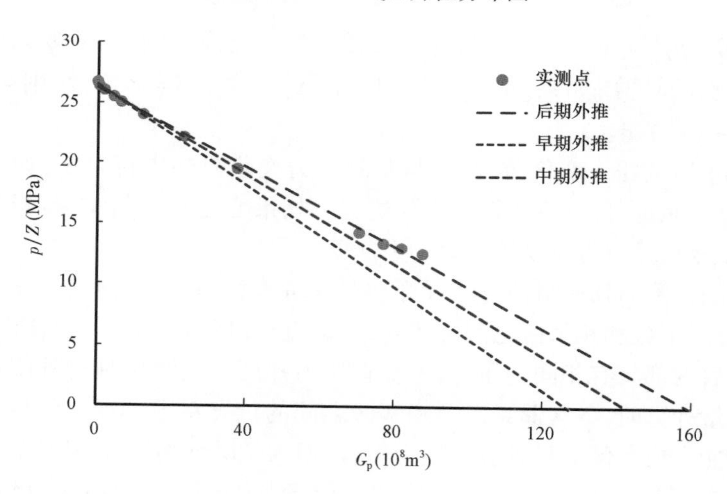

图2-5 WLH气田p/Z—G_p关系图

表2-1 WLH气田不同时间动态储量计算结果表

累积生产时间(d)	G_p(10^8m^3)	计算动态储量 G(10^8m^3)
1530	12.34	128.2
2750	37.71	142.6
4910	87.75	159.6

根据实际地质情况和不同部位压降特征，采用具有外围补给的两区物质平衡对该气田进行了压力拟合和动态储量计算。首先依据气藏的形状和孔渗参数地质认识，计算了两区的容积法储量和传导系数，作为分析的初始参数和依据。然后按上面第(4)～(10)步计算了在初始参数情况下主体生产区和外围补给区的压降趋势，并与实际压降趋势进行对比，在未达到拟合效果情况下，参考实际地质参数的变化范围，通过多次变化两区储量和传导系数来进行生产区块和补给区压力拟合，最终拟合压降变化趋势如图2－6所示，拟合生产区地质储量为$111\times10^8m^3$，补给区地质储量为$67.4\times10^8m^3$，气田总地质储量为$178.4\times10^8m^3$，两区之间的传导系数为$89.9m^3d^{-1}/[MPa^2/(mPa\cdot s)]$，补给区到生产区的累积窜流量为$25.4\times10^8m^3$(表2－2)。从计算结果来看，采用传统的定容气藏物质平衡显然计算储量偏低，尤其是在早期阶段。

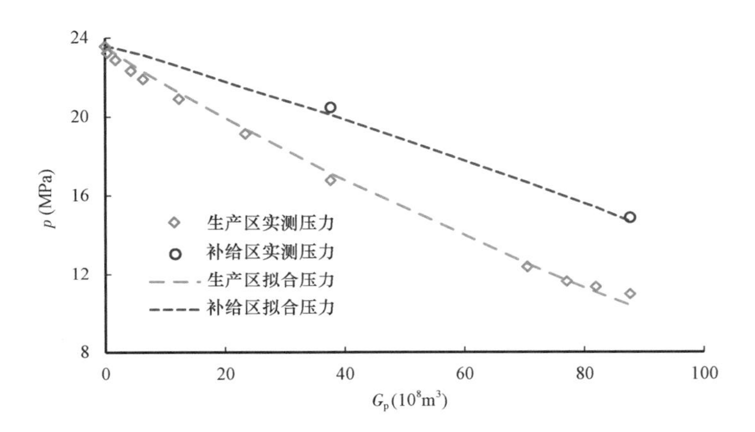

图2－6　WLH气田两区物质平衡地层压力拟合图

表2－2　WLH气田有外围补给的两区物质平衡基本参数及动态储量计算结果表

气藏基本参数	气体相对密度 r_g	0.6
	气体中 H_2S 体积含量(%)	5.0
	气体中 CO_2 体积含量(%)	0.5
	p_i(MPa)	23.57
	Z_i	0.8825
	μ_{gi}(mPa·s)	0.0206
	$B_{gi}(m^3/m^3)$	0.00431
	气藏温度 T(K)	328.15
生产区	生产区储量 $G_2(10^8m^3)$	111.0
	生产区传导系数 $C_2\{m^3d^{-1}/[MPa^2/(mPa\cdot s)]\}$	127
补给区	补给区储量 $G_1(10^8m^3)$	67.4
	补给区传导系数 $C_1\{m^3d^{-1}/[MPa^2/(mPa\cdot s)]\}$	69.6
整体	两区之间传导系数 $C_{12}\{m^3d^{-1}/[MPa^2/(mPa\cdot s)]\}$	89.9
	总储量 $G(10^8m^3)$	178.40
	补给区到生产区的累积窜流量 $G_{12}(10^8m^3)$	25.45

三、开采速度对有外围补给的气藏压降特征影响

前面已经提到，对于均质的定容封闭气藏，压降曲线特征不随产量和时间发生变化。但对于这类有外围补给的非均质气藏，压降曲线受开采速度影响，不同开采速度下表现出不同的压降特征。为了分析开采速度也就是配产对气藏压力变化趋势的影响，以 WLH 气田两区物质平衡拟合的参数为基础，模拟预测了在降低开采速度情况下气藏的压降特征。气田实际开采过程中峰值期日产量在(200～250)×10^4m^3之间（图 2－7），为了模拟计算低速开采情况压降特征，假设气田日产气保持在 100×10^4m^3。

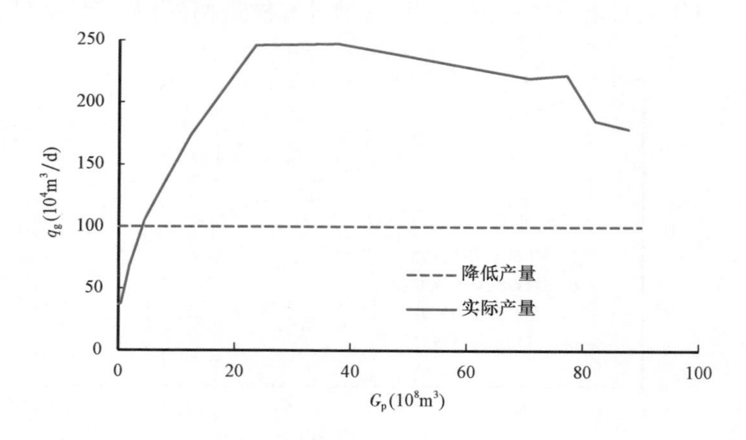

图 2－7　WLH 气田实际产量剖面和降低开采速度下产量剖面

图 2－8 给出了 WLH 气田实际生产过程中两个区的压降变化特征和预测的降低开采速度下两个区的压降变化特征。通过对比来看，针对这类非均质性气藏，开采速度降低，生产区压力下降速度变缓，与补给区的压差就越小，在废弃压力相同的情况下，最终采收率越高。因此，针对这类外围有补给的非均质性气藏，降低开采速度有利于实现均衡开采，提高气田采收率。

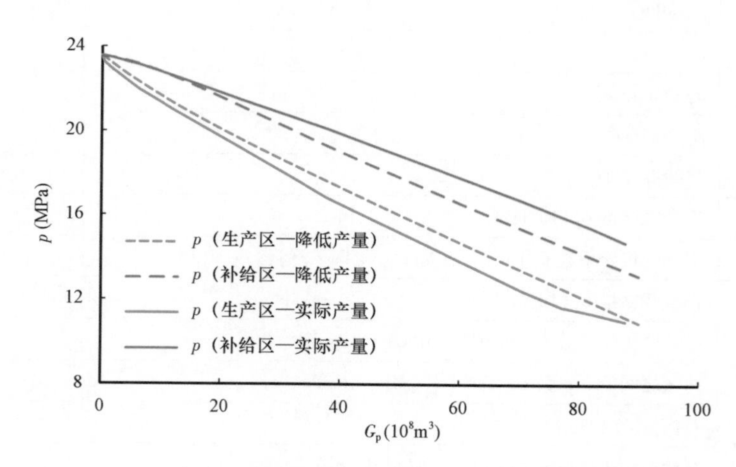

图 2－8　WLH 气田不同开采速度下压降变化特征

第三节　低渗透致密气藏动态法储量计算

国内的低渗透致密气藏动态渗透率主要分布在0.01～1.0mD。与常规气藏相比，这类气藏在实际生产过程中很难获得有代表性的平均地层压力，采用传统的物质平衡方法计算动态储量存在很大误差。针对这类气藏，应该根据实际生产特征，采用适宜的动态储量计算方法。

一、低渗透致密气藏基本特征

1. 准确获取气藏平均压力需要的时间

利用物质平衡法计算动态储量的关键就是能够获取真正代表气藏平均地层压力的关井静压。要获取有代表性的平均地层压力，一是流动要达到拟稳定流动状态，此时压降已波及整个气藏或井控范围，也就是说流动能代表整个气藏；二是关井压力恢复时间至少要等于气井达到拟稳定流动所需要的时间，此时录取的压力才能代表气藏的平均地层压力。

气井达到拟稳定流动所需要的时间为：

$$t_{pss}=\frac{1}{3.6\times10^{-3}}\frac{\phi\mu_g C_t A}{K}(t_{DA})_{pss} \tag{2-11}$$

对于低渗致密压裂气井，达到拟稳定流动所需要的时间为：

$$t_{pss}=\frac{1}{1.184\times10^{-4}}\frac{\phi\mu_g C_t x_f^2}{K}(t_{DA})_{pss} \tag{2-12}$$

式中　t_{pss}——气井流动达到拟稳定流动的时间，h；

ϕ——储层孔隙度；

μ_g——气体黏度，mPa·s；

C_t——储层总压缩系数，MPa^{-1}；

A——气井控制面积，m^2；

K——储层渗透率，mD；

$(t_{DA})_{pss}$——气井达到拟稳定流动时的无因次时间，与气藏边界形状和井的位置有关，对于圆形封闭气藏中心一口气井，$(t_{DA})_{pss}=0.1$；

x_f——裂缝半长，m。

比如对于一个地层压力为30MPa，温度为100℃的干气气藏，假设$\phi=10\%$，$S_{gi}=80\%$，$C_w=0.0004MPa^{-1}$，$C_f=0.0008MPa^{-1}$，$r_e=1000m$，在储层渗透率分别为10mD、1.0mD和0.1mD情况下，达到拟稳定流动所需要的时间分别为16天、160天和1600天。因此，对于中—高渗透气藏，很容易就能通过日常监测获取代表气藏的地层压力，但对于低渗透或致密气藏，气井的流动过程以不稳定流动为主，在生产过程中压降波及范围逐步扩大，在多数情况下流动仅控制气藏的一部分。关井后由于储层渗流补给能力差，导致压力恢复速度缓慢，要获取能够代表气藏或井控范围内的平均地层压力，常常需要几个月甚至整年的压力恢复时间，在现场实际生产中一般难以实现。因此对于低渗致密气藏，现场关井实测的井底静压多数情况下低于实际地层压力，导致采用 $p/Z—G_p$ 直线外推的方式计算的动态储量偏低。

2. 低渗透致密气藏实测压力表现出来的压降特征

对于低渗透致密气藏，从理论上来讲，如果录取的地层压力能够代表气藏的平均地层压力，压降曲线还是符合定容封闭气藏的直线特征。但在实际开采过程中，由于受关井时间、关井前产量和井的位置影响，很难获取代表气藏的平均地层压力。对于一口低渗透致密气井来讲，在早期阶段一般采气速度大，由于储层渗流能力有限，导致外围补给能力差，很容易形成早期定容封闭气藏的直线式压降特征；开采后期采气速度降低后，外围补给才逐渐表现出来，此时压降速度变缓，因此单井压降曲线呈现多段式特征（图 2－9）。对于一个具有多井的低渗透致密气藏，由于短期关井后不同部位压力恢复程度不同，在气藏中存在压力梯度（压降漏斗），使得压降图上数据点分散（图 2－10）。

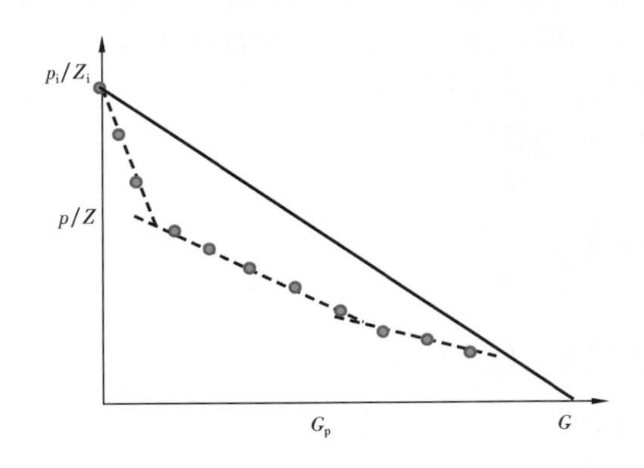

图 2－9　典型低渗致密气井 $p/Z—G_p$ 变化趋势图

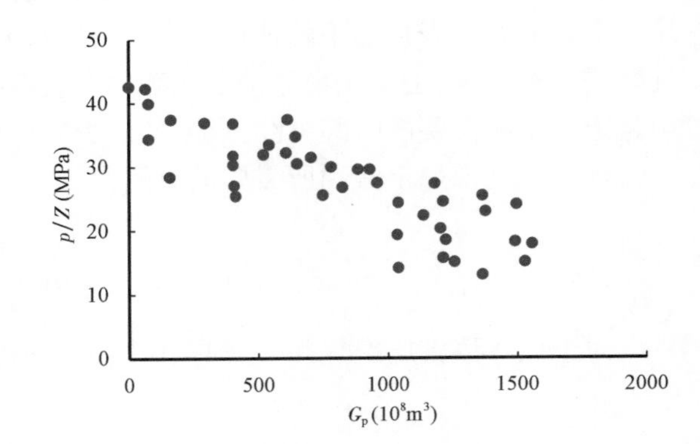

图 2－10　一个具有多井的低渗致密气藏压降图

二、低渗致密气藏动态法储量计算

针对低渗致密气藏生产过程中长期处于不稳定流动状态，以及关井后气藏内部存压降漏斗的特点，目前常用的动态储量计算方法主要包括具有外围补给的物质平衡法、单井现代产量递减分析方法和经验公式法等。

1. 具有外围补给的物质平衡法

低渗透致密气藏关井后内部存在压力梯度，导致不同部位静压不同，针对这种情况，可以采用前面介绍的具有外围补给的物质平衡法计算气藏动态储量。在计算时通过设置不同的单元来代表气藏不同部位的压力，每个单元用一个平均压力值，其原理类似粗化的数模网格。

图 2－11 为根据低渗透致密气井的实际产量变化情况，通过模型建立的典型致密压裂井的生产历史，模型人工裂缝半长 30m，基质渗透率 0.05mD，储量 $0.59\times10^8m^3$，设置每年关井 7 天，关井静压如图 2－11 所示的“实测压力”。从图 2－12 中给出的 $p/Z—G_p$ 关系图来看，由于生产制度变化，导致 p/Z 曲线呈现早期下降速度快，后期平缓的不同斜率直线特征，采用初始压力和后期压力点进行直线外推，确定的在 X 轴上最大的截距为 $G=0.45\times10^8m^3$，低于模型储量。利用有外围补给的两区物质平衡，通过拟合关井压力计算生产区储量 $0.05\times10^8m^3$，补给区储量 $0.51\times10^8m^3$，两区总储量 $0.56\times10^8m^3$，与模型中储量基本接近，拟合压力如图 2－11 所示。

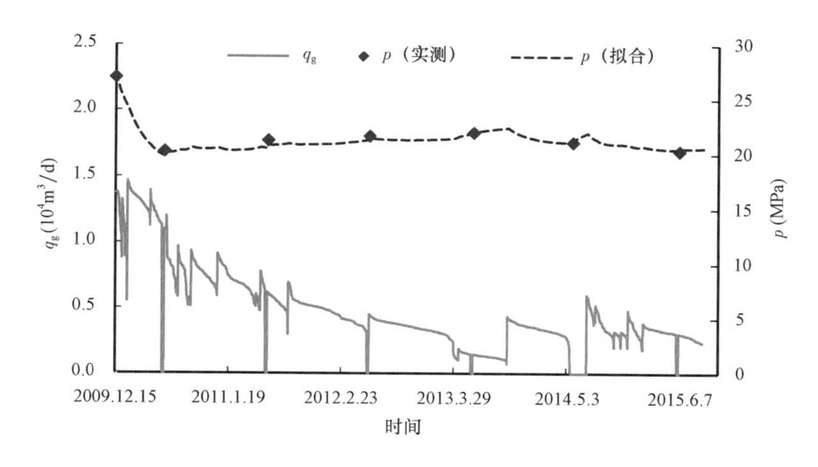

图 2－11　某低渗致密气井生产曲线图

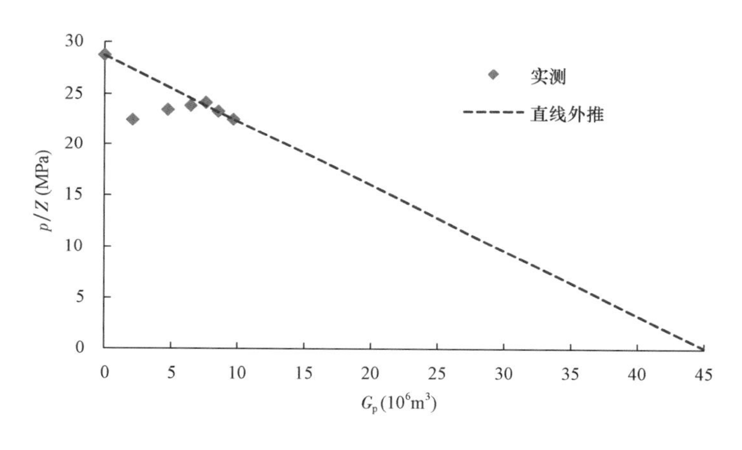

图 2－12　气井 p/Z—G_p 关系图

因此，对于这类 p/Z 表现出变化斜率特征的低渗透致密气井，可以采用具有外围补给的物质平衡方法计算单井或气藏动态储量。

2. 单井现代产量递减分析（RTA）方法

第一章介绍的现代产量递减分析不需要关井测压数据，利用日常生产数据通过典型图版拟合的方式计算储层物性参数、表皮系数、压裂裂缝长度和井控储量等。该方法需要在气井流动达到拟稳定流情况下，才能准确计算井控储量。对于生产历史较长的低渗透致密气井，可以采用现代产量递减分析方法计算井控动态储量。图 2－13 为苏里格气田一口典型致密气井生产曲线，该井累积生产近 4 年，尽管每年都有 3～5d 的关井，但压力资料录取品质差，只有在累积生产 1000d 后，进行了为期 2 个月的关井。利用现代产量递减分析中的 Blasingame 图版，对该井进行了分析解释（图 2－14），该井在生产 2 年左右达到了拟稳定流动段，即 $q_g/\Delta p_p$ 开始呈现出斜率为 －1 的调和递减趋势，在其后的生产时间里，该趋势一直保持不变，说明井控范围未发生明显变化。通过图版拟合计算动态渗透率为 0.086mD，压裂裂缝半长为 51.3m，井控储

量为 $0.38\times10^8\mathrm{m}^3$。因此,对于这类生产时间较长的低渗透致密压裂气井,可以利用现代产量递减分析方法,判断流动是否达到拟稳定流状态,然后计算单井动态储量。

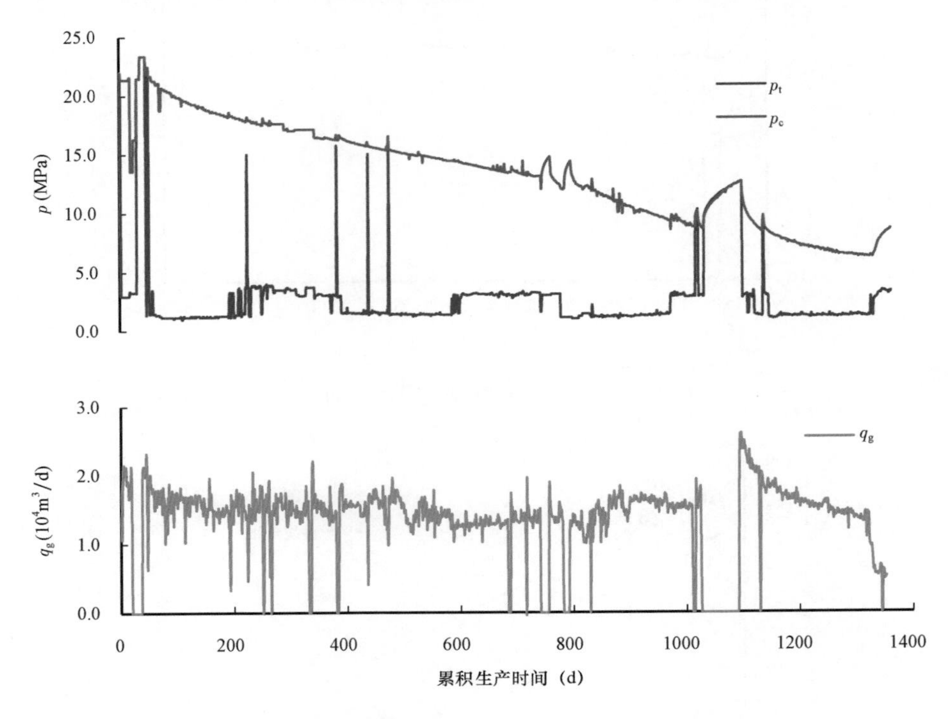

图 2-13 苏里格气田某致密气井生产曲线图

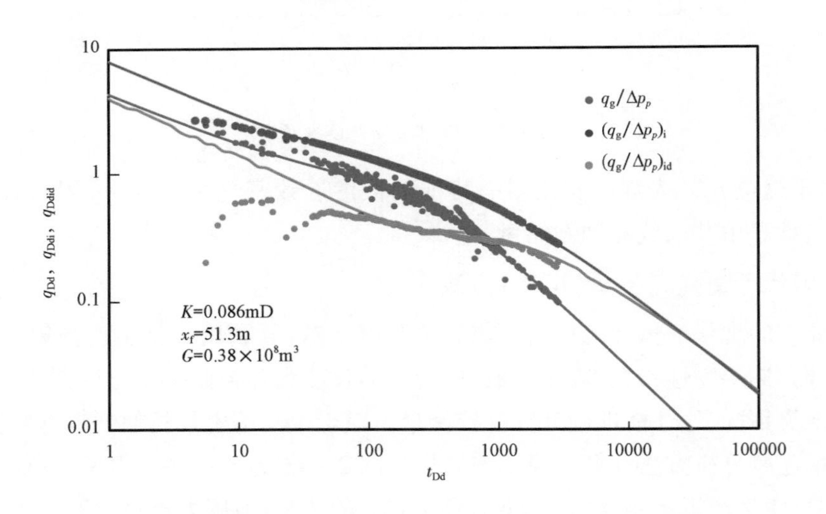

图 2-14 苏里格气田某致密气井 Blasingame 图版拟合

3. 经验公式法

低渗透致密气井长时间处于不稳定流动状态,生产过程中压降波及范围在逐步扩大,动态储量也在逐渐增大。针对这一情况,有些典型的低渗致密气田在大量气井生产数据的基础上,建立相应的动态储量计算经验公式。比如针对苏里格气田，有些文献中利用生产时间较长的井，建立了动态储量变化趋势图版(图2－15)。在图版中，不同时间计算的动态储量 G_t 与生产时间 t 呈二次方关系，在早期随生产时间 t 快速增加，后期逐渐变平缓，当 G_t 不再随生产时间增大时，认为流动已经达到井控边界，此时达到了气井的实际井控动态储量 G，G_t/G 随时间同样呈二次方关系，即：

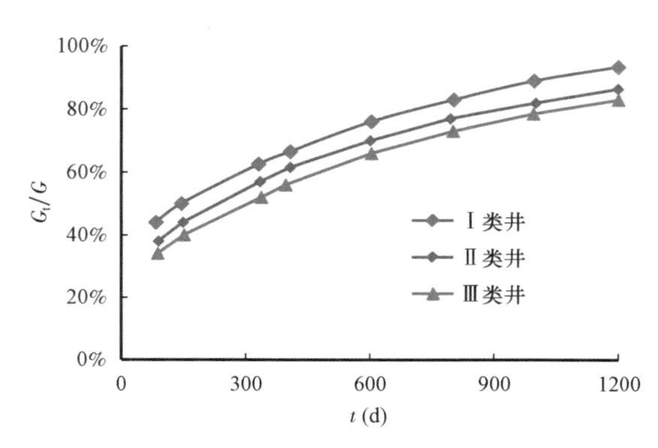

图2－15　苏里格气田不同类型气井井控动态储量与生产时间关系图(罗瑞兰，2010)

$$\frac{G_t}{G}=at^2+bt+c \tag{2-13}$$

式中　G_t——利用不同时刻生产动态数据计算的动态储量，m^3；

G——最终动态储量，m^3；

a,b,c——常数。

针对该气田的其他气井，就可以利用经验图版，根据早期计算的 G_t 预测气井最终井控动态储量 G。

气藏工程中所有的经验公式，都可以找到理论依据。图2－15中的变化趋势和式(2－13)确定的关系式，其实反映了低渗透致密气井在达到拟稳定流动之前压降波及范围随生产时间和流体PVT的变化关系。下面通过理论推导，确定低渗透致密气井不同时刻井控动态储量与时间和流体性质关系。

假定井控范围内储层厚度 h、含气饱和度 S_{gi} 和孔隙度 ϕ 不变，则根据容积法储量计算公式可知：

$$\frac{G_t}{G}=\frac{r_i^2}{r_e^2} \tag{2-14}$$

式中　r_i——气井某一时刻探测半径，m；

r_e——最终井控半径，m。

当气井流动达到拟稳定流之前(即 $t<t_{pss}$)，根据气井探测半径计算公式，有：

$$r_i=0.12\sqrt{\frac{Kt}{\phi\mu_g C_t}} \tag{2-15}$$

式中　K——储层渗透率，mD；

t——时间，h；

ϕ——孔隙度；

μ_g——气体黏度，mPa·s；

C_t——总压缩系数，MPa^{-1}。

将式(2－15)代入式(2－14)中，整理后得到：

$$\frac{G_{\mathrm{t}}}{G}=\frac{r_i^2}{r_{\mathrm{e}}^2}=\frac{0.0144Kt}{\phi\mu_{\mathrm{g}}C_{\mathrm{t}}r_{\mathrm{e}}^2}=\frac{0.0144K}{\phi r_{\mathrm{e}}^2}\frac{t}{\mu_{\mathrm{g}}C_{\mathrm{t}}}=\frac{0.0144K}{\phi\mu_{\mathrm{gi}}C_{\mathrm{ti}}r_{\mathrm{e}}^2}\frac{\mu_{\mathrm{gi}}C_{\mathrm{ti}}}{\mu_{\mathrm{g}}C_{\mathrm{t}}}t \quad (2-16)$$

式中 μ_{gi}——原始地层压力条件下气体黏度,mPa·s;

C_{ti}——原始地层压力条件下总压缩系数,MPa^{-1}。

定义无因次视地层压力 p_{zD} 为:

$$p_{\mathrm{zD}}=\frac{p}{Z}/\frac{p_i}{Z_i} \quad (2-17)$$

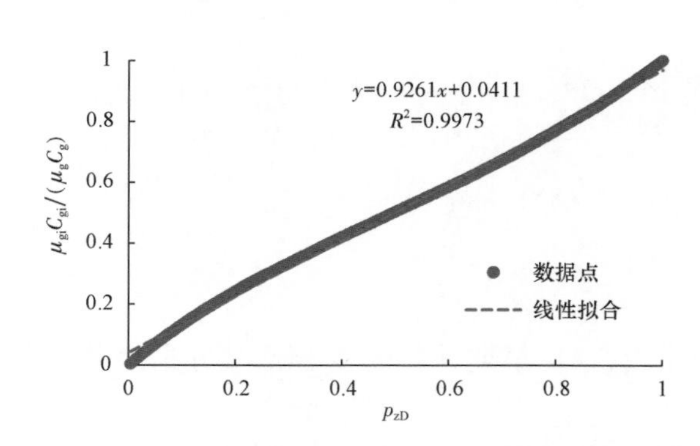

图 2-16 苏里格气田 $\mu_{\mathrm{gi}}C_{\mathrm{gi}}/(\mu_{\mathrm{g}}C_{\mathrm{g}})$—$p_{\mathrm{zD}}$ 关系图

图 2-16 给出了根据苏里格气田气体 PVT 确定的 $\mu_{\mathrm{gi}}C_{\mathrm{ti}}/(\mu_{\mathrm{g}}C_{\mathrm{t}})$ 与 p_{zD} 关系图,两者的关系可以近似成线性关系,即:

$$\frac{\mu_{\mathrm{gi}}C_{\mathrm{ti}}}{\mu_{\mathrm{g}}C_{\mathrm{t}}}\approx a_0+a_1p_{\mathrm{zD}} \quad (2-18)$$

其中 a_0、a_1 为常数。

根据 p_{zD} 定义和气藏物质平衡可知:

$$p_{\mathrm{zD}}=\frac{p}{Z}/\frac{p_{\mathrm{i}}}{Z_{\mathrm{i}}}=1-\frac{G_{\mathrm{p}}}{G} \quad (2-19)$$

将式(2-19)代入式(2-18)中,并合并常数项,得到:

$$\frac{\mu_{\mathrm{gi}}C_{\mathrm{ti}}}{\mu_{\mathrm{g}}C_{\mathrm{t}}}=a_0+a_1\left(1-\frac{G_{\mathrm{p}}}{G}\right)=a_0+a_1-\frac{a_1G_{\mathrm{p}}}{G}=b_0+b_1\frac{G_{\mathrm{p}}}{G} \quad (2-20)$$

其中 b_0、b_1 常数。

将式(2-20)代入式(2-16)中,有:

$$\frac{G_{\mathrm{t}}}{G}=\frac{0.0144K}{\phi\mu_{\mathrm{gi}}C_{\mathrm{ti}}r_{\mathrm{e}}^2}\left(b_0+b_1\frac{G_{\mathrm{p}}}{G}\right)t \quad (2-21)$$

由于 $K/(\phi\mu_{\mathrm{gi}}C_{\mathrm{ti}}r_{\mathrm{e}}^2)$ 为常数,因此式(2-21)可写为:

$$\frac{G_{\mathrm{t}}}{G}=c_1t+c_2\frac{G_{\mathrm{p}}}{G}t \quad (2-22)$$

式(2-22)中 c_1、c_2 为常数。

通过对苏里格气田低渗透致密压裂井动态资料分析发现,气井累积产量 G_{p} 与生产时间 t 的乘积($G_{\mathrm{p}}t$)与生产时间 t 表现为高度相关的二次方关系(图 2-17),即:

$$G_{\mathrm{p}}t=d_2t^2+d_1t+d_0 \quad (2-23)$$

其中系数 d_0、d_1 和 d_2 为常数。

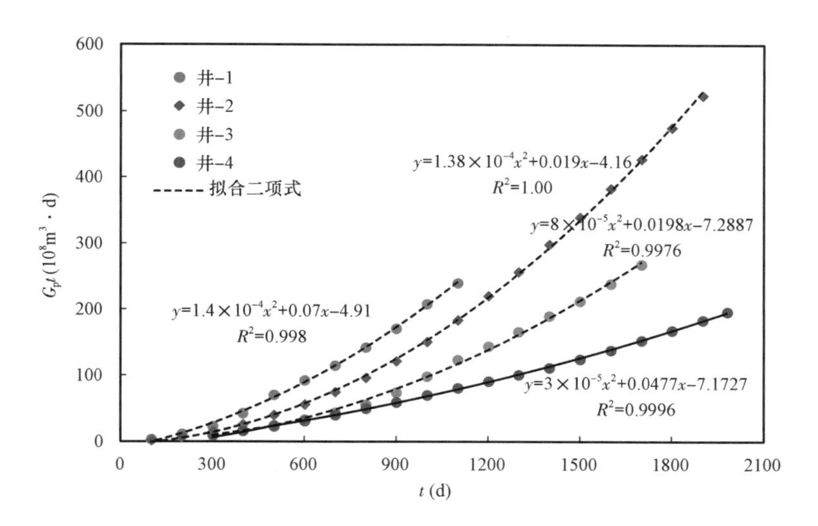

图 2－17　苏里格气田气井 $G_{p}t$—t 关系图

将式(2－23)代入式(2－22)中,得到:

$$\frac{G_{t}}{G} = c_{1}t + \frac{c_{2}(d_{2}t^{2} + d_{1}t + d_{0})}{G} \tag{2-24}$$

在式(2－24)中,由于 G 是常数,合并式中同类项,即得到与式(2－13)形式相同的公式:

$$\frac{G_{t}}{G} = at^{2} + bt + c$$

其中 a、b 和 c 为常数。

通过上述论证,进一步说明了低渗致密气井在达到拟稳定流动之前井控范围逐渐扩大的过程。

第三章
水驱气藏动态法储量计算

多数气藏都存在边底水，在开采过程中会不同程度地受到地层水侵入影响。针对有水气藏开展物质平衡分析，确定水体驱动能量和动态储量，是气藏动态分析中一项重要内容。本章重点介绍水驱特征的识别、水侵量计算方法和存在水驱情况下气藏动态储量计算。

第一节　水驱的识别及水体活跃程度分类

对于具有天然水体的气藏，判断是否存在水驱效应以及评价水体驱动能量大小很关键。对水驱及活跃程度的判识主要是以水驱气藏物质平衡和现代产量递减分析方法为基础，建立相应的诊断图版。

一、水驱气藏物质平衡方程

水驱是指油气采出后导致储层压力下降，引起边底水的侵入，占据了部分储层孔隙空间，在一定程度上弥补了储层压力的下降。在气藏衰竭式开采情况下，水驱的能量主要来自地层水弹性膨胀和水层岩石孔隙压缩，如果气藏与非常大的开放的地表水体相连，根据连通器原理形成水压头驱动，类似刚性驱动的情形，目前国内外鲜有水压头驱动的实例。

第一章第四节中式(1－232)给出常压气藏水驱物质平衡方程。以 B_g 形式表示为：

$$G_pB_g = G(B_g - B_{gi}) + W_e - W_pB_w$$

式中　G_p——累积产气量，m^3；

G——天然气地质储量，m^3；

B_{gi}，B_g——气藏压力分别为 p_i 和 p 时的气体体积系数，m^3/m^3；

W_e——累积水侵量，m^3；

W_p——累积产水量，m^3；

B_w——地层水的体积系数，m^3/m^3。

以 p/Z 的形式表示的水驱气藏物质平衡方程为式(1－233)：

$$\frac{p}{Z} = \frac{p_i}{Z_i}\left(1 - \frac{G_p}{G}\right) + \frac{p_i}{Z_i}\frac{W_e - W_pB_W}{GB_g}$$

式中　p_i——原始地层压力，MPa；

p——某一时刻平均地层压力，MPa；

Z_i，Z——气藏压力分别为 p_i 和 p 时的气体压缩因子。

式(1－232)写成 Havlena－Odeh 的形式为：

$$F = GE_g + W_e \tag{3-1}$$

式中　F——地下采出量，m^3，$F = G_pB_g + W_pB_w$；

E_g——单位体积气体的弹性膨胀量，m^3/m^3，$E_g = B_g - B_{gi}$。

二、水驱的判识

对于气藏是否存在水驱和水体的活跃程度的判断通常采用以下几种形式的图形，分别是 p/Z 曲线法、视地质储量法和气井现代产量递减曲线法，这几种方法的本质就是侵入气藏中的地层水是否提供了可以识别出来的压力补给。

1. p/Z 曲线法

p/Z 曲线法一般是按 p/Z—G_p 偏离直线的时间和上翘的程度来判断是否存在水驱和水体活跃性(图 3－1)。在活跃水驱或强水驱情况下，气藏在开发早期(采出程度 15%～20%)p/Z 曲线就偏离直线段，下降趋势逐渐变平缓；中等活跃水驱一般是在开发中期 p/Z 曲线开始偏离直线段，气藏压力下降趋势逐渐变缓；在弱水驱情况下，主要开发期内 p/Z 变化趋势都表现为定容封闭气藏的直线特征，到了后期才偏离直线段，下降趋势变缓。

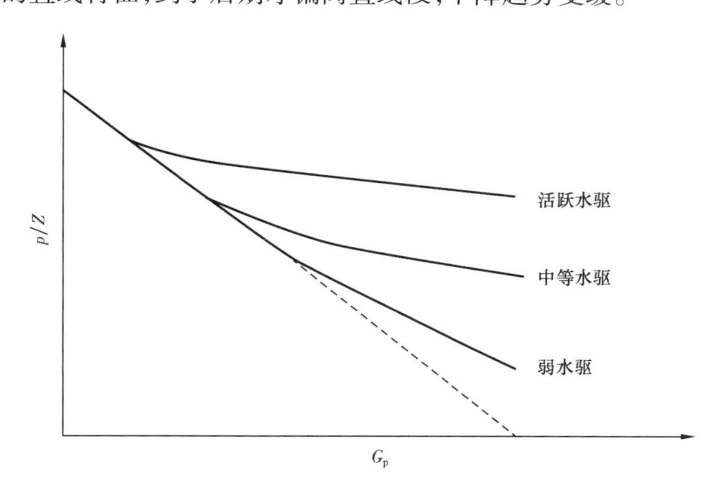

图 3－1　不同水体活跃程度时 p/Z 变化趋势示意图

2. 视地质储量变化趋势图

视地质储量变化趋势图就是利用 B_g 表示的物质平衡方程式建立的水驱定性诊断图，又称为 Havlena－Odeh 方法。水驱气藏物质平衡方程式(1－232)可以写成：

$$\frac{G_pB_g + W_pB_w}{B_g - B_{gi}} = G + \frac{W_e}{B_g - B_{gi}} \tag{3-2}$$

式(3-2)左边$(G_pB_g+W_pB_w)/(B_g-B_{gi})$称为视地质储量($G_a$),实际上代表了储层的总体驱动能量,通过分析$G_a$随$G_p$的变化趋势,可以定性判断气藏是否存在水驱,图3-2给出了不同水体活跃程度下视地质储量变化趋势示意图。由式(3-2)可知,对于定容封闭气藏,不同时间生产数据计算的G_a值应该是常数,等于气藏的储量G,也就是说,G_a随G_p的变化趋势应该是一条水平直线。当气藏存在水驱时,由于等式右边$W_e/(B_g-B_{gi})$的存在,G_a高于实际地质储量G,其变化趋势受水体活跃程度和开采速度影响:对于活跃水驱气藏,G_a呈逐步上升趋势,说明$W_e/(B_g-B_{gi})$呈上升趋势,也就是水侵量的上升速度快于地下气体弹性膨胀能量的上升速度,这种情况下的水体多处于不稳定流动阶段;对于中等活跃水驱气藏,G_a呈先上升又下降的下凹趋势,说明水体从不稳定流动阶段达到了拟稳定流动阶段,后期水侵量的上升速度慢于地下气体弹性膨胀能量的上升速度;对于弱水驱气藏(一般为气藏内部或局部存在有限水体),由于式(3-2)右边$W_e/(B_g-B_{gi})$项中分母的增速大于分子的增速,因此视地质储量曲线斜率为负值,后期逐渐接近实际地质储量。

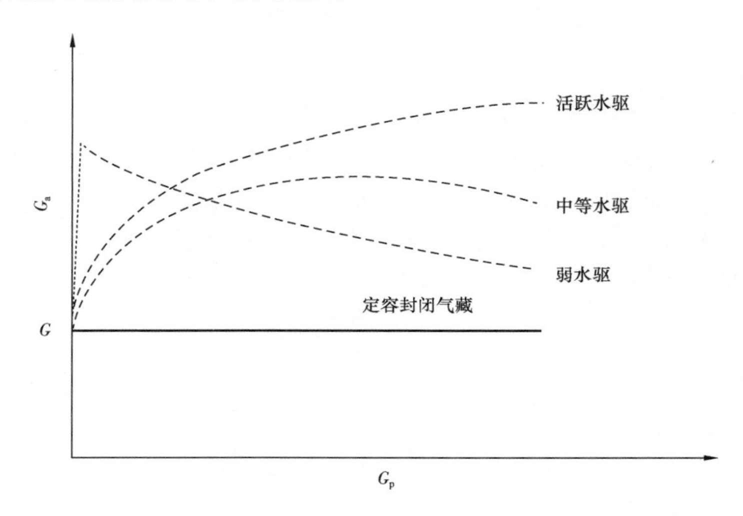

图3-2　不同程度水驱气藏视地质储量变化趋势图

p/Z曲线法和视地质储量法都来自于实测静压的变化趋势,从理论上讲,二者变化趋势应该表现一致。但视地质储量法在公式分母中含(B_g-B_{gi})项,与分子相比,该项数值较小,而且随压力变化更敏感,因此该方法比p/Z曲线法对水驱的显示更明显,有些在p/Z曲线无法明显判识的水驱特征,可能会在视地质储量变化趋势图上清晰地显示出来。在早期由于数据点少,采出程度低,利用该方法常出现图形相关性差这一现象,很难进行趋势判断,根据实践经验,一般(B_g-B_{gi})值变化达到2个对数周期,就能比较清楚地判断变化趋势。

3. 气井现代产量递减曲线法

利用单井现代产量递减曲线图版的诊断功能判断水驱的基本原理已经在第一章第三节中进行了详细的介绍,具体如图1-30所示,该方法以井底流压为分析对象,主要用于以单井或井组为单元的水驱的判识。在存在水驱的情况下,井底流压下降速度变慢,使得在拟稳定流动段$q_g/\Delta p_p—t_{ca}$向右偏离斜率为-1的直线段。

三、水体活跃程度分类

对水体活跃程度的描述，通常以定性为主。在《天然气藏分类》(GB/T 26979—2011)标准中给出了量化的水驱气藏分类(表3－1)，将水驱气藏分为刚性水驱气藏和弹性水驱气藏。刚性水驱气藏一般认为水体无限大，气藏亏空能全部被地层水补充，气藏中不存在压降，类似前面提到的水压头驱动。弹性水驱气藏就是目前常见的边底水气藏，水体体积有限。针对弹性水驱气藏，在标准中按水驱指数(WEDI)将水体活跃程度划分为3类，分别是弱水驱(WEDI＜0.1)、中等水驱(0.1≤WEDI＜0.3)和强水驱(WEDI≥0.3)。

表3－1　水驱气藏分类(GB/T 26979—2011)

类	亚类		水驱指数 WEDI
	水体类型	水体能量	
弹性水驱气藏	边、底水	弱水驱	＜0.1
		中水驱	0.1～0.3
		强水驱	≥0.3
刚性水驱气藏	边、底水		≈1

水驱指数WEDI定义为累积水侵量占地下累积采出量的比例，其表达式为：

$$\mathrm{WEDI}=\frac{W_e}{G_pB_g+W_pB_w}$$

对于水体活跃程度的分类，无论是定性分类还是定量分类，仅体现了水体提供的驱动能量的大小，无法和气井产水情况直接联系起来，比如有些气藏已大量产出地层水，但压力变化趋势仍表现出弹性气驱的特征。

四、常见水驱气藏 p/Z 曲线特征

对于气藏是否存在水驱，通常的判断标准是 p/Z 曲线是否存在上翘现象(图3－1)或视地质储量变化趋势是否向上偏离水平线(图3－2)。但从实际生产情况来看，由于水体活跃性、生产制度和早期资料录取频率及精度，水驱气藏的 p/Z 曲线会表现出三种特征：p/Z 直线型、p/Z 上翘型和 p/Z 下凹型，表3－2在大量实例分析的基础上总结了这几种情况对应的视地质储量变化趋势、常见的生产制度、水体规模及流动状态，可以作为不同类型水驱特征综合判识依据。表中每种情况下具体的实例分析见本章第三节中第二部分，这里只对每种类型进行简单说明。

1. p/Z 直线型

有些存在水驱的气藏 p/Z—G_p 表现为高度相关的直线关系，外推确定的视地质储量 G_a 高于实际储量 G。这类气藏并非在初始阶段就表现出较高的 p/Z 值，而是存在从定容封闭气藏到水驱气藏的过渡，只是受压力资料录取频率限制，无法从 p/Z 曲线上识别过渡段。

表 3－2 常见水驱气藏 p/Z 曲线特征及视地质储量变化趋势

分类	p/Z 曲线特征	视地质储量变化趋势	常见生产制度	水体规模及流动状态
$p/Z—G_p$ 直线型	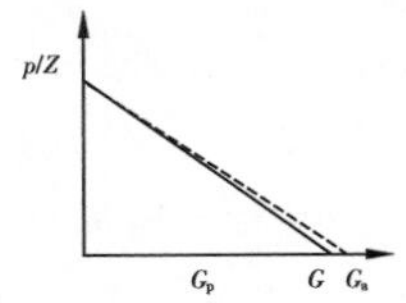	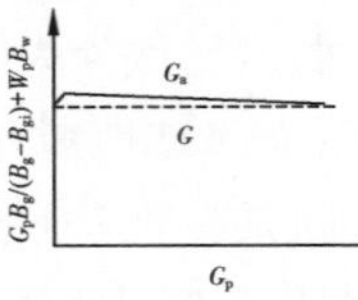	任意生产制度	小型定容水体，水体倍数 1～2 倍之内，水体处于拟稳定流动状态
	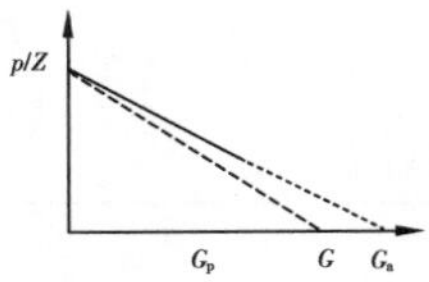	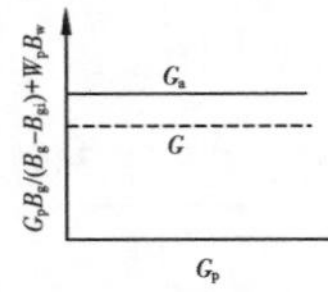	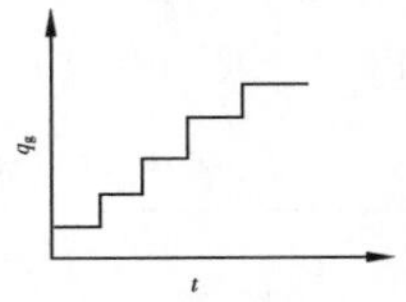	水体倍数大于 3 倍，水体处于不稳定流动状态
	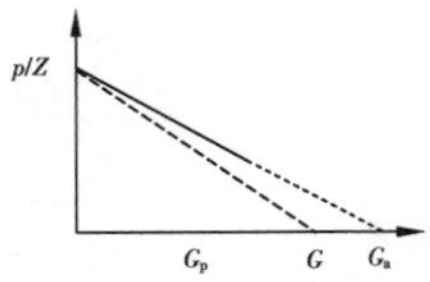	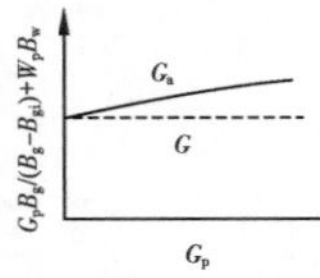	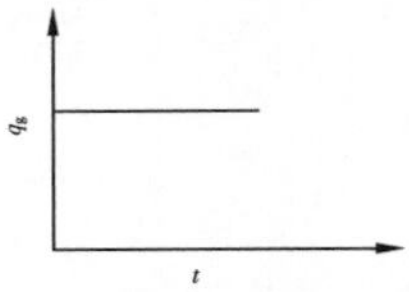	水体倍数大于 3 倍，水体处于不稳定流动状态
$p/Z—G_p$ 上翘型	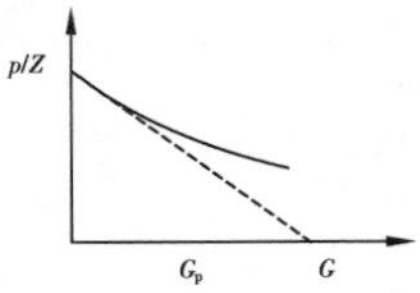	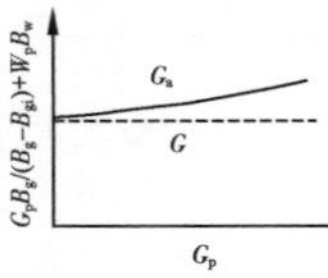	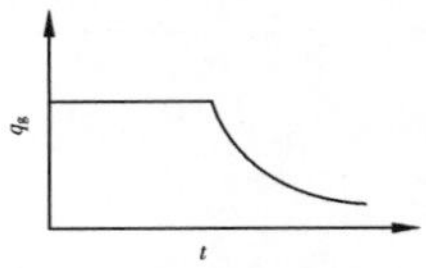	水体倍数大于 3 倍，水体处于不稳定流动状态
$p/Z—G_p$ 下凹型	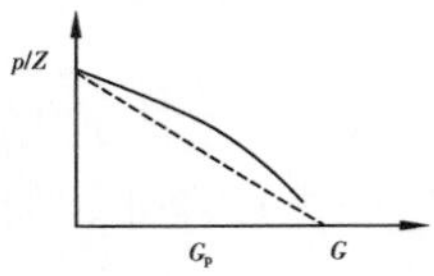	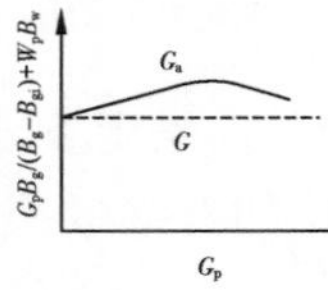	任意生产制度	水体倍数大于 3 倍，水体从不稳定流动状态→拟稳定流动状态
	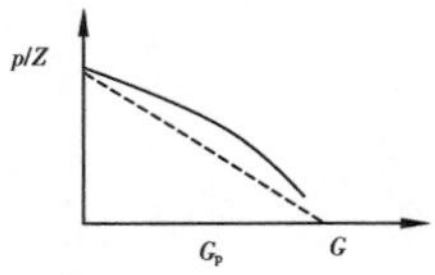	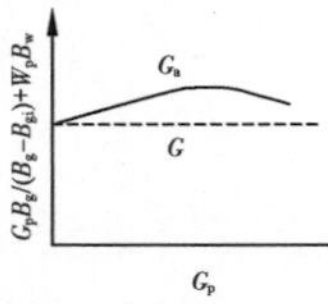	任意生产制度	水体倍数大于 3 倍，储层厚度大或地层倾角大，水侵区存在压力梯度

根据水驱气藏物质平衡（式 1－233）可得到存在水驱情况下 p/Z 曲线斜率 m 表达式：

$$m = \frac{p_i}{Z_i} \frac{\dfrac{e_w}{q_g B_g} - 1}{G - \dfrac{W_e}{B_{gi}}} \tag{3-3}$$

式中 e_w——水侵速度，m^3/d。

在初始阶段（即 t 趋近于 0 时），水侵速度 e_w 和累积水侵量 W_e 趋近 0，则式（3－3）变为：

$$m = -\frac{p_i}{Z_i} \frac{1}{G} \tag{3-4}$$

式(3－4)即为定容封闭气藏 p/Z—G_p 直线斜率,因此从理论上讲,如果早期压力数据录取的精度和频率足够的话,还是能显示出气藏从定容封闭气藏到水驱气藏的过渡,只是受压力资料录取频率限制,无法从 p/Z 曲线上观察到上翘特征。

表3－2给出了水驱气藏 p/Z 表现出直线型时对应三种视地质储量变化特征:(1)视地质储量下降型,主要为气藏内部或局部连通性好的小型水体,水体与气藏之间的传导率接近无限大,水体压降与气藏压降同步;(2)视地质储量不变型,为存在活跃水体时在特殊的生产制度下表现出的特征;(3)视地质储量上升型,此时生产制度基本保持稳定,水体处于不稳定流动状态。

对于该类型的具体实例分析见本章第三节第二部分。

2. p/Z 上翘型

实例中的 p/Z 上翘型多出现在气藏从稳产期到产量递减期,水体处于不稳定流动状态。对于该类型的具体实例分析见本章第三节第二部分。

3. p/Z 下凹型

p/Z 曲线呈下凹趋势,后期递减快,但整体高于定容封闭气藏 p/Z 曲线。这种类型对应两种情况,一是水体达到了拟稳定流动状态,无因次水侵量接近常数,水侵量上升速度变慢,二是储层厚度大或地层倾角大,水侵区存在压力梯度,纯气区关井测得的静压不能代表所有地下未采出气体的压力,也就是常说的"水封气"效应(具体见本章第四节)。

第二节　天然水侵量计算方法

在水驱气藏物质平衡分析和动态法储量计算过程中,有两个参数是未知的,即气藏动态储量 G 和累积水侵量 W_e。本节主要针对天然水体,介绍几种常用的水侵量计算方法,包括:水体压缩系数法、Schilthuis稳态方法、Hurst修正稳态方法、van Everdingen－Hurst不稳态方法和Fetkovich拟稳态方法。

一、水体形状和边界类型

在建立水侵量计算方程时,与第一章中气体在储层中渗流方程的推导类似,也要划分水体的形状和流动状态,作为推导水侵量计算方法的假设条件。水体按几何形状可以分为线形水体、径向水体和半球形水体(图3－3);按流动状态分为稳定流动、不稳定流动和拟稳定流动三种流动状态;按水体外边界类型可分为无限大水体、有限封闭水体和有限敞开水体。无限大水体指水体体积很大或水体处于不稳定流动状态,水体外边界对水侵不产生影响;有限封闭水体指水体外边界已经对水侵产生影响;有限敞开水体指外边界定压水体。

二、水体压缩系数法

1. 方法原理及计算公式

水体压缩系数法就是水体物质平衡法,是水侵量计算方法中最简单的一种。假设水体比较小(pot aquifer),储层渗透性好,气藏的压降能迅速传播到水体并很快达到平衡。也就是说

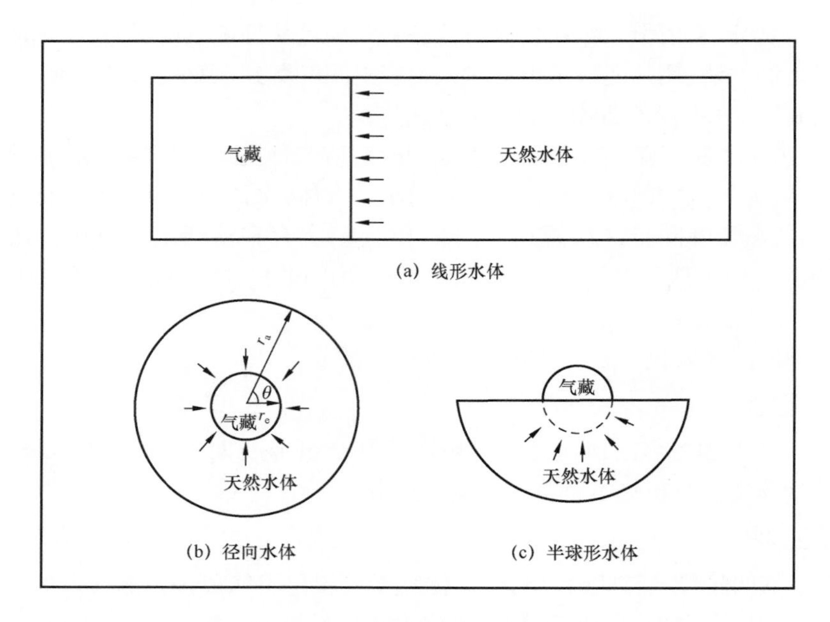

图 3-3　天然水域水体形状示意图

水体的压降与气藏的压降保持一致，水侵量等于由压降引起的水体的弹性膨胀（包括地层水的弹性膨胀和水体岩石孔隙压缩）。根据压缩系数的定义可知：

$$W_e = (C_w + C_f) W_i \Delta p \tag{3-5}$$

式中　W_e——水侵量，m^3；

W_i——天然水体体积，m^3；

Δp——气藏压降，MPa，$\Delta p = p_i - p$。

有时受气藏或水体边界控制，水侵呈扇形（水侵圆周角为 θ）沿某一个方向向气藏内部汇聚（图 3-3），此时水侵量计算公式为：

$$W_e = (C_w + C_f) W_i f \Delta p \tag{3-6}$$

式中 f 为无因次水侵圆周角，即：

$$f = \frac{\theta}{360°}$$

式中　θ——水侵圆周角，(°)。

对具有这类水体的气藏，其 p/Z 变化趋势与定容封闭气藏相同，也是一条直线，但 p/Z 值略高于定容封闭气藏（图 3-4）。

从实际情况来，一些气藏外部的小型水体或气藏内部的局部封存水等，由于范围有限，在储层物性好的情况下，监测到的水体压力与气藏压力同步下降，这些水体都可以利用水体压缩系数法计算累积水侵量。

水体压缩系数法在计算过程没有考虑时间的因素，假设储层传导率无限大，对于有限水体来说，该方法计算结果应该是累积水侵量的上限。在实际应用过程中，有时根据地质认识计算

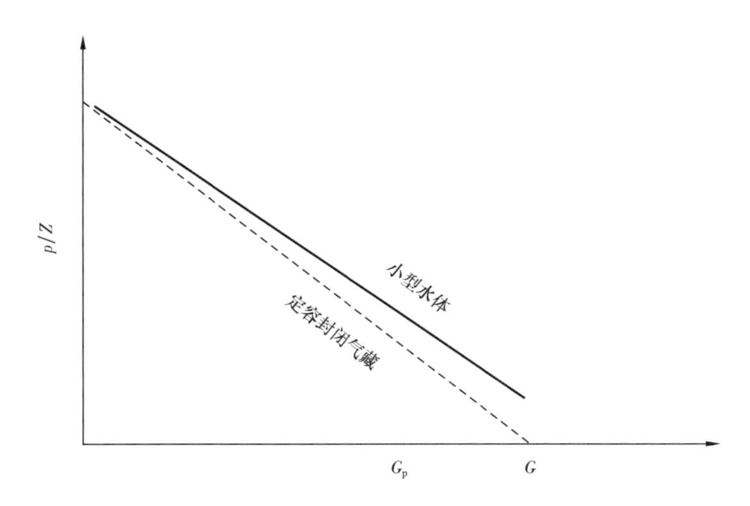

图 3－4 气藏存在小型水体时 p/Z 变化趋势示意图

了水体的体积，在没有其他动态数据的情况下，用该方法可以初步估算水体的弹性膨胀量，为相应控水和治水措施的制定提供参考依据。

2. 计算过程及实例

例 1：某圆形有界气藏 A 外围被水体包围，气藏半径 $r_e = 3000\text{m}$，水体半径 $r_a = 9000\text{m}$，水体厚度 $h = 30\text{m}$，水体孔隙度 $\phi = 20\%$，水体渗透率 $K = 10\text{mD}$，地层水黏度 $\mu_w = 0.5\text{mPa·s}$，水体总压缩系数 $C_t = C_w + C_f = 0.87 \times 10^{-3}\text{MPa}^{-1}$，原始地层压力 $p_i = 15\text{MPa}$。气藏稳产期采气速度为 4%，历年压力数据见表 3－3。

表 3－3 A 气藏压力数据及不同方法计算累积水侵量结果表

t (a)	p (MPa)	$p_i - p$ (MPa)	累积水侵量 W_e (10^6m^3)				
			水体压缩系数法	Schilthuis 稳态方法	Hurst 修正稳态方法	van Everdingen－Hurst 不稳态方法	Fetkovich 拟稳态方法
0	15.00	0.00	0.00	0.00	0.00	0.00	0.00
1	14.42	0.58	0.68	0.03	0.00	0.08	0.08
2	13.85	1.15	1.36	0.12	0.23	0.27	0.32
3	13.28	1.72	2.03	0.28	0.67	0.53	0.66
4	12.71	2.29	2.70	0.49	1.09	0.85	1.08
5	12.15	2.85	3.37	0.77	1.52	1.21	1.57
6	11.59	3.41	4.02	1.10	1.99	1.62	2.09
7	11.04	3.96	4.68	1.49	2.48	2.07	2.65
8	10.49	4.51	5.32	1.95	3.01	2.54	3.24
9	9.95	5.05	5.97	2.46	3.56	3.04	3.83
10	9.41	5.59	6.60	3.02	4.15	3.56	4.44
11	8.87	6.13	7.24	3.65	4.77	4.10	5.06

续表

t (a)	p (MPa)	$p_i - p$ (MPa)	累积水侵量 W_e ($10^6 m^3$)				
			水体压缩系数法	Schilthuis 稳态方法	Hurst 修正稳态方法	van Everdingen - Hurst 不稳态方法	Fetkovich 拟稳态方法
12	8.34	6.66	7.86	4.33	5.42	4.66	5.67
13	7.81	7.19	8.49	5.07	6.10	5.22	6.29
14	7.29	7.71	9.10	5.87	6.81	5.79	6.91
15	6.77	8.23	9.72	6.72	7.55	6.37	7.53
16	6.25	8.75	10.32	7.63	8.31	6.95	8.15
17	5.74	9.26	10.92	8.59	9.10	7.53	8.76
18	5.24	9.76	11.52	9.60	9.92	8.12	9.37
19	4.74	10.26	12.11	10.67	10.77	8.70	9.98
20	4.24	10.76	12.70	11.79	11.64	9.29	10.58

根据水体参数，利用容积法计算水体体积 $W_i = 1356.4 \times 10^6 m^3$。然后利用式(3-5)计算历年累积水侵量，计算结果见表3-3，累积水侵量随开采时间变化趋势如图3-5所示，由于历年压降幅度基本相同，因此该方法计算的累积水侵量随开采时间呈直线变化趋势。

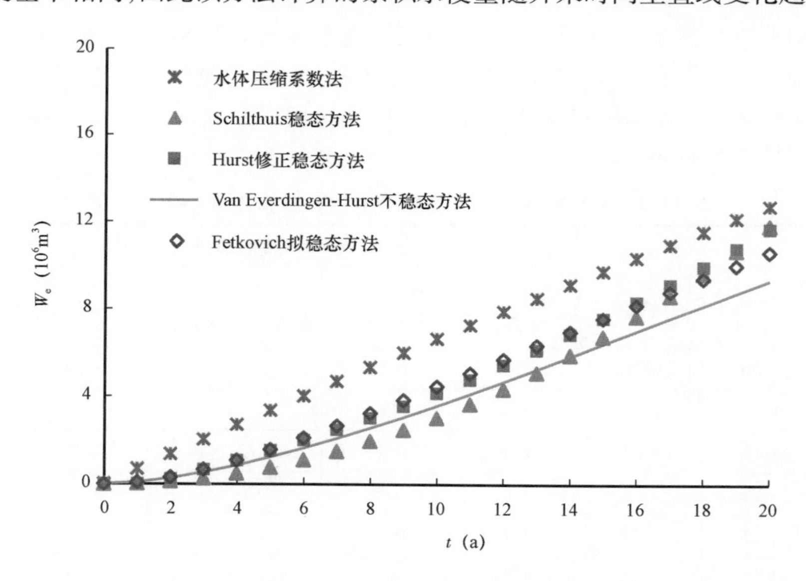

图3-5 不同方法计算A气藏累积水侵量随时间变化趋势图

三、Schilthuis 稳态方法

1. 方法原理及计算公式

Schilthuis 认为当水体中的流动处于稳定状态时，水侵速度与压降成正比，可以利用达西公式描述水侵速度 e_w，即：

$$\frac{dW_e}{dt} = e_w = 0.5429\left[\frac{Kh}{\mu_w \ln(r_a/r_e)}\right](p_i - p) \tag{3-7}$$

式中　e_w——水侵速度,m^3/d;

r_e,r_a——气藏半径和水体半径(图3-3),m;

p_i——初始气藏压力,MPa;

p——某一时刻气藏压力(气水界面处压力),MPa;

K——水体渗透率,mD;

h——水体有效厚度,m;

μ_w——地层水黏度,mPa·s。

令 C 为水侵系数,即:

$$C = 0.5429\left[\frac{Kh}{\mu_w \ln(r_a/r_e)}\right] \tag{3-8}$$

式中　C——水侵系数,$m^3/(d \cdot MPa)$。

式(3-7)可以进一步写成:

$$\frac{dW_e}{dt} = e_w = C(p_i - p) \tag{3-9}$$

式(3-9)两边积分后得到累积水侵量表达式:

$$W_e = C\int_0^t (p_i - p)dt \tag{3-10}$$

通常情况下认为水侵系数 C 是常数,不随生产制度变化。在没有任何动态数据的情况下,可以根据地质参数,通过式(3-8)计算 C 值,然后利用式(3-10)计算累积水侵量。一般情况下是根据生产历史数据确定了 e_w,然后根据式(3-9)回归 e_w—(p_i-p) 直线关系确定 C 值,利用该值进行未来水侵预测。

式(3-10)中右边积分项其实就是直角坐标中 (p_i-p)—t 关系曲线与 t 轴之间的面积。图3-6给出了 (p_i-p)—t 关系曲线示意图,假设图中曲线与横轴所包围的区域Ⅰ、Ⅱ、Ⅲ的面积分别为 A_{I}、A_{II} 和 A_{III},则根据梯形公式进行数值积分,有:

$$\int_0^t (p_i - p)dt = A_{\mathrm{I}} + A_{\mathrm{II}} + A_{\mathrm{III}} + \cdots = \left(\frac{p_i - p_1}{2}\right)(t_1 - 0) + \frac{(p_i - p_1) + (p_i - p_2)}{2}(t_2 - t_1) + \frac{(p_i - p_2) + (p_i - p_3)}{2}(t_3 - t_2) + \cdots \tag{3-11}$$

式(3-10)还可以写成:

$$W_e = C\sum_0^t (\Delta p)\Delta t \tag{3-12}$$

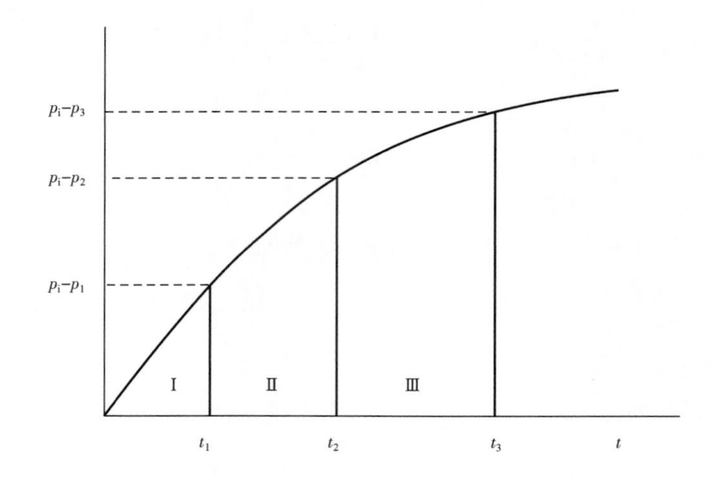

图 3－6　(p_i-p)—t 关系曲线积分面积示意图

2. 计算过程及实例

Schilthuis 稳态方法一般是在已经通过生产数据确定了水侵系数 C 的情况下，进行未来水侵量预测，具体过程为：(1) 利用已知水侵量数据计算水侵系数 C；(2) 根据产量安排，预测未来压力变化趋势，利用式(3－11)进行积分；(3) 利用式(3－12)计算累积水侵量。

例 2：在该实例中，水体参数和气藏压力变化趋势仍用例 1 中的数据。根据地质参数，利用式(3－8)计算水侵系数 $C=292.5\text{m}^3/(\text{d}\cdot\text{MPa})$。在确定压降对时间的积分之后，通过式(3－12)计算累积水侵量，计算结果见表 3－3。图 3－5 给出了该方法计算结果与比较严格的 van Everdingen－Hurst 不稳态方法计算结果对比，由于该方法采用稳态方法，仅考虑了压降对水侵量的影响，未考虑水体的不稳定流动状态以及水体外边界影响，从总体上来看，后期计算结果略有偏高。

四、Hurst 修正稳态方法

1. 方法原理及计算公式

在 Schilthuis 稳态方法中认为水体半径 r_a 不变，但实际上在不稳定流动阶段，压降所波及的水体半径是随时间变化的。Hurst 认为在压降波及到水体边界之前，瞬时水体半径 r_a 应该随时间增加，因此无因次水体半径 r_a/r_e 可以用一个与时间有关的函数来代替，即：

$$r_a/r_e = at \tag{3-13}$$

式中　a——时间系数，常数，d^{-1}；

t——时间，d。

将式(3－13)代入式(3－7)中，有：

$$e_w = \frac{\text{d}W_e}{\text{d}t} = 0.5429\left[\frac{Kh}{\mu_w \ln(at)}\right](p_i - p) \tag{3-14}$$

也就是说在 Hurst 修正稳态方法中，生产指数 J_w 是随时间变化的。式(3-14)简化后得到：

$$e_w = \frac{dW_e}{dt} = \frac{C'(p_i - p)}{\ln(at)} \tag{3-15}$$

式中　C'——水侵系数，$m^3/(d \cdot MPa)$。

式(3-15)积分后得到累积水侵量 W_e 计算公式：

$$W_e = C'\int_0^t \left[\frac{p_i - p}{\ln(at)}\right] dt \tag{3-16a}$$

或：

$$W_e = C'\sum_0^t \left[\frac{\Delta p}{\ln(at)}\right] \Delta t \tag{3-16b}$$

式(3-16a)中包含两个未知数，即 C' 和 a，均为常数。通常情况下根据历史数据计算水侵量，然后回归计算 C' 和 a。式(3-15)变形后得到：

$$\frac{p_i - p}{e_w} = \frac{1}{C'}\ln(at)$$

$$\frac{p_i - p}{e_w} = \frac{1}{C'}\ln a + \frac{1}{C'}\ln t \tag{3-17}$$

从式(3-17)可以看出，$\frac{p_i - p}{e_w}$ 与 $\ln t$ 呈直线关系，直线的斜率为 $1/C'$，在纵轴上的截距为 $(1/C')\ln a$（图 3-7）。确定了 C' 和 a 之后，利用式(3-16a)进行未来水侵量预测。

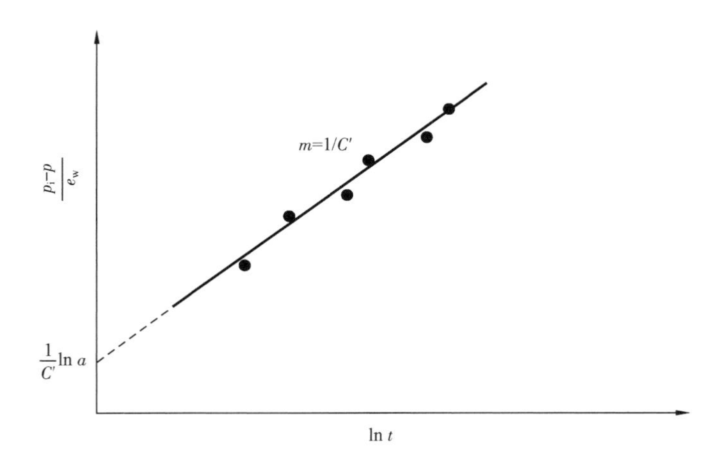

图 3-7　$\frac{p_i - p}{e_w}$ — $\ln t$ 直线关系示意图

在没有任何动态数据的情况下，可以根据地质参数，利用不稳定流动状态下的达西公式计算 C' 和 a。根据不稳定流动状态达西公式可知：

$$e_w = \frac{dW_e}{dt} = \frac{0.5429Kh(p_i - p)}{\mu_w \ln \sqrt{0.194Kt/(\phi\mu_w C_t r_e^2)}}$$

由此得到：

$$C' = \frac{2 \times 0.5429Kh}{\mu_w} \tag{3-18}$$

$$a = \frac{0.194K}{\phi\mu_w C_t r_e^2} \tag{3-19}$$

式中 ϕ——水体孔隙度；

C_t——水体总压缩系数，MPa^{-1}。

2. 计算过程及实例

Hurst 修正稳态方法是在 Schilthuis 稳态方法基础上建立起来的，两种方法计算过程基本相同。不同的是 Hurst 修正稳态方法在进行积分计算时采用 $(p_i - p)/\ln(at)$ 对时间 t 进行积分。

例3：在该实例中采用例1中的基础数据和表3－3中的压力历史数据，根据地质参数，利用式(3－18)和式(3－19)计算 $C' = 651.4m^3/(d \cdot MPa)$，$a = 0.00248d^{-1}$。在计算 $(p_i - p)/\ln(at)$ 对时间 t 进行积分后，采用式(3－16a)计算累积水侵量，具体结果见表3－3和图3－5。从计算结果对比来看，早期不稳定流动阶段，计算结果接近 van Everdingen－Hurst 不稳态方法累积水侵量计算结果，到中后期 Hurst 修正稳态方法计算结果逐渐向上偏离 van Everdingen－Hurst 不稳态方法，是由于未考虑到水体的边界影响。

五、van Everdingen－Hurst 不稳态方法

当气藏具有较大的天然水体时，在衰竭式开采过程中形成的压降会逐渐波及水体，引起水体的弹性膨胀，在压降未波及水体的外边界之前，水体向气藏内部的侵入是一个不稳定流动状态过程，当压降波及水体外边界并且水体外边界开始对水侵产生影响后，水侵变为拟稳定流动状态。如果把气藏作为一口"扩大井"，那么前面第一章介绍的描述流体从储层向井筒的渗流方程，同样适用于描述气藏周围的水体向气藏内部的流动。对于水侵从开始的不稳态到后来的拟稳态流动过程，不同学者针对不同的水体类型和流动方式，建立了相应的扩散方程，确定了无因次水侵量与无因次时间关系。从理论基础来看，不稳态方法也是最严格的水侵量计算方法。下面主要介绍常用的 van Everdingen－Hurst 径向流法、Chatas 半球形流法和 Nabor and Barham 线形流水侵量计算方法，包括无限大水体、有限水体和外边界定压水体。

1. van Everdingen－Hurst 径向流法

1）数学模型

第一章中式(1－21)给出了描述圆形油藏中心一口井流体从储层向井底的渗流偏微分方

程,当时间 t 单位由 h 变为 d 时,式(1－21)变为:

$$\frac{\partial^2 p}{\partial r^2}+\frac{1}{r}\frac{\partial p}{\partial r}=\frac{1}{8.64\times 10^{-2}}\frac{\phi\mu C_t}{K}\frac{\partial p}{\partial t}$$

上式加上初始条件和外边界条件,就形成了描述径向流水侵数学模型,即:

$$\begin{cases}\dfrac{\partial^2 p}{\partial r^2}+\dfrac{1}{r}\dfrac{\partial p}{\partial r}=\dfrac{1}{8.64\times 10^{-2}}\dfrac{\phi\mu_w C_t}{K}\dfrac{\partial p}{\partial t}\\ \text{初始条件}:p|_{t=0}=p_i\\ \text{内边界条件}:p|_{r=r_e}=p_R\quad(\text{常数})\\ \text{外边界条件}:p|_{r=\infty}=p_i\quad(\text{无限大水体})\\ \text{外边界条件}:\left.\dfrac{\partial p}{\partial r}\right|_{r=r_a}=0\quad(\text{有限封闭水体})\end{cases}\tag{3－20}$$

为了统一形式,定义无因次半径 r_D、无因次时间 t_D 和无因次压力 p_D 分别为:

$$r_D=\frac{r}{r_e}\tag{3－21}$$

$$t_D=8.64\times 10^{-2}\frac{Kt}{\phi\mu_w C_t r_e^2}\tag{3－22}$$

$$p_D=\frac{p_i-p(r,t)}{p_i-p_R}\tag{3－23}$$

则式(3－20)变为:

$$\begin{cases}\dfrac{\partial^2 p_D}{\partial {r_D}^2}+\dfrac{1}{r_D}\dfrac{\partial p_D}{\partial r_D}=\dfrac{\partial p_D}{\partial t_D}\\ \text{初始条件}:p_D|_{t_D=0}=0\\ \text{内边界条件}:p_D|_{r_D=1}=1\\ \text{外边界条件}:p_D|_{r_D=\infty}=0\quad(\text{无限大水体})\\ \text{外边界条件}:\dfrac{\partial p_D}{\partial r_D}\Big|_{r_D=r_{eD}}=0\quad(\text{有限封闭水体,其中 }r_{eD}=r_a/r_e)\end{cases}\tag{3－24}$$

式中　ϕ——水体孔隙度;

K——水体渗透率,mD;

μ_w——地层水黏度,mPa · s;

t——时间，d；

C_t——水体总压缩系数，$C_t = C_f + C_w$，MPa^{-1}；

C_f——水体岩石孔隙压缩系数，MPa^{-1}；

C_w——地层水压缩系数，MPa^{-1}；

p_i——原始地层压力，MPa；

p_R——气水界面处压力，MPa；

r——水体中某一点距气藏中心距离，m；

$p(r,t)$——水体中点 r 处在 t 时刻的压力，MPa；

r_a——有限水体外边界半径，m；

r_e——气藏半径，m；

r_{eD}——无因次水体半径，r_a/r_e。

式(3－24)就是第一章给出的 van Everdingen－Hurst 无因次偏微分方程。第一章已经给出了该方程在不同流动状态下的解。针对水侵分析，需要计算的是累积水侵量。

根据达西公式可知，对于气水边界处的水侵速度：

$$e_w(t) = 8.64 \times 10^{-2} \frac{2\pi Kh}{\mu_w} \left(r \frac{\partial p}{\partial r} \right)_{r=r_e}$$

式中 $e_w(t)$——t 时刻水侵速度，m^3/d。

累积水侵量 W_e 为：

$$W_e = \int_0^t e_w(t)\,dt = 8.64 \times 10^{-2} \frac{2\pi Kh}{\mu_w} \int_0^t \left(r \frac{\partial p}{\partial r} \right)_{r=r_e} dt \tag{3-25}$$

假设气水界面处压力 p_R 为常数，由式(3－21)至式(3－23)中给出的 r_D、t_D 和 p_D 表达式可知：

$$\frac{\partial p_D}{\partial r_D} = \frac{\partial p_D}{\partial p} \frac{\partial p}{\partial r} \frac{\partial r}{\partial r_D} = -\frac{1}{p_i - p_R} \frac{\partial p}{\partial r} r_e = -\frac{1}{\Delta p} \frac{\partial p}{\partial r} r_e \tag{3-26}$$

$$dt = \frac{1}{8.64 \times 10^{-2}} \frac{\phi \mu_w C_t r_e^2}{K} dt_D \tag{3-27}$$

将式(3－26)和式(3－27)代入式(3－25)中，得到：

$$W_e = 2\pi r_e^2 h \phi C_t \Delta p \int_0^{t_D} \left(-\frac{\partial p_D}{\partial r_D} \right)_{r_D=1} dt_D \tag{3-28}$$

定义无因次水侵量 W_{eD} 为：

$$W_{eD}(t_D, r_{eD}) = \int_0^{t_D} \left(\frac{-\partial p_D}{\partial r_D} \right)_{r_D=1} dt_D \tag{3-29}$$

将式(3－29)代入式(3－28)中,得到:

$$W_{\mathrm{e}} = 2\pi r_{\mathrm{e}}^{2} h \phi C_{\mathrm{t}} \Delta p W_{\mathrm{eD}} \tag{3-30}$$

定义径向流水侵系数 B_{R} 为:

$$B_{\mathrm{R}} = 2\pi r_{\mathrm{e}}^{2} h \phi C_{\mathrm{t}}$$

式(3－30)变为:

$$W_{\mathrm{e}} = B_{\mathrm{R}} \Delta p W_{\mathrm{eD}} \tag{3-31}$$

式中 W_{e}——累积水侵量,m^3;

B_{R}——径向流水侵系数,$\mathrm{m}^3/\mathrm{MPa}$;

Δp——气水边界处压降,MPa。

对于径向流情形,当地层水并未以360°全方位向气藏内部侵入,而是仅分布在气藏外部局部,无因次水侵圆周角为 $f(f=\theta/360°)$ 时,径向水侵系数 B_{R} 的表达式为:

$$B_{\mathrm{R}} = 2\pi r_{\mathrm{e}}^{2} h \phi C_{\mathrm{t}} f \tag{3-32}$$

2)无因次水侵量 W_{eD} 近似计算公式

从式(3－30)可以看出,在水体地质参数和气水界面处压降已知的情况下,计算累积水侵量的关键是计算 W_{eD}。van Everdingen and Hurst 在第一章中给出的 p_{D} 与 r_{D} 和 t_{D} 关系式基础上,分别给出了无限大水体和有限封闭水体 W_{eD}—t_{D} 关系(见图3－8和图3－9)。这里的无限大水体指水体处于不稳定流动阶段,水体边界尚未对水侵产生影响。

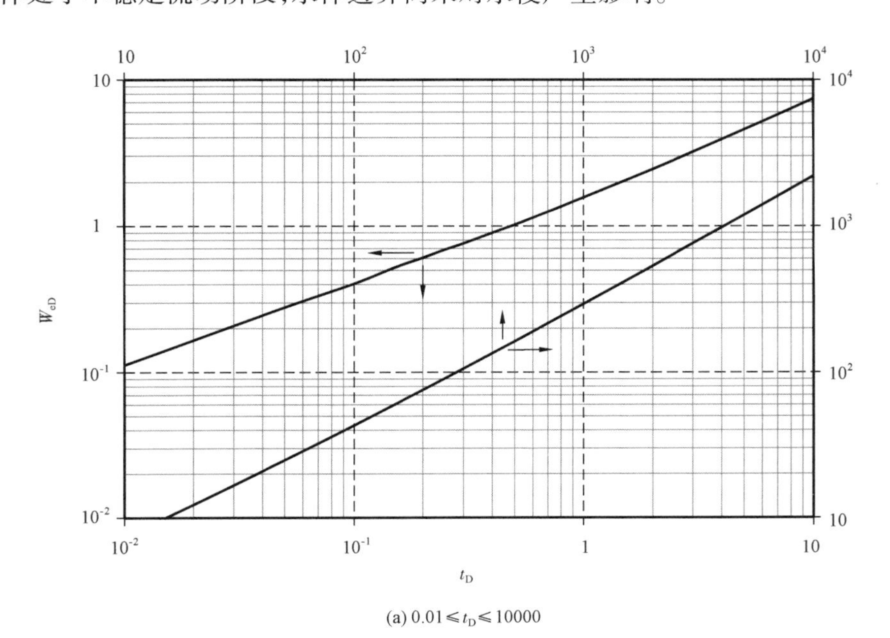

(a) $0.01 \leqslant t_{\mathrm{D}} \leqslant 10000$

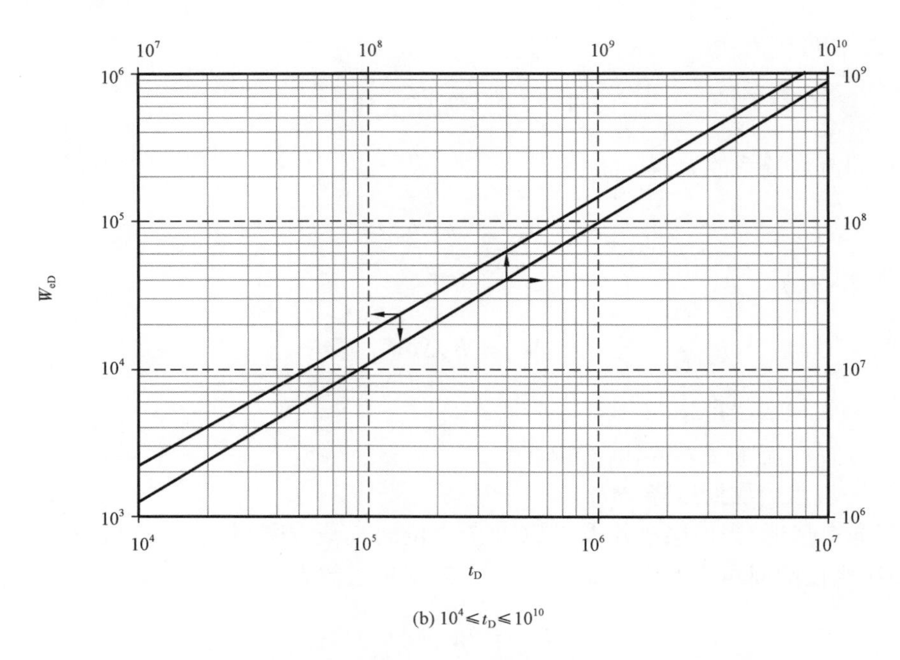

(b) $10^4 \leqslant t_D \leqslant 10^{10}$

图 3－8　van Everdingen－Hurst 无限大水体 W_{eD}—t_D 关系图

(1)无限大水体 W_{eD} 近似计算公式。

Edwardson 等人针对 van Everdingen－Hurst 无限大水体 W_{eD}—t_D 关系，建立了近似的多项式表达形式：

当 $t_D < 0.01$ 时，

$$W_{eD} = 2\sqrt{t_D/\pi}$$

当 $0.01 < t_D < 200$ 时，

$$W_{eD} = \frac{1.12838\sqrt{t_D} + 1.19328t_D + 0.269872\,(t_D)^{3/2} + 0.00855294\,(t_D)^2}{1 + 0.616599\sqrt{t_D} + 0.0413008t_D}$$

当 $t_D > 200$ 时，

$$W_{eD} = \frac{2.02566t_D - 4.29881}{\ln(t_D)}$$

(2)有限封闭水体 W_{eD} 近似计算公式。

对于有限封闭水体，不同 r_{eD} 情况下 W_{eD} 计算公式见表 3－4。

3)累积水侵量计算过程中的叠加原理

van Everdingen－Hurst 不稳态方法在推导过程中假设气水界面处压力为常数，但实际上气水界面处压力是随时间变化的(图 3－10)，在这种情况下，可以将整个压降划分成若干个常压降段，然后通过叠加原理进行计算。比如在图 3－10 中，气水界面处压力在 t_1 时刻由 p_i 降到 p_1，压降 Δp_1 会作用在整个水体，引起水体发生弹性膨胀侵入气藏，在 t_1 时间段内，累积水侵量 W_e 为：

$$W_e = B_R \Delta p_1 (W_{eD})_{t_1}$$

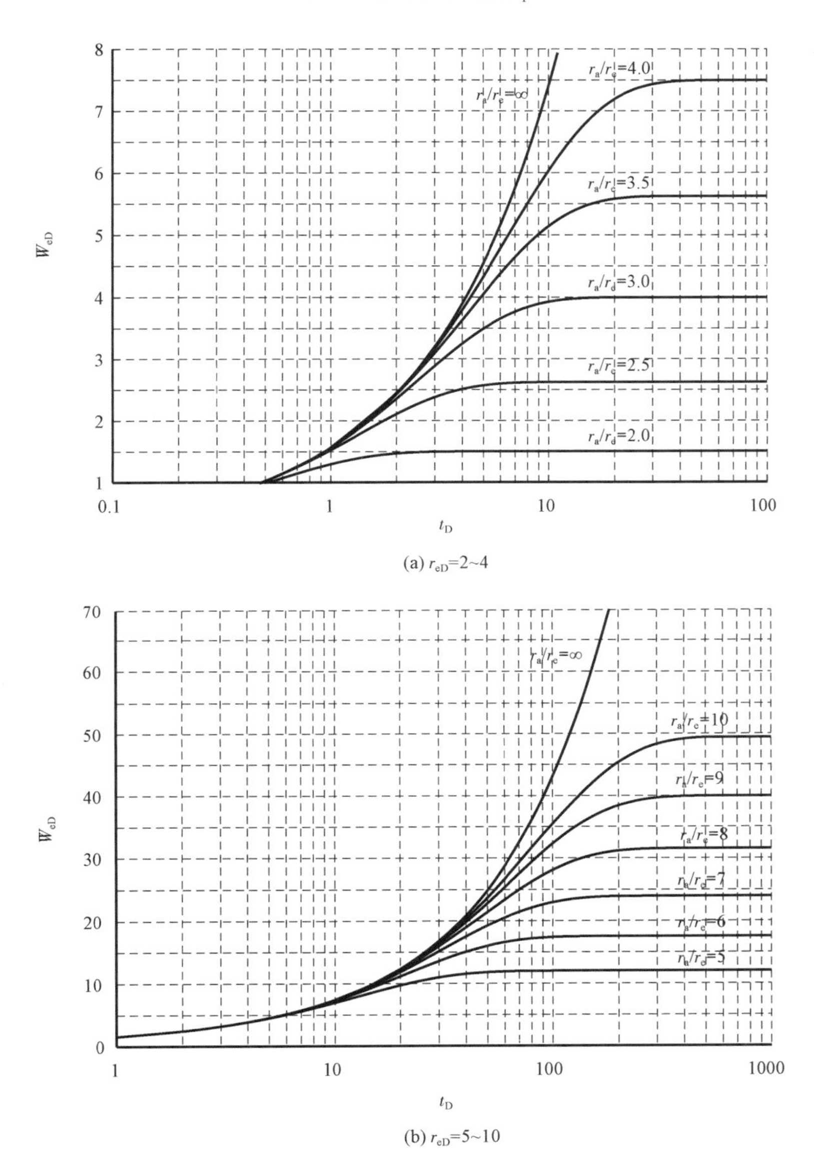

图 3－9 van Everdingen－Hurst 有限水体 W_{eD}—t_D关系图

表 3－4 径向流有限封闭水体 W_{eD}近似计算公式

r_{eD}	t_D范围	近似公式
1.5	0.05～0.8	$W_{eD}=0.1319+3.4491t_D-9.5488t_D^2+11.8813t_D^3-5.4741t_D^4$
2	0.075～5	$W_{eD}=0.1976+2.2684t_D-1.6845t_D^2+0.6280t_D^3-0.1134t_D^4+7.8232\times10^{-3}t_D^5$
2.5	0.15～10	$W_{eD}=0.2860+1.7034t_D-0.5501t_D^2+9.2590\times10^{-2}t_D^3-7.7672\times10^{-4}t_D^4+2.5400\times10^{-4}t_D^5$

续表

r_{eD}	t_D范围	近似公式
3	0.4～24	$W_{eD}=0.4552+1.2588t_D-0.1870t_D^2+1.3836\times10^{-2}t_D^3-4.9649\times10^{-4}t_D^4+6.8503\times10^{-6}t_D^5$
3.5	1～40	$W_{eD}=0.6686+1.0438t_D-9.2077\times10^{-2}t_D^2+4.0633\times10^{-3}t_D^3-8.7286\times10^{-5}t_D^4+7.2211\times10^{-7}t_D^5$
4	2～50	$W_{eD}=0.7801+0.9569t_D-5.8965\times10^{-2}t_D^2+1.8784\times10^{-3}t_D^3-2.9937\times10^{-5}t_D^4+1.8755\times10^{-7}t_D^5$
4.5	4～100	$W_{eD}=1.7328+0.6301t_D-1.7931\times10^{-2}t_D^2+2.1127\times10^{-4}t_D^3-8.7284\times10^{-7}t_D^4$
5	3～120	$W_{eD}=1.2405+0.7580t_D-2.2147\times10^{-2}t_D^2+3.2172\times10^{-4}t_D^3-2.2727\times10^{-6}t_D^4+6.6192\times10^{-9}t_D^5$
6	7.5～220	$W_{eD}=2.6552+0.5306t_D-6.7399\times10^{-3}t_D^2+3.5673\times10^{-5}t_D^3-6.6564\times10^{-8}t_D^4$
8	9～500	$W_{eD}=2.4268+0.5620t_D-4.4381\times10^{-3}t_D^2+1.7084\times10^{-5}t_D^3-3.1395\times10^{-8}t_D^4+2.1900\times10^{-11}t_D^5$
10	15～480	$W_{eD}=\exp[0.5105+0.3652\ln t_D+0.1684(\ln t_D)^2-0.02254(\ln t_D)^3]$

注：对于每个 r_{eD}，当 t_D 小于表中值时，用无限大水体公式计算 W_{eD} 值。

其中 $(W_{eD})_{t_1}$ 是根据 t_1 对应的无因次时间 t_{D1} 确定的无因次水侵量。

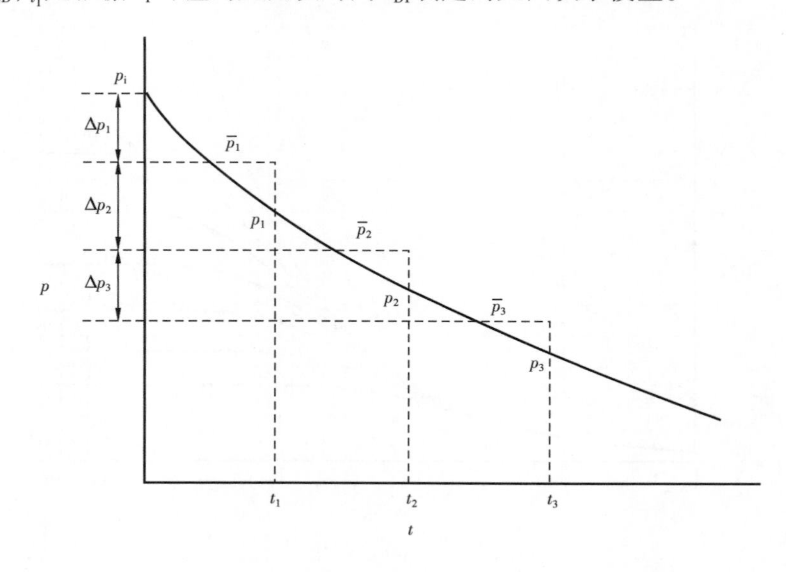

图 3－10　气水界面处压力随时间变化示意图

之后在 t_2 时刻，气水边界处压力由 p_1 降到 p_2，新的压降 Δp_2 会作用在整个水体，使水体发生膨胀引起水侵，同时由压降 Δp_1 引起的水侵也会持续到 t_2 时刻，因此 t_2 时刻的累积水侵量应该是：

$$W_e = \text{由 } \Delta p_1 \text{ 引起的水侵量} + \text{由 } \Delta p_2 \text{ 引起的水侵量}$$

即：

$$W_e = (W_e)_{\Delta p_1} + (W_e)_{\Delta p_2}$$

其中

$$(W_e)_{\Delta p_1} = B\Delta p_1 (W_{eD})_{t_2}$$

$$(W_e)_{\Delta p_2} = B\Delta p_2 (W_{eD})_{t_2-t_1}$$

以此类推,在t_3时刻的累积水侵量为:

$$W_e = (W_e)_{\Delta p_1} + (W_e)_{\Delta p_2} + (W_e)_{\Delta p_3} = B_R\Delta p_1 (W_{eD})_{t_3} + B_R\Delta p_2 (W_{eD})_{t_3-t_1} + B_R\Delta p_3 (W_{eD})_{t_3-t_2}$$

其中$(W_{eD})_{t_3-t_1}$和$(W_{eD})_{t_3-t_2}$分别为根据$t=t_3-t_1$和$t=t_3-t_2$对应的无因次时间确定的无因次水侵量。

因此,van Everdingen - Hurst 水侵量计算公式可以表示成:

$$W_e = B_R \sum_0^t \Delta p W_{eD} \tag{3-33}$$

每个时间段压降Δp的计算公式为:

$$\Delta p_1 = p_i - \bar{p}_1 = p_i - \frac{p_i + p_1}{2} = \frac{p_i - p_1}{2}$$

$$\Delta p_2 = \bar{p}_1 - \bar{p}_2 = \frac{p_i + p_1}{2} - \frac{p_1 + p_2}{2} = \frac{p_i - p_2}{2}$$

$$\Delta p_3 = \bar{p}_2 - \bar{p}_3 = \frac{p_1 + p_2}{2} - \frac{p_2 + p_3}{2} = \frac{p_1 - p_3}{2}$$

$$\cdots$$

$$\Delta p_n = \bar{p}_{n-1} - \bar{p}_n = \frac{p_{n-2} - p_n}{2}$$

2. Chatas 半球形流法

1)数学模型

底水气藏的水侵量计算可以采用 Chatas 半球形流法水侵量计算公式:

$$W_e = B_S \sum_0^t \Delta p W_{eD} \tag{3-34}$$

其中B_S为半球形流水侵系数:

$$B_S = 2\pi r_{ws}^3 \phi C_t \tag{3-35}$$

式中　W_e——累积水侵量,m^3;

B_S——半球形流水侵系数,m^3/MPa;

r_{ws}——等效气水接触球面半径,m。

对于半球形流系统,无因次时间t_D用公式(3-36)表示:

$$t_D = 8.64 \times 10^{-2} \frac{K_s t}{\phi \mu_w C_t r_{ws}^2} \tag{3-36}$$

式中渗透率 K_s 为半球形流系统的平均径向渗透率，其表达式为：

$$K_s = \frac{3K_b K_v}{K_b + 2K_v} \tag{3-37}$$

式中 K_s——半球形流系统的平均径向渗透率，mD；

K_b——水平渗透率，mD；

K_v——垂直渗透率，mD。

2）无因次水侵量 W_{eD} 计算公式

针对半球形流系统，利用下面的近似公式计算无因次水侵量 W_{eD}。

（1）无限大水体。

无限大水体的 W_{eD} 与 t_D 相关经验公式为：

$$W_{eD} \approx t_D + 2\sqrt{t_D/\pi} \tag{3-38}$$

（2）有限封闭水体。

针对半球形流有限封闭水体，不同无因次半径 r_{eD} 情况下 W_{eD} 计算公式见表3－5。

表3－5　半球形流有限封闭水体 W_{eD} 近似计算公式

r_{eD}	t_D 范围	近似公式
2	0.07～10	$W_{eD} = \exp[0.5747 + 0.4130\ln t_D - 0.1489(\ln t_D)^2 - 2.0501\times10^{-2}(\ln t_D)^3 + 8.8346\times10^{-3}(\ln t_D)^4 + 1.8483\times10^{-3}(\ln t_D)^5]$
4	0.7～9	$W_{eD} = \exp[0.7551 + 0.7347\ln t_D + 3.2545\times10^{-2}(\ln t_D)^2 + 3.0433\times10^{-5}(\ln t_D)^3 - 5.5055\times10^{-3}(\ln t_D)^4]$
	10～200	$W_{eD} = \exp[0.1783 + 1.1169\ln t_D + 7.6832\times10^{-2}(\ln t_D)^2 - 7.3359\times10^{-2}(\ln t_D)^3 + 7.2372\times10^{-3}(\ln t_D)^4]$
6	2～800	$W_{eD} = \exp[1.0150 + 0.1859\ln t_D + 0.3875(\ln t_D)^2 - 8.3585\times10^{-2}(\ln t_D)^3 + 4.8319\times10^{-3}(\ln t_D)^4]$
8	4～2000	$W_{eD} = \exp[0.5507 + 0.8401\ln t_D + 5.5396\times10^{-2}(\ln t_D)^2 - 1.1591\times10^{-2}(\ln t_D)^3]$
10	6～100	$W_{eD} = \exp[0.9169 + 0.5345\ln t_D + 0.1140(\ln t_D)^2 - 1.1918\times10^{-2}(\ln t_D)^3]$
	200～4000	$W_{eD} = \exp[-10.4783 + 5.9859\ln t_D - 0.7286(\ln t_D)^2 + 2.9367\times10^{-2}(\ln t_D)^3]$
20	30～20000	$W_{eD} = \exp[2.1236 - 0.1685\ln t_D + 0.2305(\ln t_D)^2 - 1.5646\times10^{-2}(\ln t_D)^3]$

（3）有限水体，外边界定压。

在有限水体外边界定压情况下，不同 r_{eD} 对应的 W_{eD} 计算公式见表3－6。

表 3－6 半球形流有限水体外边界定压情况下 W_{eD} 近似计算公式

r_{eD}	t_D范围	近似公式
2	0.07～3	$W_{eD}=0.1868+2.7744t_D-1.2135t_D^2+0.3023t_D^3+0.6757t_D^4-0.4710t_D^5+0.08272t_D^6$
4	0.7～20	$W_{eD}=0.5795+1.5814t_D-4.9088\times10^{-2}t_D^2+3.8356\times10^{-3}t_D^3-9.7481\times10^{-5}t_D^4$
6	2～40	$W_{eD}=0.7423+1.4911t_D-3.5375\times10^{-2}t_D^2+1.9739\times10^{-3}t_D^3-5.0251\times10^{-5}t_D^4+4.7065\times10^{-7}t_D^5$
8	4～70	$W_{eD}=1.2085+1.2938t_D-6.6483\times10^{-3}t_D^2+8.4128\times10^{-5}t_D^3+1.3421\times10^{-6}t_D^4-4.0782\times10^{-8}t_D^5+2.6010\times10^{-10}t_D^6$
10	6～90	$W_{eD}=1.5670+1.2253t_D-3.2520\times10^{-3}t_D^2+3.9047\times10^{-5}t_D^3-1.6730\times10^{-7}t_D^4$
20	30～600	$W_{eD}=\exp[0.6190+0.8272\ln t_D+1.3421\times10^{-2}(\ln t_D)^2]$

3. Nabor and Barham 线形水体水侵量计算方法

1）数学模型

Nabor and Barham 线形流水侵量计算公式为：

$$W_e = B_L\sum_0^t \Delta p W_{eD} \tag{3-39}$$

其中 B_L 为线形流水侵系数：

$$B_L = b_w h L \phi C_t \tag{3-40}$$

式中 B_L——线形流水侵系数，m^3/MPa；

b_w——水体宽度，m；

h——水体有效厚度，m；

L——水体长度，m。

针对线形水体，无因次时间 t_D 的定义为：

$$t_D = 8.64\times10^{-2}\frac{Kt}{\phi\mu_w C_t L^2} \tag{3-41}$$

令 β_L 为线形水体无因次时间 t_D 系数，即：

$$\beta_L = 8.64\times10^{-2}\frac{K}{\phi\mu_w C_t L^2}$$

代入式（3－41）中，得到

$$t_D = \beta_L t \tag{3-42}$$

2）无因次水侵量 W_{eD} 计算公式

对于线形水体 Nabor and Barham 确定的 W_{eD} 近似计算公式有以下几种。

(1)无限大水体。

$$W_{eD}=2\sqrt{t_D/\pi} \tag{3-43}$$

(2)有限封闭水体。

$$W_{eD}=1-\frac{8}{\pi^2}\sum_{n=奇数}^{\infty}\left(\frac{1}{n^2}\right)\exp\left(-\frac{n^2\pi^2t_D}{4}\right) \tag{3-44}$$

注:$n=1,3,5,7,\cdots,\infty$(奇数)

(3)有限敞开外边界定压水体。

$$W_{eD}=\left(t_D+\frac{1}{3}\right)-\frac{2}{\pi^2}\sum_{n=2}^{\infty}\left(\frac{1}{n^2}\right)\exp(-n^2\pi^2t_D) \tag{3-45}$$

注:$n=2,4,6,8,\cdots,\infty$(偶数)

当$t_D\leqslant0.25$时,上述三种外边界条件下的无因次水侵量W_{eD}均等于$2\sqrt{t_D/\pi}$,当$t_D\geqslant2.5$时,对于有限封闭水体$W_{eD}=1$,对于有限外边界定压水体$W_{eD}=(t_D+1/3)$。

4. van Everdingen - Hurst 不稳态方法计算过程及实例

利用不稳态方法计算水侵量时,计算结果的可靠性取决于三个常数,分别是水侵系数B_R(或B_S、B_L)、无因次水体半径r_{eD}和无因次时间t_D的系数。此处以 van Everdingen - Hurst 径向流水侵量计算方法为例,说明不稳态方法水侵量计算过程:(1)利用地质参数计算r_{eD}值(有限水体);(2)根据地质参数,利用式(3-32)计算水侵系数B_R值;(3)根据地质参数,利用式(3-22)计算不同时间t对应的t_D值;(4)根据r_{eD}确定相应的W_{eD}计算公式,计算不同t_D对应的无因次水侵量W_{eD};(5)计算不同时间段对应的压降Δp,即$\Delta p_1=(p_i-p_1)/2$,$\Delta p_2=(p_i-p_2)/2$,$\Delta p_3=(p_1-p_3)/2$,$\cdots$,$\Delta p_n=(p_{n-2}-p_n)/2$;(6)采用叠加原理计算累积水侵量$W_e$。

例4:该实例仍用例1中基础数据和表3-3中压力历史数据,采用 van Everdingen - Hurst 不稳态方法计算水侵量。从水体参数可知水体类型为有限封闭径向水体。根据地质参数计算水体无因次半径$r_{eD}=3$、径向流水侵常数$B_r=0.295\times10^6\text{m}^3/\text{MPa}$,并对表3-4中实际时间$t$计算相应$t_D$值,然后采用表3-4中$r_{eD}=3$时对应近似公式确定每个时刻对应的$W_{eD}$,最后采用叠加原理计算累积水侵量$W_e$,具体计算结果见表3-3,累积水侵量随时间变化趋势如图3-5所示。

本部分介绍的不稳态水侵量计算方法,包括 van Everdingen - Hurst 方法,是根据理论基础上推导出来的最严格的水侵量计算方法,该方法描述了水侵从不稳态到拟稳态全部过程。

六、Fetkovich 拟稳态方法

1. 方法原理及计算公式

Fetkovich 针对径向和线形有限水体给出了水侵量近似计算方法,该方法不需要进行迭代,而且在多数情况下计算结果与比较严格的 van Everdingen - Hurst 不稳态方法计算结果很接近。对于有限水体,达到拟稳定流状态后,水侵速度与压差(水体平均压力与气水边界处压力差)成正比,水侵过程可以用两个公式来描述,即达西公式和水体物质平衡方程。该方法忽

略了水侵的不稳定流动过程。

根据达西公式，水侵速度 e_w 可以表示为：

$$e_w = \frac{dW_e}{dt} = J_w(\bar{p}_a - p_R) \tag{3-46}$$

式中　e_w——水侵速度，m^3/d；

J_w——生产指数，$m^3/(d \cdot MPa)$；

$\bar{p}_a$——水体平均压力，MPa；

p_R——气水界面处压力，MPa。

对于压缩系数为常数的水体，累积水侵量 W_e 用物质平衡方程表示为：

$$W_e = C_t W_i (p_i - \bar{p}_a) f \tag{3-47}$$

式中　W_i——水体体积，m^3；

C_t——水体总压缩系数，$C_w + C_f$，MPa^{-1}；

f——无因次水侵圆周角，$\theta/360°$；

p_i——水体初始压力，MPa。

根据式(3－47)可知，当 $\bar{p}_a = 0$ 时，可以确定最大水侵量 W_{ei} 表达式：

$$W_{ei} = C_t W_i p_i f \tag{3-48}$$

式中　W_{ei}——最大水侵量，m^3。

合并式(3－47)和式(3－48)，整理后得到：

$$\bar{p}_a = p_i\left(1 - \frac{W_e}{C_t W_i p_i f}\right) = p_i\left(1 - \frac{W_e}{W_{ei}}\right) \tag{3-49}$$

式(3－49)两边对 t 求导，整理后得到：

$$\frac{dW_e}{dt} = -\frac{W_{ei}}{p_i}\frac{d\bar{p}_a}{dt} \tag{3-50}$$

将式(3－50)代入式(3－46)中，有：

$$J_w(\bar{p}_a - p_R)dt = -\frac{W_{ei}}{p_i}d\bar{p}_a$$

进一步整理后得到：

$$-\frac{J_w p_i}{W_{ei}}dt = \frac{d\bar{p}_a}{\bar{p}_a - p_R} \tag{3-51}$$

假设气水界面处压力 p_R 为常数，则式(3－51)可以写为：

$$-\frac{J_w p_i}{W_{ei}}dt = \frac{d(\bar{p}_a - p_R)}{\bar{p}_a - p_R} \tag{3-52}$$

对式(3－52)两边进行积分，有：

$$-\frac{J_w p_i}{W_{ei}}\int_0^t dt = \int_{p_i}^{p_a}\frac{d(p_a - p_R)}{\bar{p}_a - p_R} \tag{3-53}$$

整理后得到：

$$-\frac{J_w p_i t}{W_{ei}} = \ln\frac{\bar{p}_a - p_R}{p_i - p_R} \tag{3-54}$$

即：

$$\bar{p}_a - p_R = (p_i - p_R)\exp\left(-\frac{J_w p_i t}{W_{ei}}\right) \tag{3-55}$$

将式(3－49)代入式(3－55)中并进行整理，得到：

$$W_e = \frac{W_{ei}}{p_i}(p_i - p_R)\left[1 - \exp\left(-\frac{J_w p_i t}{W_{ei}}\right)\right] \tag{3-56}$$

式(3－56)就是 Fetkovich 有限水体水侵量计算公式，在推导过程中假设气水界面处压力 p_R 为常数，但实际上气水界面处压力是随时间变化的，因此计算时需要利用叠加方法。但可以将气水界面处压降分成若干个时间步长(图 3－11)，在每个时间步长内利用水体平均压力来计算该时间段内净水侵量，用这种方式代替叠加方法，从而简化了计算过程。第 n 个时间段内净累积水侵量为：

$$(\Delta W_e)_n = \frac{W_{ei}}{p_i}\left[(\bar{p}_a)_{n-1} - (\bar{p}_R)_n\right]\left[1 - \exp\left(-\frac{J_w p_i \Delta t_n}{W_{ei}}\right)\right] \tag{3-57}$$

式中 $(\bar{p}_a)_{n-1}$ 为前一个时间步长结束时水体平均压力，可以利用式(3－49)确定，即：

$$(\bar{p}_a)_{n-1} = p_i\left(1 - \frac{(W_e)_{n-1}}{W_{ei}}\right) \tag{3-58}$$

$(\bar{p}_R)_n$ 为第 n 个时间段气水界面处平均压力，可以通过公式(3－59)计算：

$$(\bar{p}_R)_n = \frac{(p_R)_n + (p_R)_{n-1}}{2} \tag{3-59}$$

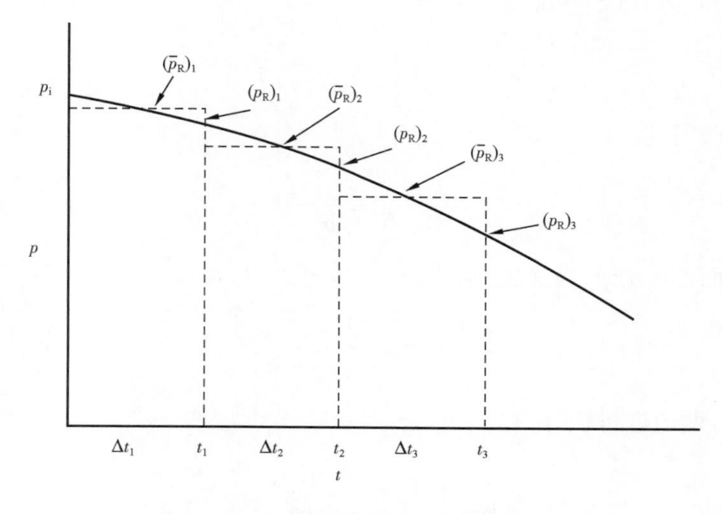

图 3－11　气水边界平均压力求取示意图

这种采用某一时间步长内平均压力和水体物质平衡的方法计算的阶段水侵量，避免了叠加过程，使该方法能够适用于气水界面处压力变化这一实际情况。

式（3－46）中的生产指数 J_w 与水体形状有关，Fetkovich 拟稳态方法利用达西公式计算有限水体生产指数，表 3－7 给出了不同类型水体 J_w 计算公式，表中针对无限大水体径向流动的计算公式就是 Hurst 修正稳态方法中水侵系数计算公式。

表 3－7　不同类型水体生产指数 J_w 计算公式

水体类型	径向水体 J_w［$m^3/(d \cdot MPa)$］	线形水体 J_w［$m^3/(d \cdot MPa)$］
有限水体，封闭边界	$J_w = \frac{0.5429Khf}{\mu_w(\ln r_D - 0.75)}$	$J_w = \frac{0.2592Kb_wh}{\mu_w L}$
有限水体，定压边界	$J_w = \frac{0.5429Khf}{\mu_w \ln r_D}$	$J_w = \frac{0.0864Kb_wh}{\mu_w L}$
无限大水体	$J_w = \frac{0.5429Khf}{\mu_w \ln \sqrt{\frac{0.194Kt}{\phi\mu_w C_t r_e^2}}}$	$J_w = \frac{0.263Kb_wh}{\mu_w \sqrt{\frac{Kt}{\phi\mu_w C_t}}}$

注：b_w—线形水体宽度，m；L—线形水体长度，m；f—无因次水侵圆周角，$\theta/360°$；h—水体厚度，m；t—时间，d。

2. 计算过程及实例

利用 Fetkovich 拟稳态方法计算水侵量的具体步骤为：

（1）根据已知气藏和水体地质参数，计算水体体积 W_i；

（2）利用式（3－48）计算最大水侵量 W_{ei}；

（3）根据水体形状和边界类型，按表 3－7 中的对应公式计算 J_w；

（4）利用式（3－57）计算每个时间步的净水侵量。比如对于第一个时间段 Δt_1：

$$(\Delta W_e)_1 = \frac{W_{ei}}{p_i}[p_i - (\bar{p}_R)_1]\left[1 - \exp\left(-\frac{J_w p_i \Delta t_1}{W_{ei}}\right)\right]$$

$$(\bar{p}_R)_1 = \frac{p_i + (p_R)_1}{2}$$

对第二个时间段 Δt_2：

$$(\Delta W_e)_2 = \frac{W_{ei}}{p_i}[(\bar{p}_a)_1 - (\bar{p}_R)_2]\left[1 - \exp\left(-\frac{J_w p_i \Delta t_2}{W_{ei}}\right)\right]$$

其中 $(\bar{p}_a)_1$ 是第一个时间步长结束后水体的平均压力，也就是原始水体体积减去侵入气藏中水体体积 $(\Delta W_e)_1$ 后剩余水体体积的平均压力，由式（3－58）计算：

$$(\bar{p}_a)_1 = p_i\left[1 - \frac{(W_e)_1}{W_{ei}}\right]$$

（5）累加每个时间段的净水侵量，得到累积水侵量 W_e：

$$W_e = \sum_{t=1}^{n} (\Delta W_e)_i$$

例 5:该实例中基础数据及不同时间压力变化趋势与实例 1 相同。利用水体基础参数计算水体体积 $W_i = 1356.4 \times 10^6 m^3$,最大水侵量 $W_{ei} = 17.71 \times 10^6 m^3$,生产指数 $J_w = 921.7 m^3/(d \cdot MPa)$,水侵量计算结果见表 3-3,水侵量随时间变化趋势如图 3-5 所示,与 van Everdingen-Hurst 不稳态方法计算结果对比来看,尽管后期略高于 van Everdingen-Hurst 不稳态方法,但整体上比较吻合。

Fetkovich 拟稳态方法在推导时假设气水边界处压力为常数,在应用时采用时间步长内平均压力的方式等效处理气水界面处压力变化。但气水界面处压力变化很快时,这种方法计算结果与 van Everdingen-Hurst 不稳态方法计算结果相差较大,一般情况下气水界面处压力变化缓慢,该方法计算结果与 van Everdingen-Hurst 不稳态方法计算结果接近。

七、关于水侵量计算方法的说明

前面介绍了 5 种常见的天然水体水侵量计算方法。其中 van Everdingen-Hurst 不稳态方法被认为是最严谨的计算方法。水体压缩系数法应该是有限水体水侵量的上限,水侵系数或产水指数越大,针对有限水体的水侵量计算结果越接近水体压缩系数法。Schilthuis 稳态方法适用于水体体积很大时水侵量计算。对于处于不稳定流动状态的水体,可以采用 van Everdingen-Hurst 不稳态方法无限大水体水侵量计算公式或 Fetkovich 拟稳态方法中无限大水体计算公式。目前这些方法都能在常用的气藏工程软件中实现,大大简化了手工计算时间。

这些计算方法都是在气藏和水体参数已知的情况下,利用压降数据直接计算水侵量,也就是显式计算方法。在实际应用过程中,由于很难获得准确的储层和水体参数,尤其是水侵系数 B 或产水指数 J_w 等关键常数,使得水侵量显式计算结果具有很大的不确定性。一般情况下根据历史数据,通过回归确定 B 或 J_w 等关键常数,再用这些常数进行未来水侵量预测。

第三节　水驱气藏动态法储量计算及水体活动规律分析

水驱气藏动态储量法储量计算不只是简单回归压力数据、确定气藏储量和累积水侵量过程,而是通过地质和动态认识相互验证,来判断水体大小、水体的类型、水体物性以及生产制度变化所引起的水体的反应,从而深化对水体活动规律认识,为后续开发调整提供依据。本节前半部分介绍常用的水驱气藏动态储量计算方法,后半部分通过实例分析的形式介绍不同压降曲线特征情况下动态储量计算及水体活动规律分析。

一、水驱气藏动态储量计算方法

前面介绍了几种常用的水侵量计算方法,但在水驱气藏动态法储量计算过程中,由于很难取得准确的水体参数,使得显式解析法计算水侵量存在不确定性。因此多采用隐式方法或半解析方法同时计算动态储量和水侵量。

1. 视地质储量法(Havlena-Odeh 方法)

对于水驱气藏,最常用的动态储量计算方法就是视地质储量法,又称 Havlena-Odeh 方法。式(3-2)给出了以 B_g 形式表示的水驱气藏物质平衡方程,如果累积水侵量 W_e 以本章第

二节中介绍的不稳定流动的形式给出,即:

$$W_e = B\sum_0^t \Delta p W_{eD} \tag{3-60}$$

将式(3-60)代入式(3-2)中,得到:

$$\frac{G_p B_g + W_p B_w}{B_g - B_{gi}} = G + \frac{B\sum_0^t \Delta p W_{eD}}{B_g - B_{gi}} \tag{3-61}$$

令

$$y = \frac{G_p B_g + W_p B_w}{B_g - B_{gi}} \tag{3-62}$$

$$x = \frac{\sum_0^t \Delta p W_{eD}}{B_g - B_{gi}} \tag{3-63}$$

则式(3-61)变为:

$$y = G + Bx \tag{3-64}$$

从式(3-64)中可以看出,经过参数组合和变换后,在直角坐标中,水驱气藏物质平衡也表现为直线关系,直线斜率为水侵常数 B,直线在 y 轴上的截距为储量 G(图3-12)。

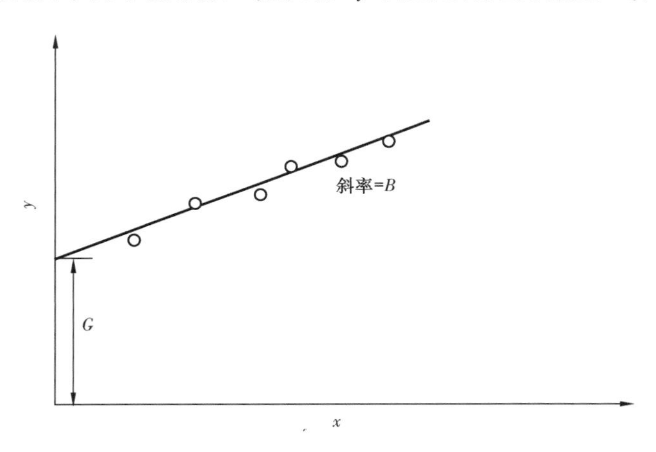

图3-12　水驱气藏物质平衡直线图

在实际计算过程中,取得直线形式的关键在于确定可靠的水体半径 r_a 值、无因次时间 t_D 的系数 β($\beta = t_D/t$,与水体 K、ϕ、μ_w、C_t 有关)以及水侵方式,这样才能准确计算无因次水体半径 r_{eD} 和无因次累积水侵量 W_{eD}。多数情况下,由于对水体参数认识有限,很难直接获得准确的 B 值和 β 值,此时通过以下二重试凑法展开计算:

(1)根据实际地质认识,估算水体半径 r_a 和无因次水体半径 r_{eD}。

(2)利用地质参数,初步计算 β 值。

(3)根据确定的 r_{eD} 和 β 值，用相应的公式计算不同生产时间对应的无因次时间 t_D、无因次水侵量 W_{eD} 以及累加项 $\sum_0^t \Delta p W_{eD}$。

(4)利用动态数据、PVT 数据和不同时刻的 $\sum_0^t \Delta p W_{eD}$ 值，计算 y 和 x，并在直角坐标中绘出 y 与 x 关系图(图 3－13)。在假设 r_{eD} 值准确的情况下，如果二者呈直线关系，说明 $\sum_0^t \Delta p W_{eD}$ 值计算准确，也就是 β 值计算准确，此时就可以根据直线的斜率和截距确定 B 和 G；如果呈向下弯曲的曲线，说明 $\sum_0^t \Delta p W_{eD}$ 值偏大，也就是 β 值计算偏大，应降低 β 值，重新计算；如果呈向上弯曲的曲线，说明 $\sum_0^t \Delta p W_{eD}$ 值偏小，也就是 β 值计算偏小，应增加 β 值重新计算。有时在保持 r_{eD} 值不变的情况下，可以通过改变 β 值获得满意的直线，这说明在该 r_{eD} 条件下，β 值是合理的，可以作为一组答案。有时无论如何改变 β 值，均不能获得满意的直线，说明估算的 r_{eD} 不合理，应重新假设 r_{eD} 值再重复上面(2)~(4)步的计算，直到得到满意的结果。

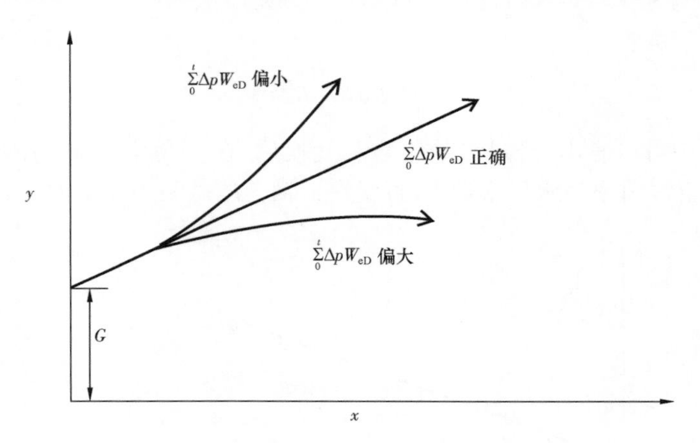

图 3－13　视地质储量法物质平衡分析诊断图

(5)得到一组 r_a、β、G 和 B 值后，需要重新假设该 r_a 值，重复相同的计算过程，此时会得到与上面不同截距 G 和斜率 B 的直线。针对多解性问题，采用最小二乘法中的最小标准差判断计算结果，不同直线关系式的标准差由式(3－65)计算：

$$\sigma = \sqrt{\frac{\sum_{i=1}^{n} (y_i - y_i')^2}{n-1}} \tag{3-65}$$

式中　σ——标准差；

y_i——利用实际生产数据通过式(3－62)计算的结果；

y_i'——由不同的 r_a、β、G 和 B 值组合，采用式(3－64)计算结果；

n——回归的数据点数。

对有些大型气藏，有时无限大线形水体模型能够很好地描述压力和产量变化趋势，而且无限大线形水体水侵量计算与$\sqrt{t}$有关，不需要计算无因次时间 t_D。针对无限大线形水体，将式(3－43)代入式(3－39)中，得到：

$$W_e = 2bhL\phi C_t \sum_0^t \Delta p \sqrt{t_D/\pi} \tag{3-66}$$

将式(3－42)代入式(3－66)中，有：

$$W_e = \frac{2bhL\phi C_t \sqrt{\beta_L}}{\sqrt{\pi}} \sum_0^t \Delta p \sqrt{t} \tag{3-67}$$

令

$$B_L' = \frac{2bhL\phi C_t \sqrt{\beta_L}}{\sqrt{\pi}}$$

则有：

$$W_e = B_L' \sum_0^t \Delta p \sqrt{t} \tag{3-68}$$

此时式(3－63)中的叠加项变为 $\sum_0^t \Delta p_n \sqrt{t}$，用式(3－64)进行直线回归时斜率为 B_L'。线形水侵模型计算过程简便，因此在进行水驱气藏物质平衡分析时可以先用无限大线形水体模型进行试算。此时 Δp_n和 $\sum_0^t \Delta p_n \sqrt{t}$ 计算过程为：

$$\Delta p_1 = \frac{p_i - p_1}{2}, \Delta p_2 = \frac{p_i - p_2}{2}, \Delta p_3 = \frac{p_1 - p_3}{2}, \Delta p_4 = \frac{p_2 - p_4}{2}, \cdots, \Delta p_n = \frac{p_{n-2} - p_n}{2}$$

$$\sum_0^{t_n} \Delta p_n \sqrt{t} = \Delta p_1 \sqrt{t_n} + \Delta p_2 \sqrt{t_n - t_1} + \Delta p_3 \sqrt{t_n - t_2} + \Delta p_4 \sqrt{t_n - t_3} + \cdots + \Delta p_n \sqrt{t_n - t_{n-1}}$$

2. Z 因子修正法

气藏由于水驱、异常高压等因素，使得 $p/Z—G_p$关系图偏离直线关系。该方法考虑到了气藏开采中的各种驱动能量，包括岩石和束缚水弹性膨胀、水驱等，对 Z 因子进行修正，建立了等效的 $p/Z—G_p$直线关系，在实际应用中，通过拟合直线关系计算动态储量和驱动能量。

对于水驱气藏，根据物质平衡有：

$$\frac{p}{Z}\left(1 - \frac{W_e - W_p B_w}{G B_{gi}}\right) = \frac{p_i}{Z_i}\left(1 - \frac{G_p}{G}\right) \tag{3-69}$$

令

$$Z^* = \frac{Z}{1 - \frac{W_e - W_p B_w}{G B_{gi}}} \tag{3-70}$$

由式(3－70)可知，当 $p=p_i$ 时，$Z_i^*=Z_i$，则式(3－69)变为：

$$\frac{p}{Z^*}=\frac{p_i}{Z_i^*}\left(1-\frac{G_p}{G}\right) \tag{3－71}$$

由式(3－71)可知，在直角坐标中，得 p/Z^*—G_p 表现为直线关系(图3－14)，直线在 x 轴上的截距为储量 G。

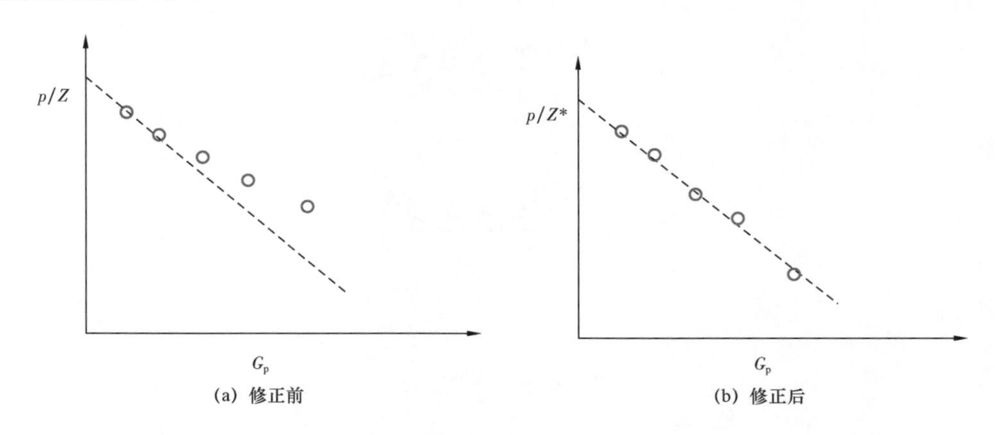

图3－14　Z因子修正法示意图

利用 Z 因子修正法计算水驱气藏动态储量时，要采用隐式迭代法计算累积水侵量 W_e，具体过程如下：

(1)先假设不存在水驱，即 $W_e=0$，绘制 p/Z—G_p 关系图，先按直线进行回归，初步确定 G 值；

(2)选择水体模型(本章第二节中介绍的几种计算模型)，计算累积水侵量 W_e；

(3)利用式(3－70)和初步确定的 G 值计算 Z^*；

(4)绘制 p/Z^*—G_p 关系图，此时 p/Z^*—G_p 如果呈直线段，说明水侵量 W_e 和 G 计算正确；如果未表现出直线，再按直线进行回归，确定 G 值，然后重复(2)～(4)计算过程，直到得到直线关系。

Z 因子修正法适用于在压降曲线上能明显表现出外来能量补给的气藏，早期直线段的识别对计算结果影响大，该方法中的累积水侵量计算过程与视地质储量法相同。

二、水驱气藏不同 p/Z 曲线特征情况下动态储量计算及水体活动规律分析

1. p/Z 直线型

1) p/Z 直线型——小型定容水体

在前面天然水侵量计算方法中已经提到，有些气藏具有局部有限水体，这些水体与气藏连通性好，压降与气藏压降保持一致，气藏 p/Z—G_p 关系表现出定容封闭气藏特征，很难识别水驱特征。这些小型定容水体通常在图3－2视地质储量变化特征图上表现为下降趋势的弱水驱特征。对于具有小型定容水体的气藏，在动态储量计算时可以利用改进的 Havlena－Odeh 方法。根据水驱气藏物质平衡方程式(3－2)和小型定容水体的水侵量计算公式(3－5)，整理

后得到：

$$\frac{G_pB_g + W_pB_w}{B_g - B_{gi}} = G + \frac{\Delta p}{B_g - B_{gi}}(C_w + C_f)W_i \tag{3-72}$$

令

$$x = \frac{\Delta p}{B_g - B_{gi}}$$

$$y = \frac{G_pB_g + W_pB_w}{B_g - B_{gi}}$$

则式(3－72)变为：

$$y = G + x(C_w + C_f)W_i \tag{3-73}$$

由于$(C_w + C_f)W_i$为常数，因此根据式(3－73)可知，在直角坐标中，y—x呈直线关系，直线在y轴上的截距为G，斜率为$(C_w + C_f)W_i$。对于具有小型定容水体的气藏，利用该方法可以在W_i、C_w及C_f未知的情况下计算气藏动态储量，并确定水体参数。

实例1：下面通过一个实例来说明这类气藏的动态储量计算过程。表3－8给出了某气藏生产数据，该气藏具有小型局部水体，监测水体压降与气藏内部一致。气藏p/Z—G_p关系也表现出高度相关的直线关系（图3－15），通过回归计算$G = 64.93 \times 10^8 m^3$。从视地质储量变化趋势图（图3－16）来看，$G_pB_g(B_g - B_{gi})$随$G_p$增加呈连续下降趋势，表明气藏存在弱水驱，利用改进的Havlena－Odeh方法计算$G = 63.0 \times 10^8 m^3$（图3－17），在假设C_f、C_w均为经验值的情况下，计算水体倍数为1.5倍。对于这类水体，由于水体体积有限，一般在考虑水驱和不考虑水驱情况下动态储量计算结果相差不大，关键是通过视地质储量变化趋势来诊断气藏的驱动特征。

表3－8　实例1中气藏生产数据和参数

t (d)	G_p ($10^8 m^3$)	W_p ($10^4 m^3$)	p (MPa)	Z	B_g (m^3/m^3)	$G_pB_g/(B_g - B_{gi})$ ($10^8 m^3$)	$\Delta p/(B_g - B_{gi})$ (MPa)
0	0	0	40.00	1.081	0.00355		
283	0.1007	0.00	39.91	1.080	0.00355	69.4	17485.2
619	0.24047	0.01	39.79	1.079	0.00356	69.4	17423.3
969	0.4975	0.04	39.56	1.077	0.00357	69.3	17330.5
1369	1.67776	0.21	38.51	1.067	0.00363	69.2	16858.2
1719	3.00838	0.23	37.36	1.056	0.00371	69.0	16326.6
2119	4.73204	0.30	35.90	1.042	0.00381	68.7	15634.7
2419	6.34998	0.33	34.57	1.030	0.00391	68.5	14993.4
2769	9.37624	0.43	32.17	1.008	0.00411	68.0	13821.2
3169	12.93153	0.58	29.50	0.986	0.00439	67.6	12507.2
3519	16.44333	0.74	27.02	0.967	0.00470	67.1	11282.6

续表

t (d)	G_p (10^8m^3)	W_p (10^4m^3)	p (MPa)	Z	B_g (m^3/m^3)	$G_pB_g/(B_g-B_{gi})$ (10^8m^3)	$\Delta p/(B_g-B_{gi})$ (MPa)
3869	20.38355	0.94	24.38	0.949	0.00511	66.6	9994.0
4269	24.91914	1.19	21.52	0.933	0.00569	66.1	8617.2
4619	28.59293	1.47	19.32	0.924	0.00627	65.7	7578.1
4969	32.15695	2.16	17.26	0.918	0.00698	65.4	6629.2
5319	35.2825	4.22	15.50	0.914	0.00774	65.1	5840.4
5719	38.27066	8.81	13.85	0.913	0.00865	64.8	5120.3
6119	41.26244	14.52	12.22	0.914	0.00982	64.6	4429.3
6519	43.72748	18.89	10.88	0.916	0.01105	64.4	3880.0

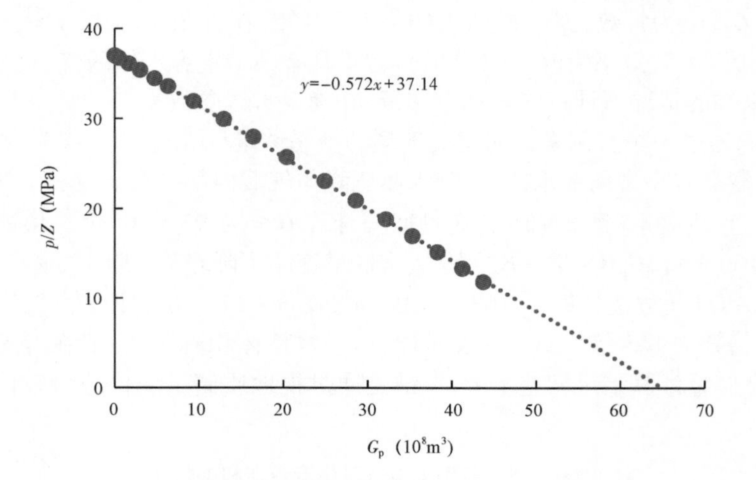

图 3－15　实例 1 中气藏 p/Z—G_p 关系图

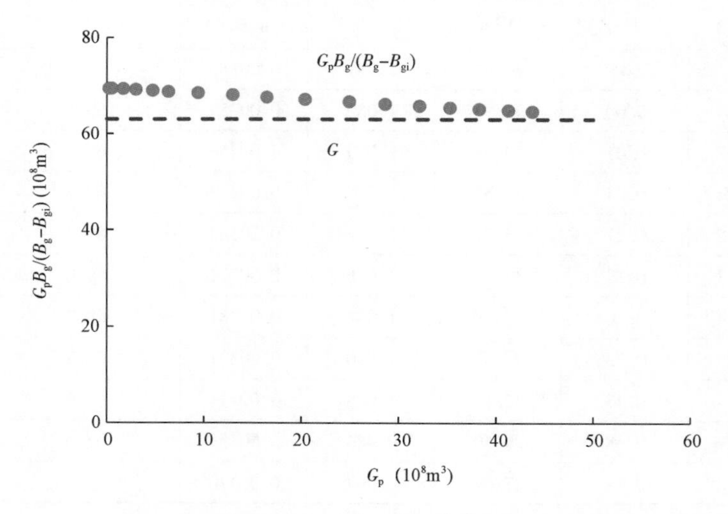

图 3－16　实例 1 中气藏视地质储量变化趋势图

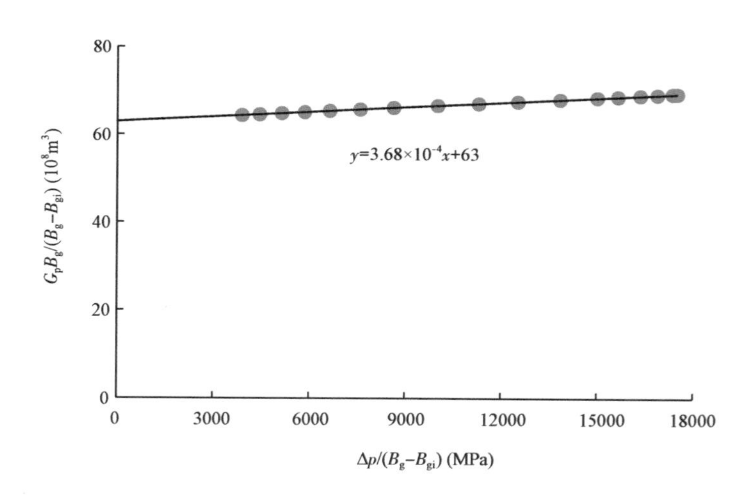

图 3－17　实例 1 中气藏视地质储量变化趋势图

2) p/Z 直线型——活跃水体

当气藏存在活跃水驱时，通常会表现出 p/Z 曲线"上翘"特征（图 3－1）。但有许多文献都列举了存在活跃水体情况下 p/Z—G_P 仍呈直线关系，而且通过直线关系外推确定的动态储量明显高于实际储量。这些气藏一般来说水体分布范围大，无因次水体半径 r_{eD} 达到 5～10，或是线形水体，水体物性好，在整个计算周期内水体处于不稳定流动状态，水侵量随时间上升速度快。此外，特殊的生产制度也是造成压降曲线表现出直线特征的原因之一，这种生产制度就是产气量在初期较低情况下稳产一段时间，然后呈阶梯状上升趋势[图 3－18(a)]。Elahmady 和 Wattenbarger 研究认为，对于一个具有活跃边底水的气藏，总有一种生产制度使得气藏在水驱的情况下 p/Z—G_p 仍呈现出直线关系[图 3－18(b)]，且直线在横轴上的截距明显高于实际储量 G。

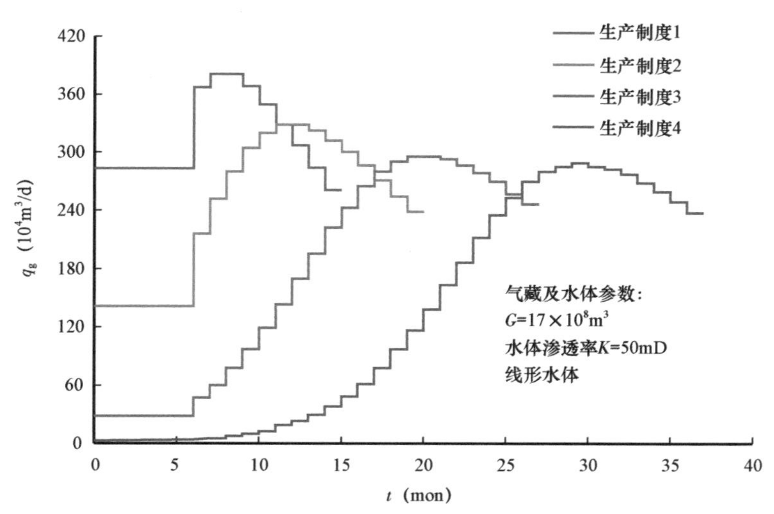

(a) 不同生产制度下初始产量和产量变化趋势

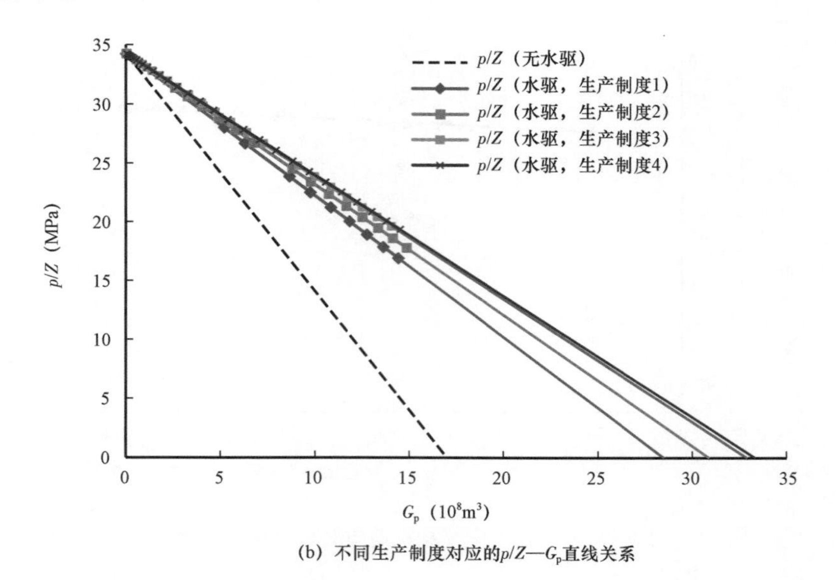

(b) 不同生产制度对应的p/Z—G_p直线关系

图 3－18　存在水驱情况下 p/Z—G_p直线关系及对应的生产制度

实例2:下面通过一个实例来说明这种压降特征反映出的水体的活动规律,表3－9给出了气藏生产数据。该气藏的压降曲线(图3－19)和视地质储量变化趋势(图3－20)均表现出定容封闭气藏特征,通过这两个图一致确定动态储量为$122.0\times10^8m^3$,计算结果明显高于容积法储量($87.0\times10^8m^3$)。在这种情况下,很难通过现有的生产数据计算动态储量。由于该气藏储层物性好,渗透率$K=100mD$,孔隙度$\phi=22.5\%$,气藏储量动用充分,动静储量应该差异很小,因此在认为动态储量等于容积法储量的情况下,利用式(3－2)计算了累积水侵量W_e(表3－9),然后根据地质认识采用van Everdingen－Hurst不稳态方法径向水体模型,在假设不同无因次时间系数β和无因次水体半径r_{eD}情况,通过拟合W_e来确定最佳的β、r_{eD}和B组合,最终确定$\beta=0.022d^{-1}$,$r_{eD}=6$,$B=3.365\times10^4m^3/MPa$。图3－21给出了该气藏W_{eD}和W_e在分析周期内的变化趋势,从图中来看,由于水体处于不稳定流动阶段,水侵量随时间上升速度快,在图3－19中这种逐步上升的产量制度下,使得p/Z表现出直线特征,而且在该实例中$W_e/(B_g-B_{gi})$=常数,说明水侵量W_e的增速与气体弹性膨胀量(B_g-B_{gi})增速相同,因此视地质储量变化趋势表现出水平线特征。利用计算的水体参数,可以进行后面的不同生产制度下压力和水侵变化趋势预测。

表3－9　实例2中气藏生产数据及累积水侵量计算结果

t (d)	G_p (10^8m^3)	p (MPa)	Z	B_g (m^3/m^3)	p/Z (MPa)	$\sum\Delta pW_{eD}$ (MPa)	$W_e=B\sum\Delta pW_{eD}$ (10^6m^3)
0	0.00	40.33	1.0979	0.004032	36.73	0.00	0.000
91	0.00	40.33	1.0979	0.004032	36.73	0.12	0.000
182	0.09	40.26	1.0969	0.004036	36.70	1.05	0.004
274	0.25	40.19	1.0962	0.00404	36.66	3.21	0.011
365	0.45	40.08	1.0952	0.004047	36.60	6.73	0.023

续表

t (d)	G_p (10^8m^3)	p (MPa)	Z	B_g (m^3/m^3)	p/Z (MPa)	$\sum\Delta pW_{eD}$ (MPa)	$W_e=B\sum\Delta pW_{eD}$ (10^6m^3)
456	0. 75	39. 93	1. 0938	0. 004057	36. 51	12. 27	0. 042
547	1. 04	39. 78	1. 0924	0. 004067	36. 42	19. 95	0. 068
638	1. 52	39. 54	1. 0899	0. 004083	36. 27	30. 45	0. 104
730	2. 18	39. 21	1. 0871	0. 004105	36. 07	45. 21	0. 154
821	2. 56	39. 04	1. 0857	0. 004119	35. 96	62. 30	0. 212
912	2. 90	38. 88	1. 0842	0. 004131	35. 86	79. 77	0. 272
1003	3. 33	38. 68	1. 0825	0. 004144	35. 73	98. 58	0. 336
1094	3. 98	38. 37	1. 0798	0. 004168	35. 53	120. 24	0. 410
1186	4. 72	38. 05	1. 0775	0. 004195	35. 31	145. 44	0. 496
1277	5. 37	37. 75	1. 0750	0. 004218	35. 12	173. 19	0. 591
1368	6. 03	37. 45	1. 0725	0. 004241	34. 92	203. 02	0. 692
1459	6. 72	37. 14	1. 0698	0. 004266	34. 71	235. 05	0. 802
1550	7. 67	36. 71	1. 0665	0. 004303	34. 42	270. 46	0. 922
1642	8. 46	36. 37	1. 0637	0. 004333	34. 19	308. 86	1. 053
1733	9. 18	36. 05	1. 0611	0. 004359	33. 97	348. 48	1. 188
1824	10. 22	35. 60	1. 0575	0. 004399	33. 66	390. 93	1. 333
1915	11. 61	34. 99	1. 0527	0. 004456	33. 23	439. 19	1. 498
2006	12. 76	34. 49	1. 0487	0. 004502	32. 89	492. 12	1. 678
2098	13. 82	34. 04	1. 0448	0. 004545	32. 58	547. 17	1. 866
2189	15. 26	33. 42	1. 0397	0. 004608	32. 14	606. 13	2. 067

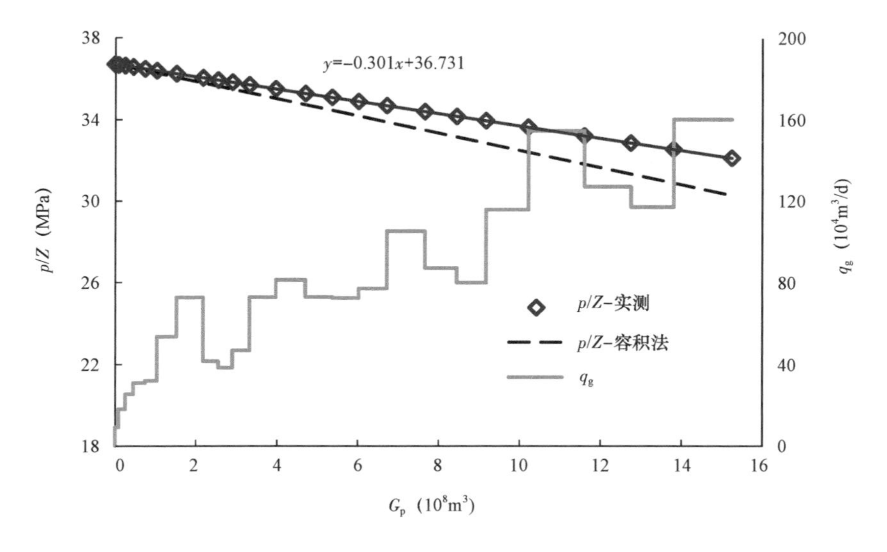

图 3－19 实例 2 中气藏产量及 $p/Z—G_p$ 关系图

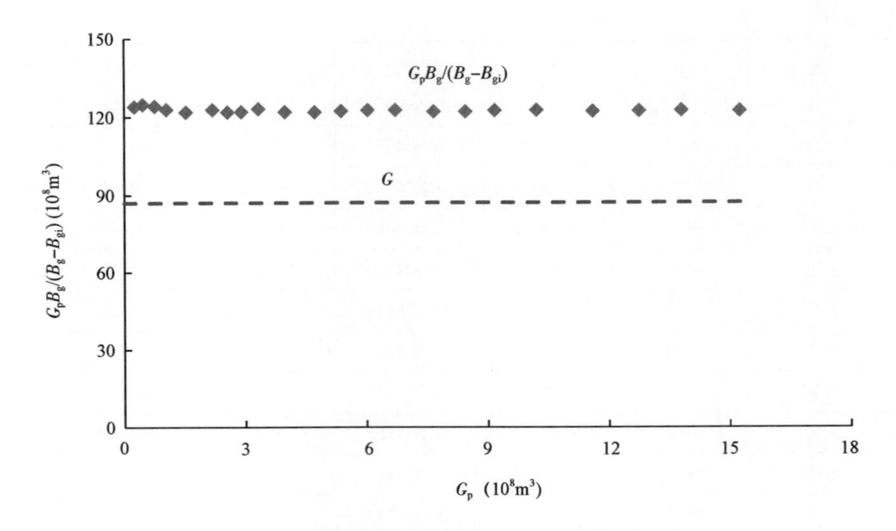

图 3－20 实例 2 中气藏视地质储量变化趋势图

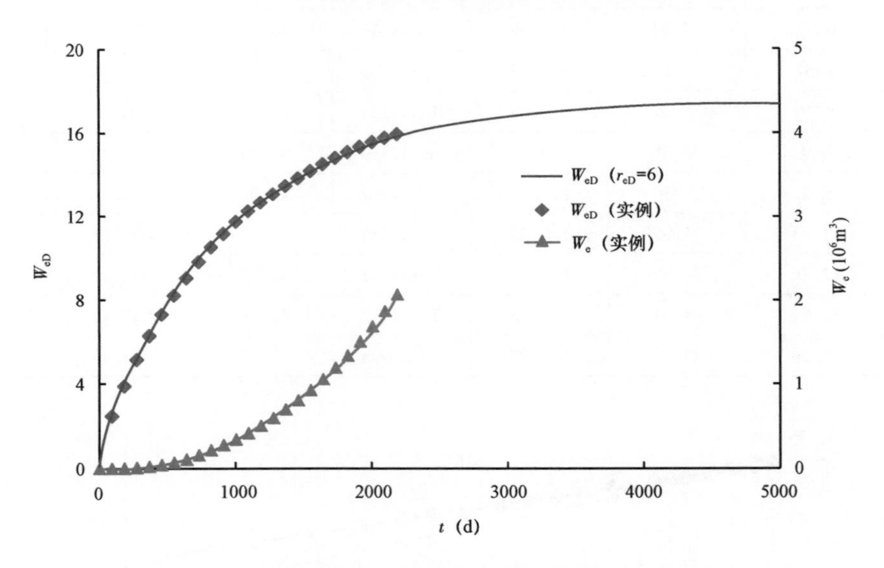

图 3－21 实例 2 中气藏 W_{eD}、W_e随时间变化趋势图

从这种情况来看，如果地质研究表明气藏存在活跃的水体（水体范围大、储层物性好），而早期压降曲线表现出直线特征，此时就应该考虑存在水驱的可能性。

2. p/Z 下凹型

一般认为 p/Z 曲线呈下凹型为异常高压气藏的压降曲线特征，但对于水驱气藏，也存在 p/Z 曲线下凹型，通常包括两种情况，一是气藏存在活跃的水，水体达到了拟稳定流动状态，也就是水体边界开始影响水侵量，此时水侵量与时间无关，仅与压降有关；二是气藏厚度大或是构造幅度大，关井后水侵部分存在压力梯度。

1) p/Z 下凹型——有限水体拟稳定流动状态

实例3:下面通过一个实例来说明这类气藏的动态储量计算和对水体活动规律认识。表3-10为该气藏生产数据,图3-22给出了气藏产量剖面和压降曲线图,从图中来看,压降曲线明显表现为下凹的两段式特征,利用早期直线段外推判断动态储量 $G \approx 280 \times 10^8 m^3$,后期压降曲线变化趋势显示 $G \approx 200 \times 10^8 m^3$。在图3-23的视地质储量变化趋势图上表现出后期水驱能量变弱的特征。采用 van Everdingen - Hurst 径向流水体模型,结合地质认识,利用式(3-61)~式(3-64)通过多次试算,确定 $\beta = 0.174 d^{-1}$,$r_{eD} = 6$。图3-24给出了最终确定的 $G_p B_g/(B_g - B_{gi})$—$\sum \Delta p W_{eD}/(B_g - B_{gi})$ 关系图,通过直线回归确定 $B = 2.652 \times 10^4 m^3/MPa$,$G = 198.6 \times 10^8 m^3$。表3-10给出了水侵量计算结果,图3-25为该气藏 W_{eD} 和 W_e 在分析周期内的变化趋势,从图中来看,由于水体渗透率较高($K = 1750mD$),不稳定流动时间短,在分析期间内水体以拟稳定流动为主,无因次水侵量基本保持常数,气藏二次提产后,压力下降速度加快,气体弹性膨胀量($B_g - B_{gi}$)增速高于水侵量 W_e 增速,导致 p/Z 呈下凹趋势。

表3-10　实例3中气藏生产数据及累积水侵量计算结果

t (d)	G_p ($10^8 m^3$)	p (MPa)	Z	B_g (m^3/m^3)	$\sum \Delta p W_{eD}$ (MPa)	$W_e = B \sum \Delta p W_{eD}$ ($10^6 m^3$)
0	0.00	39.38	1.0713	0.00370	0.0	0.00
345	3.11	38.35	1.0611	0.00376	8.5	0.23
780	6.92	37.52	1.0529	0.00382	24.5	0.65
941	10.73	36.67	1.0447	0.00387	36.1	0.96
1200	17.09	34.96	1.0285	0.00400	59.2	1.58
1355	23.45	34.06	1.0202	0.00407	78.5	2.10
1655	33.62	31.88	1.0009	0.00427	109.3	2.92
1840	39.98	30.23	0.9871	0.00444	137.6	3.68
1980	43.79	29.48	0.9810	0.00453	158.0	4.22
2253	53.33	28.08	0.9703	0.00470	182.9	4.89
2480	58.42	26.78	0.9609	0.00488	206.6	5.52
2628	62.86	25.70	0.9536	0.00505	223.5	5.97
2753	67.95	25.17	0.9502	0.00513	237.4	6.34
3126	73.67	23.97	0.9430	0.00535	258.1	6.89
3454	79.39	23.13	0.9384	0.00535	275.8	7.37
3799	87.02	21.83	0.9319	0.00581	294.6	7.87
4031	92.74	20.73	0.9271	0.00608	313.5	8.37
4333	102.27	18.89	0.9209	0.00663	340.2	9.09
4520	108.62	17.71	0.9180	0.00705	363.2	9.70
4760	117.51	15.98	0.9157	0.00779	390.3	10.42
5000	128.32	14.43	0.9155	0.00863	418.8	11.18

续表

t (d)	G_p (10^8m^3)	p (MPa)	Z	B_g (m^3/m^3)	$\sum \Delta pW_{eD}$ (MPa)	$W_e = B\sum \Delta pW_{eD}$ (10^6m^3)
5200	137.84	12.49	0.9179	0.00999	447.4	11.95
5500	146.74	11.00	0.9219	0.01140	480.6	12.84
5700	151.81	9.36	0.9283	0.01348	505.5	13.50
6050	158.16	8.27	0.9337	0.01535	533.2	14.24
6500	164.51	6.90	0.9417	0.01856	555.8	14.84
7050	170.86	5.79	0.9492	0.02229	577.8	15.43

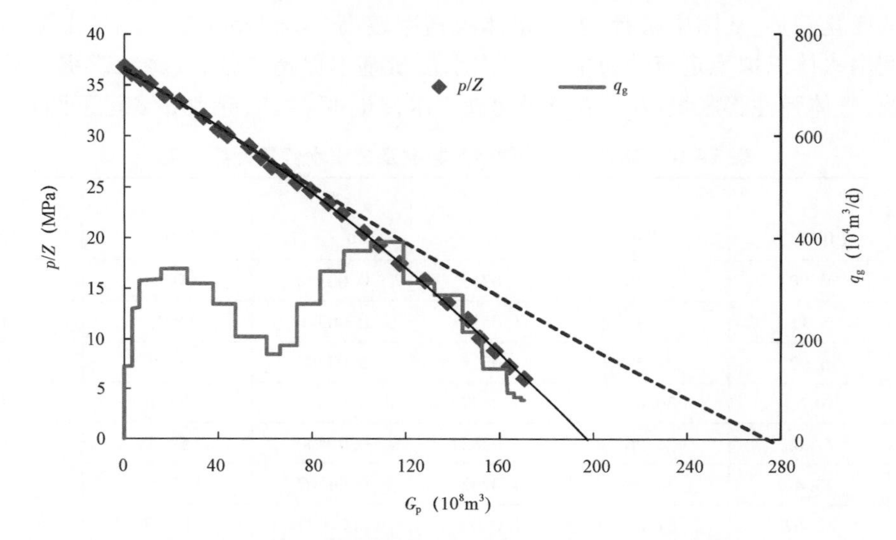

图 3－22　实例 3 中气藏产量变化趋势及 p/Z—G_p 关系图

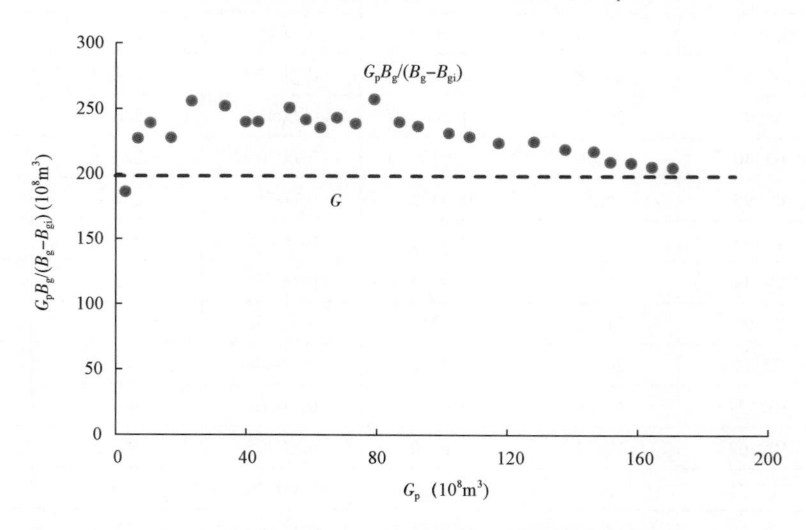

图 3－23　实例 3 中气藏视地质储量变化趋势图

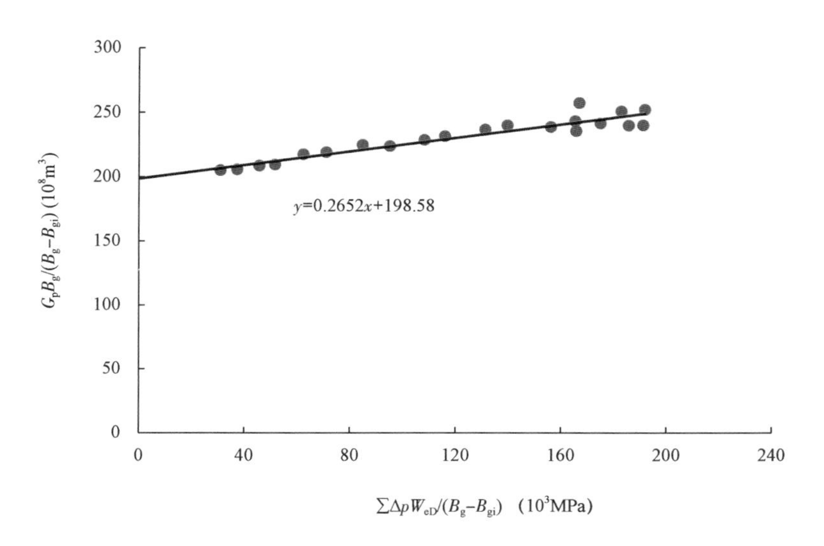

图3－24　实例3中气藏视地质储量法物质平衡分析图

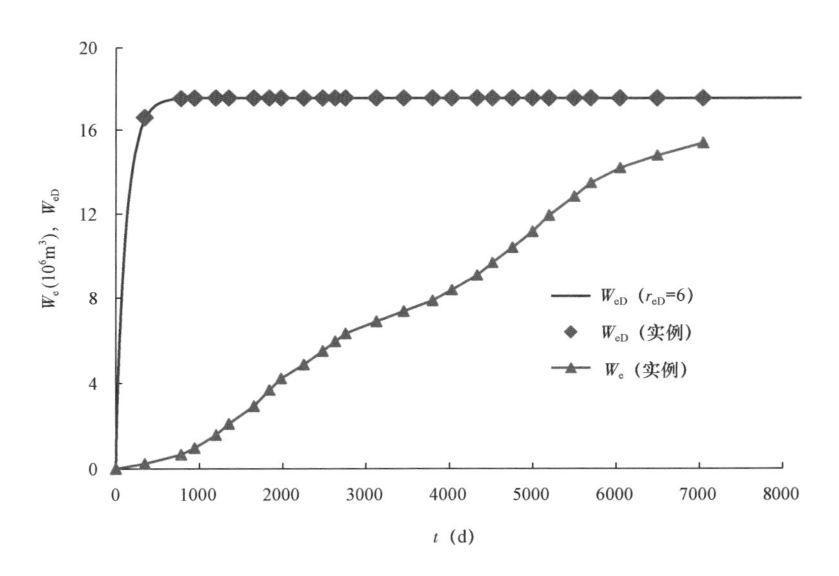

图3－25　实例3中气藏 W_{eD} 和 W_e 随时间变化趋势图

2) p/Z 下凹型——气藏储层厚度大或构造幅度大，关井后水侵区存在压力梯度

对于这种特征分析，见后面第四节。

3. p/Z 上翘型

p/Z 曲线上翘是水驱气藏典型的压降曲线特征。一般来说气藏具有一定活跃程度的水体，而且早期产气量高，后期产气量降低，最容易出现 p/Z 曲线上翘特征。通常是气藏稳产期结束后，进入递减期，此时气藏衰竭速度变慢，但气藏与水体的压降已形成，导致水体大规模侵入气藏内部，在一定程度上弥补了压力递减。

实例4：下面通过一个实例来说明这类气藏动态储量计算和水侵特征分析过程。表3－11

为气藏生产数据。图3－26给出了气藏产量及$p/Z—G_p$变化趋势，利用早期直线段计算气藏动态储量$G=300\times10^8m^3$，气藏容积法计算地质储量为$228\times10^8m^3$。气藏视地质储量变化趋势（图3－27）也表现出活跃水体特征。采用 van Everdingen － Hurst 径向流水体模型，利用式(3－61)～式(3－64)通过多次试算，确定$\beta=0.021d^{-1}$，$r_{eD}=10$。图3－28给出了最终确定的$G_pB_g/(B_g-B_{gi})—\sum\Delta pW_{eD}/(B_g-B_{gi})$关系图，通过直线回归确定$B=14.8\times10^4m^3/MPa$，$G=218.25\times10^8m^3$。表3－11给出了气藏累积水侵量计算结果，图3－29为该气藏W_{eD}和W_e在分析周期内的变化趋势，从图中来看，尽管水体在分析期间内以不稳定流动为主，但由于水体分布范围大，无因次水侵量较高且随时间呈上升趋势。水侵量W_e增速高于气体弹性膨胀量(B_g-B_{gi})增速，导致p/Z下降趋势变缓。

表3－11　实例4中气藏生产数据及累积水侵量计算结果

t (d)	G_p (10^8m^3)	p (MPa)	Z	B_g (m^3/m^3)	$\sum\Delta pW_{eD}$ (MPa)	$W_e=B\sum\Delta pW_{eD}$ (10^6m^3)
0	0.00	29.25	0.9718	0.00431	0.0	0.00
211	6.64	28.72	0.9676	0.00437	1.2	0.17
432	8.30	28.32	0.9651	0.00442	3.9	0.58
799	16.24	27.13	0.9566	0.00457	11.7	1.74
1296	28.97	25.92	0.9486	0.00475	28.6	4.23
2172	46.83	24.53	0.9395	0.00497	65.1	9.64
2607	53.84	23.67	0.9357	0.00513	87.1	12.89
2966	64.06	23.50	0.9348	0.00516	105.1	15.55
3291	74.54	22.97	0.9322	0.00527	121.1	17.92
3661	84.36	21.91	0.9275	0.00549	142.0	21.01
4028	92.77	21.77	0.9264	0.00552	163.2	24.15
4390	98.50	21.37	0.9253	0.00562	182.9	27.06
4767	104.82	21.06	0.9242	0.00569	203.1	30.06
5156	109.65	20.86	0.9248	0.00575	223.1	33.01
5414	118.10	20.22	0.9214	0.00591	237.7	35.17
5504	120.31	20.11	0.9211	0.00594	243.7	36.06
5579	122.72	19.97	0.9207	0.00598	248.1	36.72
5809	127.38	19.82	0.9202	0.00602	260.1	38.49
5940	131.78	19.35	0.9190	0.00616	268.1	39.68
6291	147.80	17.21	0.9146	0.00689	293.2	43.39
6501	155.55	16.22	0.9142	0.00731	313.5	46.40
6807	163.05	15.86	0.9141	0.00748	340.2	50.33
6875	164.55	15.80	0.9140	0.00751	346.7	51.31

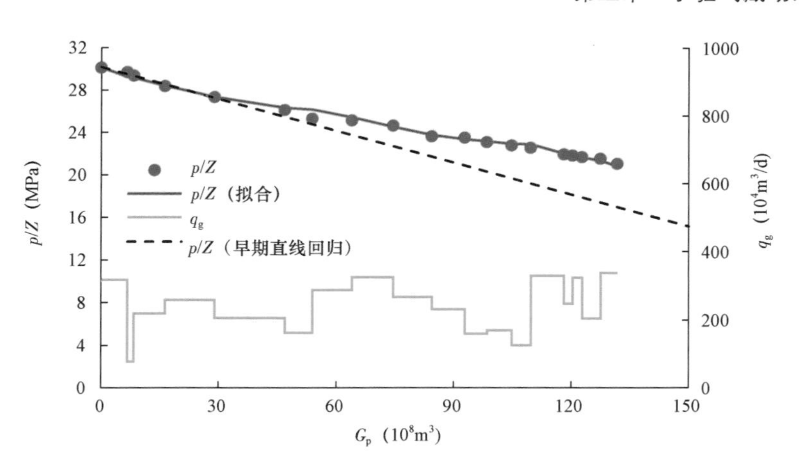

图 3－26　实例 4 中气藏产量变化趋势及 $p/Z—G_p$ 关系图

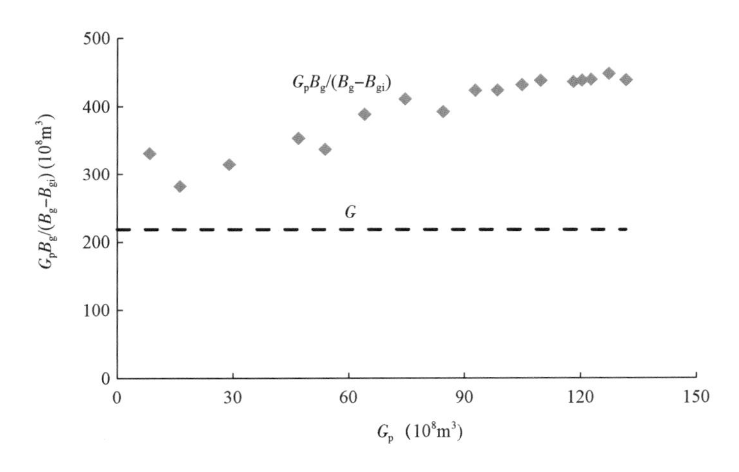

图 3－27　实例 4 中气藏视地质储量变化趋势图

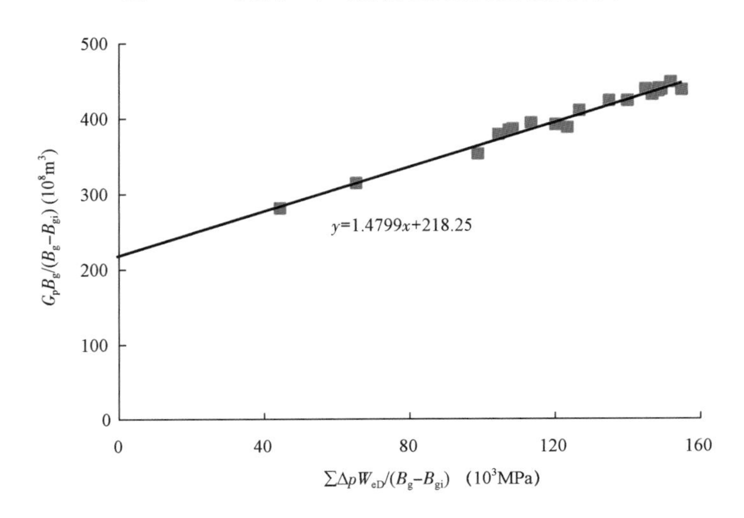

图 3－28　实例 4 中气藏视地质储量法物质平衡分析图

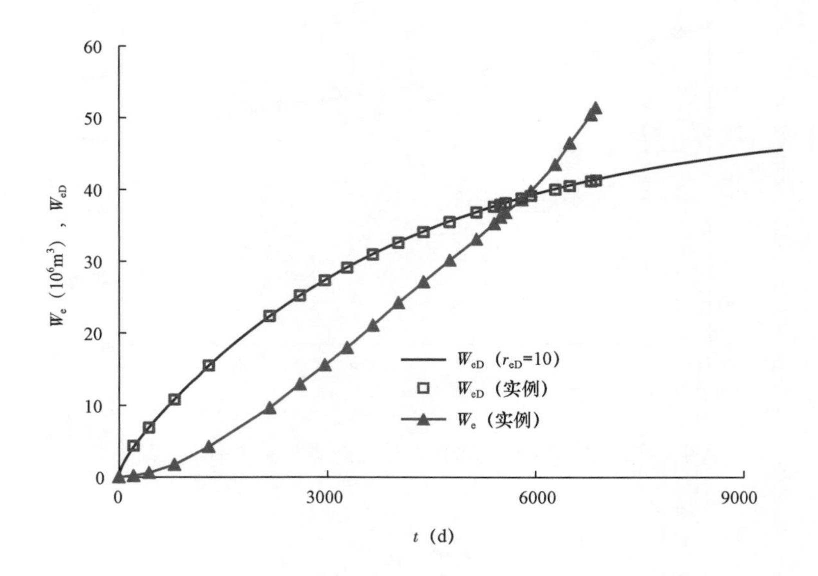

图 3-29 实例4中气藏 W_{eD}、W_e 随时间变化趋势图

三、水体活跃性影响因素

水体活跃性影响因素包括水体体积、水体物性、水体弹性能量(即水体总压缩系数)和生产制度。对于人为因素——生产制度对水体活跃性的影响,在前面实例分析中已经提到,在这里只分析地质因素对水体活跃性影响。在分析时采用理想模型,分别设置不同的水体体积、水体渗透率和水体压缩系数,计算气藏的压降曲线。模型基本参数见表3-12,模型开采速度如图3-30所示。

表 3-12 模型基础参数表

气藏参数	p_i(MPa)	40.0
	ϕ(%)	10
	h(m)	30.0
	S_{gi}(%)	80
	B_{gi}(m^3/m^3)	0.003527
	r_e(m)	3000.0
	r_g	0.59
	T(℃)	100.0
	Z_i	1.075
	G(10^8m^3)	187.6

续表

水体参数	p_i(MPa)	40.0
	ϕ(%)	10
	h(m)	30.0
	$r_{eD}=r_a/r_e$	1.5,2.0,3.0,5.0
	对应水体倍数(倍)	1.25,3.0,8.0,24.0
	S_w(%)	100
	K(mD)	1,5,10,20,50
	C_w(10^{-3}MPa^{-1})	0.4
	C_f(10^{-3}MPa^{-1})	0.7,2.5
	C_t(10^{-3}MPa^{-1})	1.1,2.9
	μ_w(mPa·s)	0.5

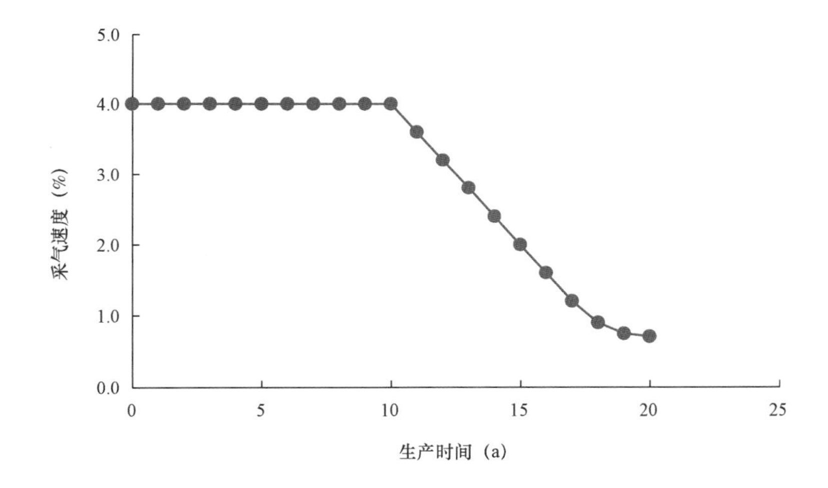

图3－30　模型采气速度曲线图

1. 水体体积

一般来说水体实钻资料较少，具体外边界很难确定，在气藏开发初期针对构造气藏多采用构造溢出点作为水体分布外边界，或向外延伸一定的距离，然后利用容积法计算水体倍数（水体孔隙体积/气藏孔隙体积），作为开发早期分析水侵影响的依据。国内多数边底水气藏静态认识的水体倍数大概在2～3倍。在利用理想模型分析水体大小影响时采用van Everdingen－Hurst不稳态流动模型，无因次水侵半径r_{eD}＝1.5、2.0、3.0、5.0，对应水体倍数分别为1.25、3.0、8.0、24倍。图3－31给出了r_{eD}＝2.0（对应水体倍数为3倍）时不同水体渗透率情况下的压降曲线，可以看出，当水体倍数在3倍以内时，即使水体渗透率达到中—高渗透，与无水驱相比，水驱对压降曲线变化影响有限，在实际生产监测中可能很难判断水驱的存在。国内许多边底水气藏都存在这种情况，气井大量产水，但气藏整体压降曲线上却未表现出明显水驱特征。当 $r_{eD}>2.0$ 之后，随着水体体积增加，水驱特征越来越明显（图 3－32），许多文献中分析的活跃水体的实例，基本上 r_{eD} 都在 3.0～5.0 以上，对应水体倍数大于 8～24 倍，国内表现出明显水驱特征的气藏，水体倍数都在 4～5 倍以上。

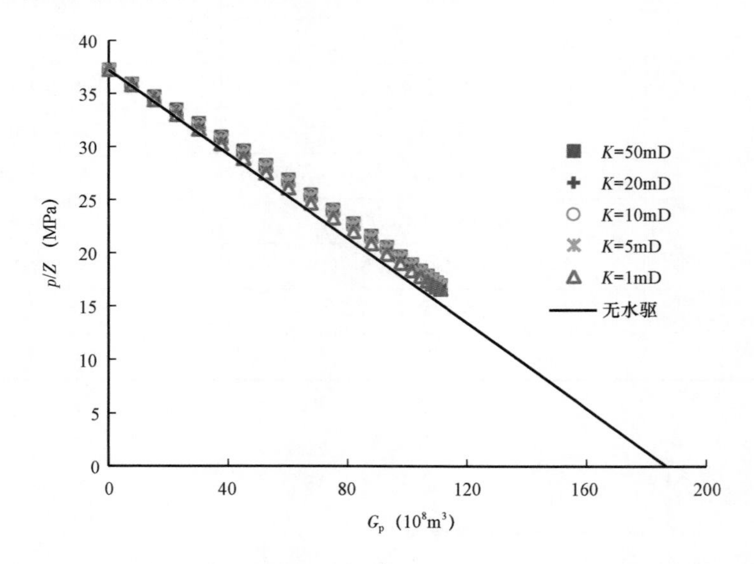

图 3－31　不同水体渗透率情况下气藏压降曲线（$r_{eD}=2.0$，对应水体倍数为 3 倍）

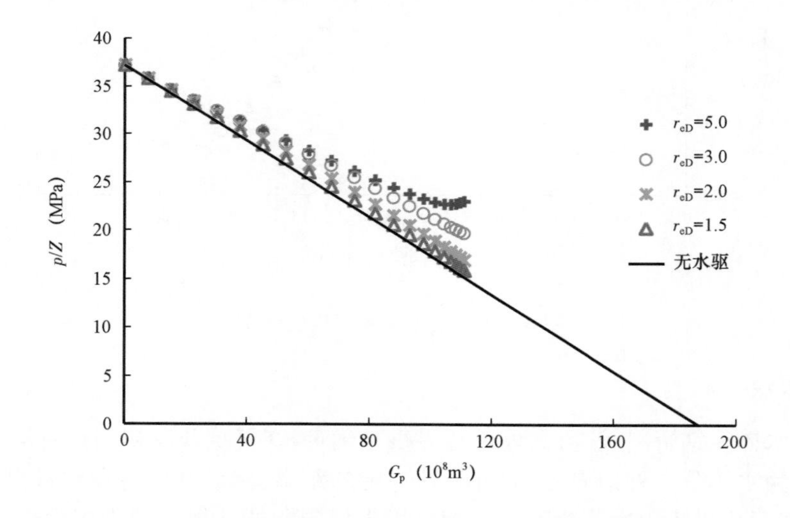

图 3－32　不同水体体积情况下气藏压降曲线（$K=10$mD）

2. 水体物性

根据 van Everdingen－Hurst 无因次水侵量 W_{eD} 与无因次时间 t_D 关系（图 3－33）可知随水体渗透率增加，在相同实际时间 t 情况下，对应无因次时间 t_D 增加，相同 r_{eD} 情况下无因次水侵量 W_{eD} 增加，水驱对压降曲线的影响越明显。对于有限水体，当 t_D 增加到一定程度后，水体趋近拟稳定流动段，W_{eD}接近常数，此时压降曲线不再受渗透率影响，也就是说，对于一个有限水体，水体的驱动能量不会随渗透率增加而无限增加（图3－34），而是最终接近于水体的弹性膨胀能量。

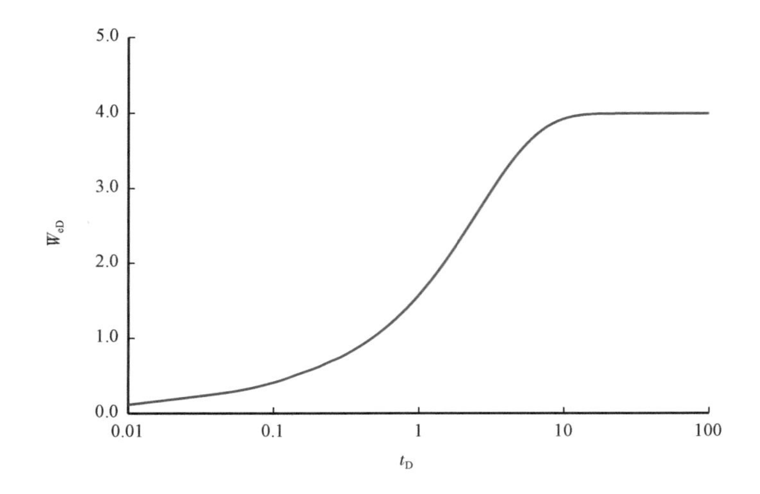

图3－33　van Everdingen－Hurst 有限水体 W_{eD}—t_D关系（r_{eD}＝3.0）

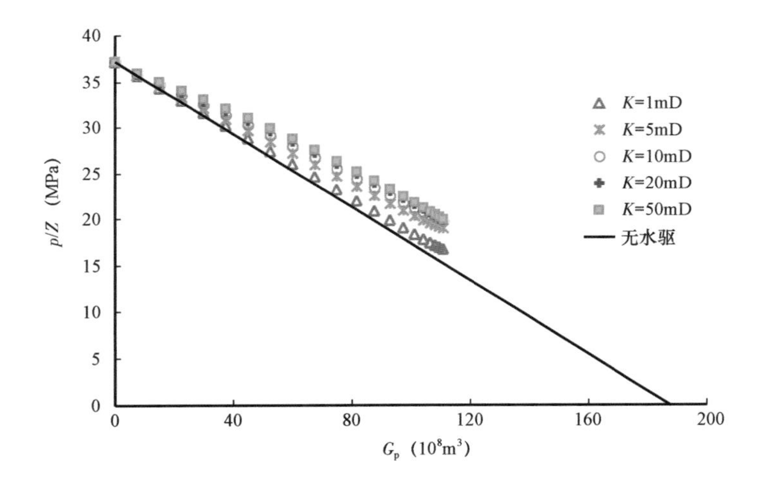

图3－34　不同水体渗透率情况下下气藏压降曲线（r_{eD}＝3.0）

3. 水体压缩系数

对于一些异常高压气藏，岩石孔隙压缩系数比常压气藏高3～5倍甚至一个数量级，对水体的活跃性有很大影响。图3－35给出了r_{eD}＝2.0时不同水体岩石孔隙压缩系数情况下压降曲线，在前面已经提到，在常压条件下，当r_{eD}＝2.0时，水驱对压降曲线影响有限。但当岩石孔隙压缩系数增加到异常高压气藏岩石孔隙压缩系数范围时，水驱的影响表现明显。因此，对于异常高压气藏，即使水体体积有限，也应该关注水体能量影响。

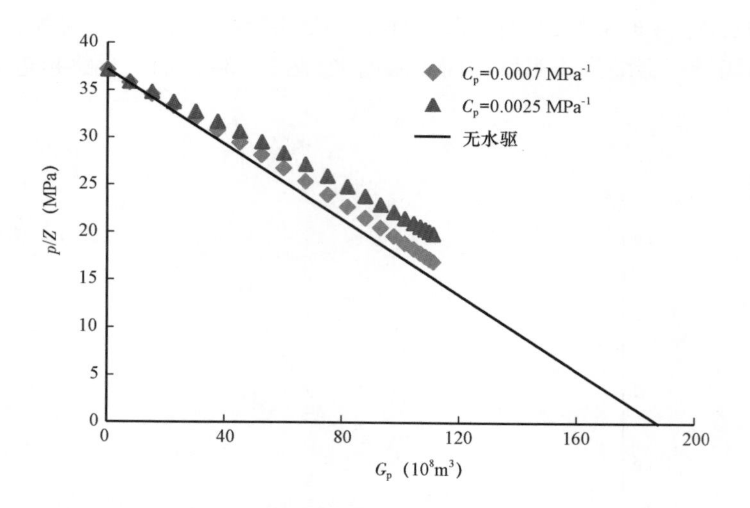

图 3－35　不同水体压缩系数情况下气藏压降曲线（$r_{eD}=2.0$，$K=10$mD）

第四节　考虑"水封气"效应的气藏物质平衡

有些气藏在发生水侵后，出现压降曲线偏离直线向下弯曲的现象，计算动态储量较前期减少，有人认为是由于气藏中发生"水封气"效应，导致动态储量减少。从本质上来看，出现这种现象的原因是由于气藏水侵后，纯气区与水侵区存在压力梯度。本节主要介绍考虑"水封气"效应的气藏物质平衡方程的建立以及应用实例。

一、水侵和水驱

对于一个具有边底水的气藏，只要地层水进入气藏内部，就是气藏发生了水侵。但在物质平衡和动态储量计算中涉及的水驱，是从驱动能量考虑，也就是侵入气藏中的地层水确实起到了能够识别出来的压力补充作用，才称为水驱。对于一个存在天然水体的气藏，在利用压力数据计算动态储量之前，首先要判断气藏是否存在水驱，之后才能选择是否采用水驱气藏物质平衡。前面介绍了几种目前常用的水驱判断方法，有时由于地质条件、生产制度和资料录取等原因，尽管气藏已经产水，但很难判断是否真正存在水驱，尤其是在开发的早期。对于同一条压降曲线来讲，在考虑水驱和不考虑水驱的情况下，计算的动态储量存在差别，计算的水体的能量越大，通过动态数据反演的动态储量就越小。但这不能理解为由于水侵导致气藏动态储量减少，有很多人把考虑了水驱导致的计算动态储量减少误解为是由于水侵形成的"水封气"效应。

二、"水封气"效应及残余气饱和度

对于一些相对均质的孔隙型中—高渗透气藏，水进入气藏后，由于储层多具有亲水性，地层水在毛细管力作用下进入孔隙喉道，使孔隙中的气体无法流动形成残余气（trappped gas）。

对于一些低渗透、缝洞发育的非均质性气藏,除了封在孔隙中无法流动的残余气之外,还有一部分气是由于被水占据了流动通道而无法流到井底(bypassed gas),因此残余气饱和度较高。相关岩心水驱气实验研究文献也表明,随气藏渗透率降低,储层非均质性变强,残余气饱和度增加。对于水驱气后的残余气饱和度 S_{gr},有些文献研究认为可达孔隙体积的35%,也有些文献认为是原始含气饱和度的50%,还有文献提出 S_{gr}范围在孔隙体积的18% ~50%,对于一些低渗透的岩心,甚至能达到孔隙体积的70%。具体气藏水驱后的残余气饱和度,需要根据岩心实验来确定。

三、考虑"水封气"效应的气藏物质平衡

1. 分别考虑纯气区和水淹区压力的气藏物质平衡

对于一个储层厚度大或地层倾角大的边/底水气藏,在开发过程中边底水推进,在纯气区和原始气水界面之间形成水淹区(图3-36)。在不考虑岩石孔隙压缩、孔隙中原生水膨胀和地层水中溶解气析出情况下,根据物质平衡可知:

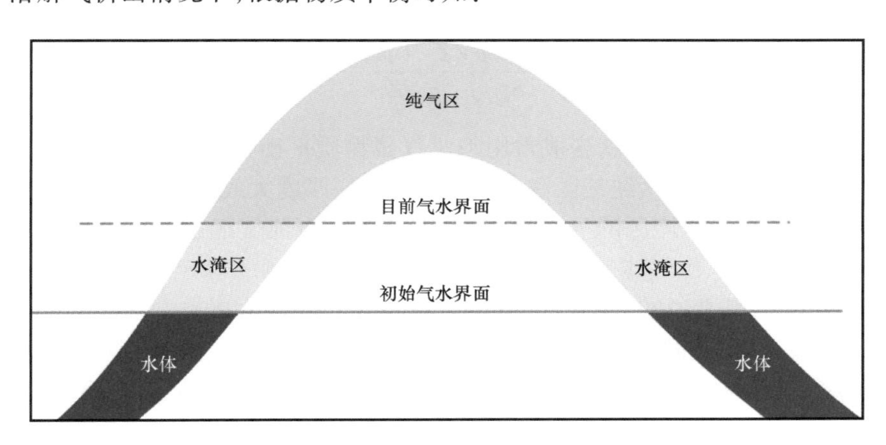

图3-36　气藏水侵剖面示意图

初始气体孔隙体积=纯气区气体孔隙体积+水淹区气体孔隙体积+水侵量-地层水采出量,即:

$$GB_{gi} = (G - G_p - G_{wt})B_{g1} + G_{wt}B_{gt} + W_e - W_pB_{w1} \tag{3-74}$$

式中　G_{wt}——水淹区目前天然气储量,m^3;

B_{gi}——原始地层压力条件下气体体积系数,m^3/m^3;

B_{g1}——纯气区平均压力 p_1对应的气体体积系数,m^3/m^3;

B_{gt}——水淹区平均压力 p_t对应的气体体积系数,m^3/m^3;

B_{w1}——纯气区平均压力 p_1对应的地层水体积系数,m^3/m^3。

假设水淹区含气饱和度为残余气饱和度,则水淹区气体孔隙体积 $G_{wt}B_{gt}$可以表示为:

$$G_{wt}B_{gt} = (W_e - W_pB_{w1})\left(\frac{S_{gr}}{1 - S_{wi} - S_{gr}}\right) \tag{3-75}$$

式中 S_{wi}——气藏初始含水饱和度；

S_{gr}——水驱气残余气饱和度。

将式(3－75)代入式(3－74)中，整理后得到：

$$G_pB_{g1}=G(B_{g1}-B_{gi})+(W_e-W_pB_{w1})\left(1-\frac{S_{gr}}{1-S_{wi}-S_{gr}}\frac{B_{g1}-B_{gt}}{B_{gt}}\right) \quad (3-76)$$

将式中 B_g 用 p/Z 代替，得到：

$$\frac{p_1}{Z_1}=\frac{p_i}{Z_i}\left(1-\frac{G_p}{G}\right)+\frac{p_i}{Z_i}\frac{(W_e-W_pB_{w1})}{GB_{g1}}\left(1-\frac{S_{gr}}{1-S_{wi}-S_{gr}}\frac{p_t/Z_t-p_1/Z_1}{p_1/Z_1}\right) \quad (3-77)$$

式中 p_1，p_t——分别为纯气区和水淹区某一时刻平均地层压力，MPa；

Z_1，Z_t——分别对应压力 p_1 和 p_t 时的气体压缩因子。

由式(3－77)可知，一般全气藏关井获取的平均地层压力为纯气区压力 p_1，在气水过渡区不存在压力梯度情况下，$p_t=p_1$，此时：

$$\frac{S_{gr}}{1-S_{wi}-S_{gr}}\frac{p_t/Z_t-p_1/Z_1}{p_1/Z_1}=0$$

因此当 $p_t=p_1$ 时，式(3－77)就变成常用水驱气藏物质平衡方程，此时 p_1 代表了地下所有的未采出气体的平均压力，包括纯气区和水侵区。当储层厚度大或地层构造幅度大时，矿场短时关井很难形成纯气区和水淹区的压力平衡，使得水淹区与纯气区存在压力梯度，即 $p_t>p_1$，此时 p_1 小于地下所有未采出气体的平均压力，导致用纯气区测压确定的压降曲线向下偏移，计算动态储量变小，就是常说的"水封气"效应导致动态法储量减少。

从式(3－77)可以得到两点认识：一是由于水淹区与纯气区压力梯度存在而导致的压降曲线向下偏移应该发生在开发的中后期，早期多是气水界面沿高渗透通道非均匀推进，未发生气藏大规模水侵，因此 W_e 相对 GB_{g1} 较小，也就是水淹区较小，水淹区的压力梯度可以忽略不计；二是压降曲线向下偏移的程度除了与水淹区压力梯度有关，还与水淹区残余气饱和度 S_{gr} 有关，S_{gr} 越大，压降曲线向下偏移程度越大。

2. 线形水侵情况下纯气区压力和气水界面推进距离计算方法

对于线形水侵(图3－37)，根据倾斜地层考虑地层水重力情况下达西定律可知：

$$e_w=\frac{0.0864K_{wrg}hb_w}{\mu_w}\frac{[p_2-p_1-0.0098\gamma_w(L_2-L_1)\tan\theta']}{L_2-L_1} \quad (3-78)$$

式中 e_w——水侵速度，m^3/d；

L_2——初始气水界面距离(图3－37)，m；

L_1——目前气水界面距离(图3－37)，m；

b_w——线形水体宽度(图3－37)，m；

h——线形水体厚度(图3－37)，m；

K_{rwg}——残余气饱和度情况下地层水渗透率，mD；

p_2——原始气水界面处某一时刻地层压力，MPa；

γ_w——地层水相对密度；

μ_w——地层水黏度，mPa·s；

θ'——地层倾角（图3－37），（°）。

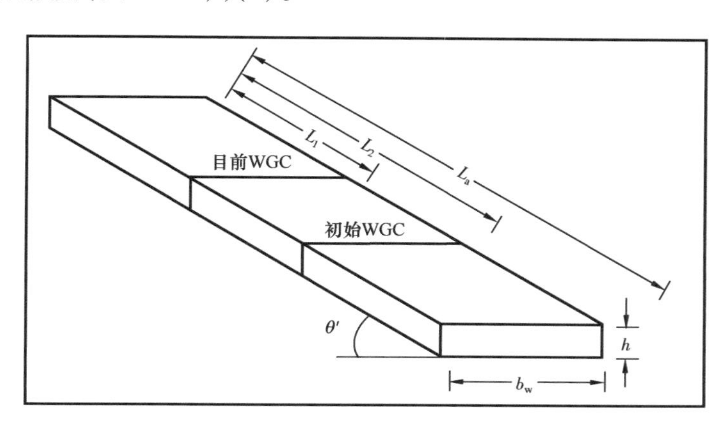

图3－37　线性水侵模型示意图

式（3－78）整理后得到：

$$p_1 = p_2 - \left(\frac{11.57 e_w \mu_w}{K_{wrg} h b_w} + 0.0098 \gamma_w \tan\theta'\right)(L_2 - L_1) \tag{3-79}$$

式（3－79）中的 e_w 和 L_1 可以利用累积水侵量 W_e 计算：

$$e_w = \frac{W_{en} - W_{en-1}}{t_n - t_{n-1}} \tag{3-80}$$

$$L_1 = L_2 - \frac{W_e - W_p B_{w1}}{(1 - S_{gr} - S_{wi})\phi h b_w} \tag{3-81}$$

对于线形水侵，利用式（3－82）计算水侵区压力 p_t：

$$p_t = \frac{p_1 + p_2}{2} \tag{3-82}$$

3. 径向水侵情况下纯气区压力和气水界面推进距离计算方法

对于径向水侵（图3－38），根据倾斜地层考虑地层水重力情况下达西定律可知：

$$e_w = \frac{0.543 K_{wrg} h}{\mu_w} \frac{[p_2 - p_1 - 0.0098 \gamma_w (r_2 - r_1)\tan\theta']}{\ln(r_2/r_1)} \tag{3-83}$$

式中　r_2——初始气水界面距离（图3－38），m；

r_1——目前气水界面距离（图3－38），m。

式（3－83）整理后得到：

$$p_1 = p_2 - \frac{1.84 e_w \mu_w \ln(r_2/r_1)}{K_{wrg} h} - 0.0098 \gamma_w (r_2 - r_1)\tan\theta' \tag{3-84}$$

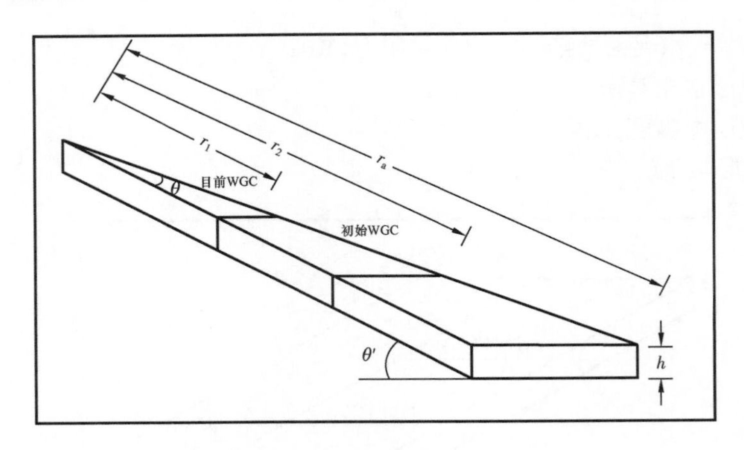

图 3－38　径向水侵模型示意图

式(3－84)中的 e_w利用式(3－80)计算，r_1利用下面的公式计算：

$$r_1 = \left[r_2^2 - \frac{W_e - W_p B_{w1}}{(1 - S_{gr} - S_{wi})\phi\pi h\theta/360}\right]^{0.5} \tag{3-85}$$

式中　θ——径向水体情况下水侵圆周角(图 3－38)，(°)。

对于径向水侵，水淹区平均地层 p_t采用体积平均法进行计算。假设水淹区某一点 r 处压力为 p，根据平均压力计算公式可知：

$$p_t = \frac{\int_{r_1}^{r_2} p \cdot 2\pi r h\phi \mathrm{d}r}{\pi(r_2^2 - r_1^2)h\phi} = \frac{2\int_{r_1}^{r_2} pr\mathrm{d}r}{r_2^2 - r_1^2} \tag{3-86}$$

由达西定律确定水淹区某一点 r 处地层压力 p 计算公式为：

$$p = p_2 - \frac{1.84 e_w \mu_w \ln(r_2/r)}{K_{wrg} h} - 0.0098\gamma_w (r_2 - r)\tan\theta' \tag{3-87}$$

将式(3－87)代入式(3－86)中，得到：

$$p_t = \frac{2\int_{r_1}^{r_2}\left[p_2 - \frac{1.84 e_w \mu_w \ln(r_2/r)}{K_{wrg} h} - 0.0098\gamma_w (r_2 - r)\tan\theta'\right]r\mathrm{d}r}{r_2^2 - r_1^2} \tag{3-88}$$

整理后得到：

$$p_t = p_2 - \frac{1.84 e_w \mu_w}{K_{wrg} h}\left[0.5 - \frac{r_1^2 \ln(r_2/r_1)}{r_2^2 - r_1^2}\right] - 0.0098\gamma_w \tan\theta' \left(r_2 - \frac{2}{3}\frac{r_2^2 + r_2 r_1 + r_1^2}{r_2 + r_1}\right) \tag{3-89}$$

四、分析步骤及实例

在实际分析中，采用多次迭代的方法求 p_1、p_t、W_e 和 r_1(或 L_1)。以径向流水侵模型为例，说明计算过程：

(1)在初始时刻 $p_1=p_2=p_i$；(2)假定某一时刻气水界面处压力 p_2 值；(3)根据地质参数，初步确定无因次水体半径 r_{eD}、无因次时间系数 β 和水侵系数 B，利用本章第二节中的方法计算累积水侵量 W_e；(4)利用式(3-80)和式(3-85)分别计算 e_w 和 r_1；(5)根据式(3-84)和式(3-89)分别计算 p_1 和 p_t；(6)利用式(3-77)和 PVT 数据计算 p_1，并与第(5)步中 p_1 计算结果进行对比，如果在误差范围内，则重复(2)~(5)步下一个时刻的计算，如果误差较大，则应重新设定 p_2 值，重复(3)~(5)步。

下面通过实例来说明考虑“水封气”效应情况下气藏压降曲线特征。表3-13给出气藏和水体基本参数，无因次水体半径 $r_{eD}=3.0$，无因次时间 t_D 系数为 $0.00213d^{-1}$，水侵系数 $B_R=15.26\times10^4m^3/MPa$，气水相渗端点值 $K_{rwg}=0.15$，水驱气残余气饱和度 $S_{gr}=50\%$，气藏生产数据和计算结果见表3-14。根据考虑水封气效应的物质平衡方程计算结果，开采20年末气水前沿推进距离为765.1m，水淹区平均压力17.06MPa，纯气区平均压力13.75MPa。图3-39给出了不同情况下压降曲线图，从图中来看，与不考虑“水封气”效应相比，考虑“水封气”效应后纯气区压降曲线明显向下偏移，二者纯气区压力差值为1.91MPa。

表3-13 气藏及水体参数表

气藏参数	p_i(MPa)	40.0
	ϕ(%)	10
	h(m)	30.0
	S_{gi}(%)	80
	S_{gr}(%)	50
	B_{gi}(m^3/m^3)	0.003533
	r_e(m)	3000.0
	r_g	0.60
	T(℃)	90
	Z_i	1.0769
	G(10^8m^3)	192.10
水体参数	p_i(MPa)	40.0
	ϕ(%)	10
	h(m)	30.0
	$r_{eD}=r_a/r_e$	3.0
	S_{wi}(%)	100
	K(mD)	20
	C_w($10^{-3}MPa^{-1}$)	0.4
	C_f($10^{-3}MPa^{-1}$)	0.7
	C_t($10^{-3}MPa^{-1}$)	1.1
	μ_w(mPa·s)	0.5
	K_{rwg}	0.15

表 3－14　气藏生产数据及水侵计算结果表

t (a)	G_p (10^8m^3)	无水驱	水驱,不考虑水封气效应			水驱,考虑水封气效应					
		p/Z (MPa)	p (MPa)	p/Z (MPa)	W_e (10^6m^3)	p_2 (MPa)	p_t (MPa)	p_1 (MPa)	p_1/Z_1 (MPa)	r_1 (m)	W_e (10^6m^3)
0	0. 00	37. 14	39. 98	37. 14	0. 00	40. 00	40. 00	40. 00	37. 15	3000. 0	0. 00
1	7. 68	35. 66	37. 76	35. 77	0. 23	37. 84	37. 80	37. 75	35. 77	2987. 1	0. 22
2	15. 37	34. 17	35. 88	34. 57	0. 76	36. 24	36. 05	35. 85	34. 54	2957. 7	0. 71
3	23. 05	32. 69	34. 17	33. 42	1. 42	34. 86	34. 47	34. 07	33. 35	2922. 5	1. 30
4	30. 73	31. 20	32. 56	32. 29	2. 18	33. 61	33. 00	32. 37	32. 15	2883. 7	1. 94
5	38. 42	29. 71	31. 02	31. 16	2. 99	32. 44	31. 59	30. 72	30. 93	2842. 6	2. 60
6	46. 10	28. 23	29. 52	30. 01	3. 83	31. 31	30. 23	29. 10	29. 68	2800. 3	3. 27
7	53. 78	26. 74	28. 05	28. 84	4. 69	30. 21	28. 88	27. 50	28. 39	2757. 3	3. 95
8	61. 47	25. 26	26. 60	27. 63	5. 56	29. 12	27. 56	25. 92	27. 05	2713. 7	4. 62
9	69. 15	23. 77	25. 17	26. 39	6. 43	28. 04	26. 25	24. 35	25. 66	2669. 9	5. 29
10	76. 83	22. 29	23. 75	25. 11	7. 29	26. 97	24. 96	22. 80	24. 23	2625. 7	5. 95
11	84. 52	20. 80	22. 33	23. 79	8. 16	25. 91	23. 67	21. 25	22. 75	2581. 3	6. 61
12	92. 20	19. 31	20. 92	22. 43	9. 01	24. 86	22. 40	19. 70	21. 22	2536. 5	7. 26
13	99. 88	17. 83	19. 51	21. 02	9. 87	23. 82	21. 12	18. 15	19. 63	2491. 2	7. 90
14	107. 57	16. 34	18. 09	19. 58	10. 73	22. 78	19. 85	16. 58	18. 00	2445. 4	8. 54
15	113. 33	15. 23	17. 09	18. 53	11. 54	21. 99	18. 90	15. 43	16. 76	2400. 6	9. 15
16	117. 17	14. 49	16. 46	17. 87	12. 26	21. 37	18. 24	14. 69	15. 96	2359. 1	9. 71
17	119. 09	14. 11	16. 22	17. 61	12. 85	20. 97	17. 89	14. 37	15. 61	2322. 1	10. 20
18	120. 63	13. 82	16. 02	17. 40	13. 31	20. 58	17. 57	14. 13	15. 36	2289. 6	10. 62
19	121. 97	13. 56	15. 83	17. 20	13. 69	20. 25	17. 30	13. 92	15. 12	2260. 7	11. 00
20	123. 13	13. 33	15. 66	17. 02	14. 00	19. 94	17. 06	13. 75	14. 93	2234. 9	11. 32

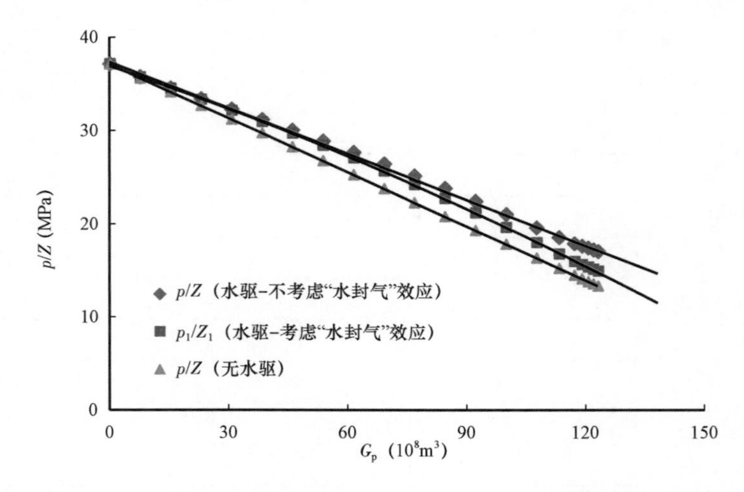

图 3－39　考虑“水封气”效应和不考虑“水封气”效应情况下压降曲线图

第四章
异常高压气藏动态法储量计算

随着天然气勘探开发不断向深层、超深层推进，异常高压气藏的储量和产量所占比例显著增加。本章主要介绍异常高压气藏的压降特征和动态法储量计算。

第一节 异常高压气藏基本特征

一、气藏按地层压力系数分类

气藏地层压力系数是指原始地层压力与同深度静水柱压力比值，即：

$$a_k = p_i / (CD) \tag{4-1}$$

式中 a_k——气藏地层压力系数；

p_i——气藏中部原始地层压力，MPa；

C——静水柱压力梯度，0.00980665MPa/m；

D——气藏中部深度，m。

国内气藏分类标准（GB/T 26979—2011）按气藏地层压力系数值，将气藏划分为低压气藏（$a_k<0.9$）、常压气藏（$0.9\leqslant a_k<1.3$）、高压气藏（$1.3\leqslant a_k<1.8$）和超高压气藏（$a_k\geqslant 1.8$）。高压气藏和超高压气藏统称为异常高压气藏。在国外专业文献中，将初始地层压力系数介于0.43～0.50psi/ft（0.0097～0.0113MPa/m）的气藏称为常压气藏，地层压力系数高于0.50psi/ft（0.0113MPa/m）的气藏称为异常高压气藏。

图4－1给出了国内部分气田埋藏深度及地层压力系数分布情况，国内的异常高压气田主要分布在塔里木盆地和四川盆地，这些气藏的储层埋藏深度多为4500～7000m，原始地层压力为75～120MPa，地层压力系数为1.5～2.2。

产生异常高压的地质因素可归纳为构造作用、沉积成岩作用和油气生成作用等几类。构造作用是在地层沉积后，由于构造运动和断裂作用，使地层受到挤压和整体抬升，当地层压力尚未调整平衡，仍保持原来的压力时即固结成岩，就会使地层压力高于静水柱压力，形成异常高压。沉积成岩作用主要是由于盆地的快速沉降、岩石的低渗透、地下水热作用、成岩过程中黏土矿物的脱水作用、自生矿物的形成和沉积物胶结作用使孔隙流体排出受到障碍,孔隙度随上覆沉积物增加而相应减小,此时,排不出的孔隙流体就要受一部分本应由岩石颗粒支撑的有效应力,从而使孔隙流体具有异常高压。油气生成作用是在有机质热解生烃或液态烃热裂解生气过程中,使得流体体积增大,在封闭孔隙体系中形成异常高压。

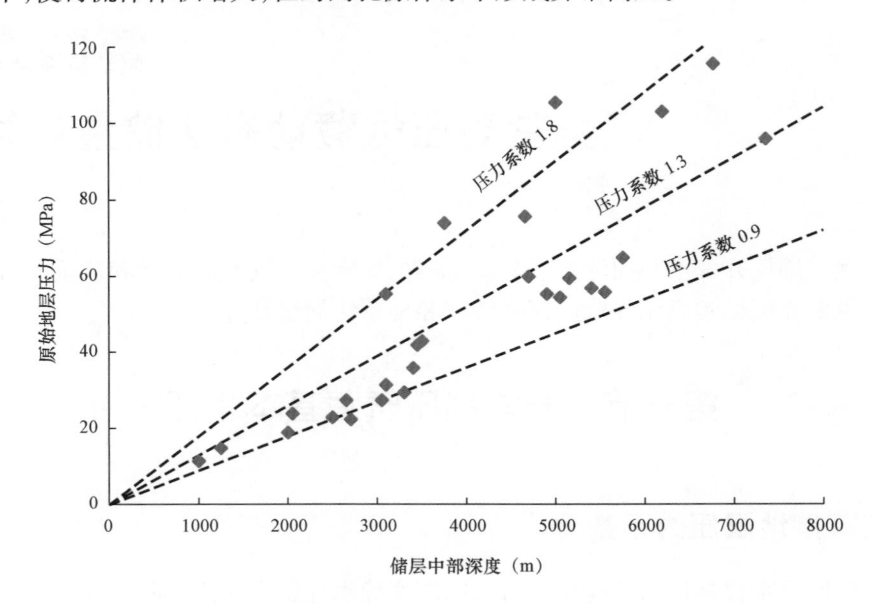

图 4-1 国内部分气田储层中部深度与原始地层压力

二、典型异常高压气藏压降曲线特征

第一章式(1-234)给出了不考虑水驱情况下异常高压气藏的物质平衡方程,即:

$$G_pB_g = G(B_g - B_{gi}) + GB_{gi}\frac{(C_f + S_{wi}C_w)}{1 - S_{wi}}\Delta p$$

对于常压气藏,由于岩石孔隙压缩系数 C_f值相对较小,岩石提供的弹性膨胀能量可以忽略不计,等式右边第二项趋近于0。异常高压气藏由于净上覆压力低,与常压气藏相比,岩石压实程度低,在衰竭式开采过程中应力敏感性强,使得 C_f高于常压气藏。一般常压气藏 $C_f = 0.4\times10^{-3}\sim0.8\times10^{-3}\text{MPa}^{-1}$(油藏工程软件中缺省值,外文文献中一般为 $6\times10^{-6}\text{psi}^{-1}$),而异常高压气藏 C_f值要高 3~5 倍或一个数量级。目前国内已开发的部分异常高压气藏,其实验测试 C_f值主要分布在 $1.0\times10^{-3}\sim5.0\times10^{-3}\text{MPa}^{-1}$之间(表 4-1),外文文献中常提到的几个异常高压气藏,其 C_f值范围为$(2.0\sim5.0)\times10^{-3}\text{MPa}^{-1}$(表 4-2)。而对于储层中的气体,在地层压力较高的情况下,可压缩性变差,等温压缩系数 C_g较低(图 4-2),如表 4-1 中的气田在地层压力为 75~120MPa 时,气体等温压缩系数 C_{gi}分布范围为 $3.0\times10^{-3}\sim6.0\times10^{-3}\text{MPa}^{-1}$,与相同条件下的岩石孔隙压缩系数在同一数量级。因此对于异常高压气藏,在衰竭式开采初期，储层岩石压实作用提供了重要的驱动能量，图4－3给出了表4－1中的DN气田在不考虑水驱情况下气藏驱动指数随压力变化趋势，在开采初期，岩石孔隙压缩提供了接近40%～60%的驱动能量。这种情况下导致气藏压降曲线，即$p/Z—G_p$曲线表现出近似两段式直线特征（图4－4），前期压降主要受岩石孔隙压缩系数和气体弹性膨胀共同影响，后期主要受气体弹性膨胀影响。利用早期$p/Z—G_p$直线外推计算动态储量偏高，岩石孔隙压缩系数越大，早期计算结果误差就越大。因此对于异常高压气藏，准确的岩石孔隙压缩系数值对气藏动态法储量计算，尤其是早期动态法储量计算非常关键。

表4－1 国内主要异常高压气田基本概况

气田/藏名称	气藏类型	储层中深（m）	原始地层压力（MPa）	压力系数	储层平均孔隙度（%）	岩心孔隙度（%）	岩心C_f（$10^{-3}MPa^{-1}$）	C_{gi}（$10^{-3}MPa^{-1}$）
KL	孔隙型砂岩气藏	3750	74.35	2.02	12.0	6.4～19.6	1.2～5.4	5.75
DN	裂缝—孔隙型砂岩气藏	5046	106.22	2.15	9.6	4.1～15.4	1.6～4.7	3.38
DB	裂缝—孔隙型砂岩气藏	5581	88.91	1.62	7.4	3.4～6.1	1.9～3.3	4.61
KS	裂缝—孔隙型砂岩气藏	6799	116.49	1.75	6.8	3.6～7.7	1.1～5.1	3.45
LWM	裂缝—孔洞型碳酸盐岩气藏	4675	75.99	1.65	4.37	2.5～4.2	0.9～2.2	6.28

表4－2 国外某些异常高压气田基本概况表

气藏名称	Anderson L	路易斯安那近海某气藏	北奥萨姆油田 NS2B	ROB43－2
储层岩性	砂岩	砂岩	—	—
埋藏深度（m）	3403.7	4053.8	3812.5	5028
p_i（MPa）	64.67	78.90	61.51	96.63
压力系数	1.90	1.95	1.61	1.92
气藏温度（℃）	130.0	128.4	137.8	155.6
ϕ（%）	24.0	—	23.5	24.0
S_{gi}（%）	65	78	66	83
C_f（$10^{-3}MPa^{-1}$）	2.2	2.8	4.06	5.02
动态法储量（10^8m^3）	19.5～21	130	33.4	56.88

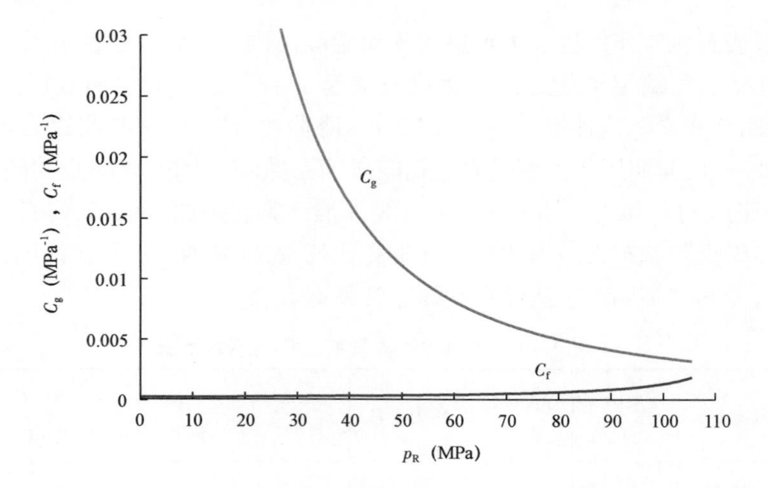

图 4－2　DN 气田 C_g、C_f随地层压力变化趋势图

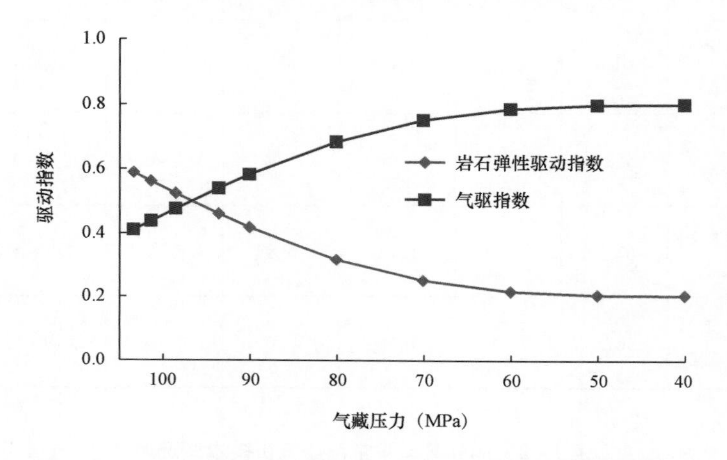

图 4－3　DN 气田衰竭式开采过程中岩石弹性驱动指数变化趋势图

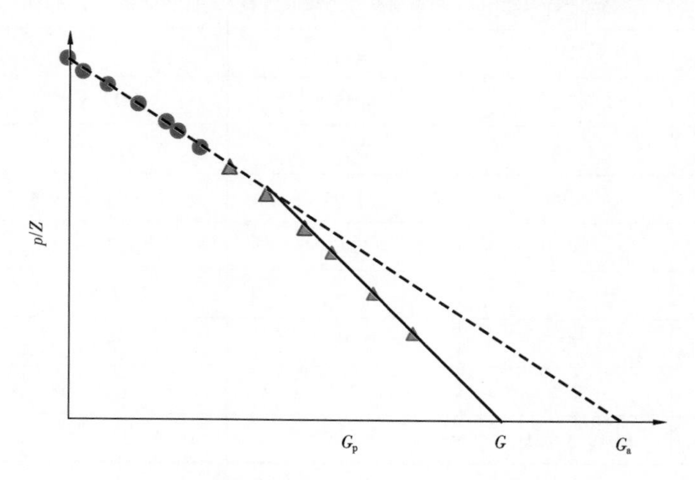

图 4－4　典型异常高压气田 p/Z—G_p 曲线特征

三、岩石孔隙压缩系数定义及确定方法

1. 岩石孔隙压缩系数和累积岩石孔隙压缩系数

岩石孔隙压缩系数的定义为：储层压力（孔隙压力）每下降单位值时，孔隙体积的变化率，即：

$$C_f = \frac{1}{V_p}\frac{\partial V_p}{\partial p} \tag{4-2}$$

式中 C_f——岩石孔隙压缩系数，MPa^{-1}；

V_p——某一储层压力条件下岩石孔隙体积，m^3；

$\partial V_p/\partial p$——每改变单位储层压力时，孔隙体积变化值，m^3/MPa。

除了岩石孔隙压缩系数之外，有时还用到累积岩石孔隙压缩系数，其定义为：当储层压力（孔隙压力）由 p_i 下降到 p 时，单位总压降条件下，原始孔隙体积的变化率：

$$\overline{C_f} = \frac{1}{V_{pi}}\frac{V_{pi} - V_p}{p_i - p} \tag{4-3}$$

式中 $\overline{C_f}$——累积岩石孔隙压缩系数，MPa^{-1}；

V_{pi}——原始孔隙体积，m^3；

V_p——某一时刻孔隙体积，m^3；

p_i——原始储层压力，MPa；

p——某一时刻储层压力，MPa。

从式（4-2）和式（4-3）可以看出，C_f仅与压力有关，表示的瞬时岩石孔隙压缩系数主要用于数值模拟等涉及压力变化过程的计算，在 V_p—p 关系曲线上（图 4-5），C_f表达式中的 $\partial V_p/\partial p$表示的是曲线上点（p，V_p）处切线的斜率；而$\overline{C_f}$ 除了与压力有关之外，还与原始条件（p_i 和 V_{pi}）有关，代表的是总压降下的累积孔隙体积变化，主要用于物质平衡分析，在 V_p—p 关系曲线上（图 4-5），$\overline{C_f}$ 表达式中的（$V_{pi} - V_p$）/（$p_i - p$）表示的是点（p_i，V_{pi}）和点（p，V_p）之间直线的斜率。图 4-6 给出了某岩心 C_f—p 及$\overline{C_f}$—p 关系曲线，在初始时刻$\overline{C_f} = C_f$；孔隙压力开始下降后，$\overline{C_f} > C_f$，当实验岩样发生破碎后，$\overline{C_f} < C_f$。

在通常的物质平衡计算中，一般都认为 C_f为常数，而且用 C_f代替$\overline{C_f}$，即认为 $C_f = \overline{C_f}$。有些异常高压气藏在岩心实验的基础上，给出了 C_f随孔隙压力变化趋势。在这种情况下，可以根据覆压实验结果，建立 C_f—p 及$\overline{C_f}$—p 关系式，并将$\overline{C_f}$—p 关系式用在物质平衡计算中。在本书中没有特别说明的情况下，认为 C_f = 常数。

2. 岩石孔隙压缩系数确定方法

1）实验法

岩石孔隙压缩系数不是在实验中直接测量出的参数，而是测量孔隙体积随压力变化率，然后利用式（4-2）进行计算得到的。根据岩石孔隙压缩系数测试相关标准（SY/T 5818—2008），在测试过程中首先建立 5 个以上实验压力点，保持孔隙压力不变，逐点增加上覆压力，

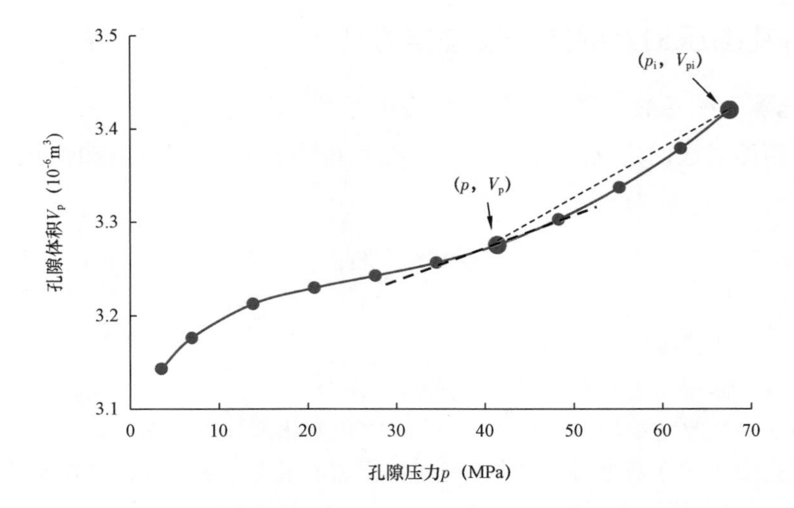

图 4-5 某岩心覆压实验过程中 V_p—p 关系图

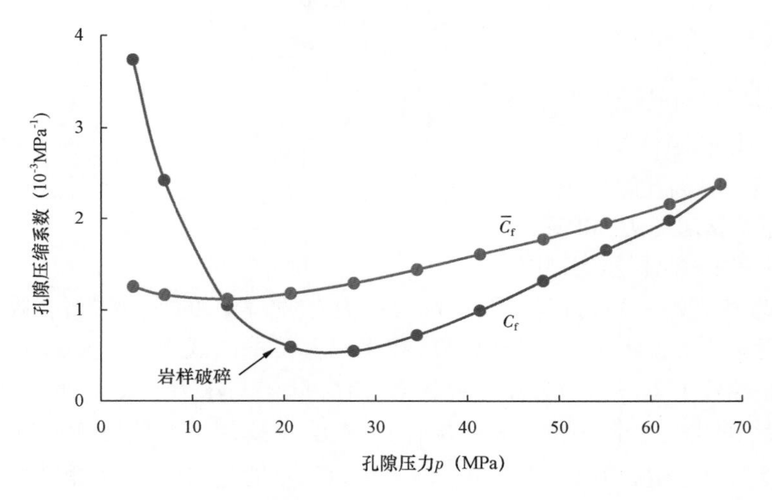

图 4-6 根据岩心实验确定的 C_f—p、$\overline{C}_f$—p 关系曲线图

或保持上覆压力不变,逐点降低孔隙压力,并计量每次流体的排出量。

在实验过程中,岩心样品的代表性、实验条件是否符合实际气藏开采中应力变化以及低孔条件下计量误差等,都会影响岩石孔隙压缩系数的精度。图 4-7 给出了塔里木盆地 KL、DN 和 DB 等异常高压气田实验测试的初始覆压条件下岩石孔隙压缩系数值。可以看出,不同的气藏以及同一个气藏不同物性的岩心,实验测试的孔隙压缩系数存在很大差别。针对某一个气藏,在实际应用中可以根据实验值,按不同孔隙度区间对应储层厚度比例,采用加权平均的方法确定气田的平均孔隙压缩系数。

2)经验公式法

常用的岩石孔隙压缩系数计算经验公式主要有 Hall 公式和 Newman 公式,这两个公式也是气藏工程软件中常用的公式,主要是利用孔隙度计算岩石孔隙压缩系数。

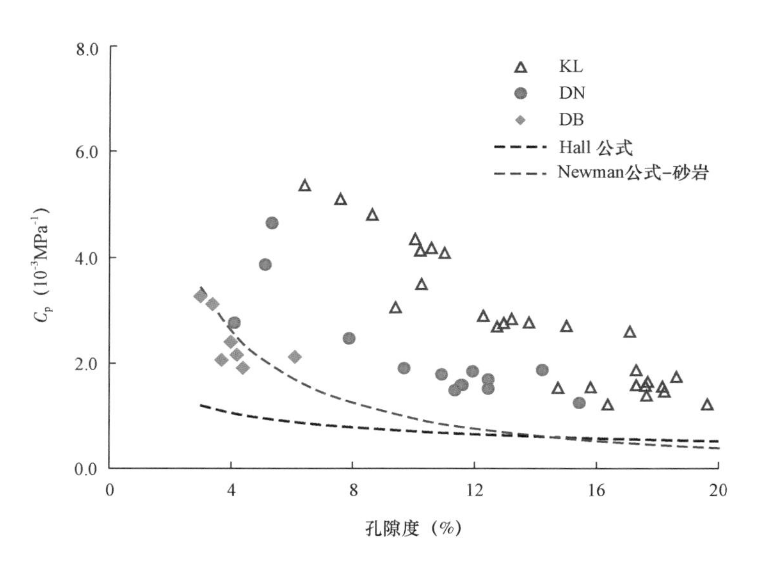

图 4-7　塔里木盆地部分异常高压气藏 C_f—ϕ 关系图

Hall 利用 12 块岩心样品实验测试数据（测试时岩心初始围压为 3000psi，岩心中流体压力为 1500psi），建立了岩心孔隙压缩系数与孔隙度关系式，即：

$$C_f = \frac{1.782 \times 10^{-6}}{\phi^{0.438}} \tag{4-4}$$

式中　C_f——岩石孔隙压缩系数，psi^{-1}；

ϕ——岩石孔隙度。

Newman 在实验室测试了 40 个油藏 256 块岩样的孔隙压缩系数，包括砂岩、石灰岩、脆性砂岩和疏松砂岩，测试时岩心净上覆压力为气藏上覆地层压力的 75%。在实验数据基础上，建立了岩石孔隙压缩系数与孔隙度关系（图 4-8），具体表达式为：

$$C_f = \frac{a}{(1 + cb\phi)^{1/b}} \tag{4-5}$$

式中　C_f——岩石孔隙压缩系数，psi^{-1}；

ϕ——岩石孔隙度；

a,b,c——常数，对于砂岩气藏 $a=97.32\times10^{-6}$，$b=0.699993$，$c=79.8181$；对于石灰岩气藏 $a=0.8535$，$b=1.075$，$c=2.202\times10^{6}$。

图 4-7 中对比了 KL、DN 和 DB 异常高压气田岩心测试孔隙压缩系数和利用 Hall、Newman 经验公式计算的岩石孔隙压缩系数，从整体上来看，变化趋势基本一致，但经验公式计算值明显偏低，通常认为 Hall 和 Newman 经验公式适用于常压气藏。岩石孔隙压缩系数受岩石压实程度、岩石成分、孔隙结构等多种因素影响，不同的气藏，同一气藏的不同部位，都存在差异。对于异常高压气藏，在没有岩心实验数据的情况下，利用经验公式计算岩石孔隙压缩系数会存在很大的不确定性。

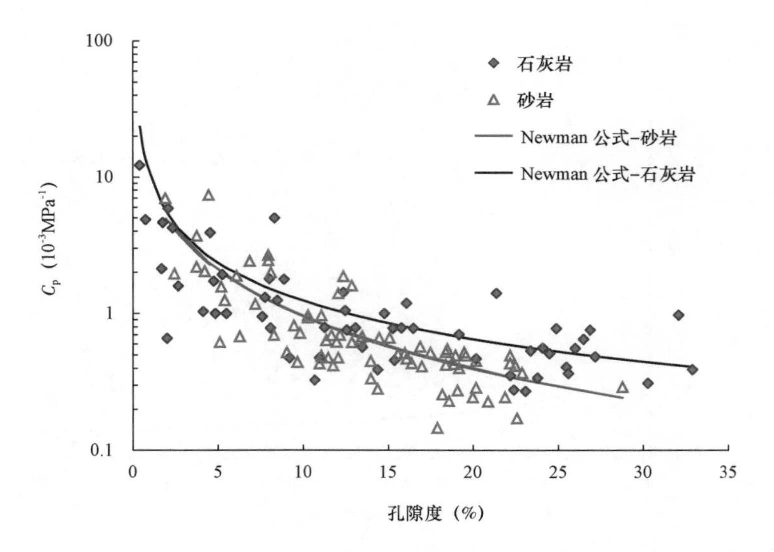

图 4－8　Newman 岩心实验数据及回归曲线

3）隐式求解方法

隐式求解方法就是利用气藏生产动态数据，在计算动态储量的同时给出有效压缩系数 C_e 值，然后根据基础参数计算 C_f。这种方法需要生产时间足够长，压降能达到一定的幅度，才能保证计算的可靠性。在开采初期压降幅度较小的情况下，计算结果可靠性差。该方法将在后面异常高压气藏动态法储量计算中进行论述。

四、不考虑 C_f 情况下早期动态法储量计算误差

假设 G_a 为不考虑 C_f 情况下利用早期 $p/Z—G_p$ 直线外推计算的异常高压气藏的动态储量，G 为异常高压气藏的实际动态储量，气藏的 C_f 值越大，G_a 与 G 之间的误差就越大；此外，初始地层压力越高，G_a 与 G 之间的误差就越大。

根据异常高压气藏物质平衡方程式（1－234）可以得到：

$$\frac{G_p B_g}{B_g - B_{gi}} = G + \frac{G B_{gi}}{B_g - B_{gi}} \frac{C_f + S_{wi} C_w}{1 - S_{wi}} \Delta p \tag{4-6}$$

假设 G_a 为利用早期 $p/Z—G_p$ 直线外推确定的视地质储量，即：

$$G_a = \frac{G_p B_g}{B_g - B_{gi}} \tag{4-7}$$

将式（4－7）代入式（4－6）中，有：

$$G_a = G + \frac{G B_{gi}}{B_g - B_{gi}} \frac{C_f + S_{wi} C_w}{1 - S_{wi}} \Delta p \tag{4-8}$$

根据式(4－8)可知,早期储量计算相对误差为:

$$\frac{G_a - G}{G} = \frac{B_{gi}}{B_g - B_{gi}} \frac{C_f + S_{wi}C_w}{1 - S_{wi}} \Delta p \tag{4-9}$$

式(4－9)进一步整理后得到:

$$\frac{G_a - G}{G} = \frac{p/Z}{p_i/Z_i - p/Z} \frac{C_f + S_{wi}C_w}{1 - S_{wi}} (p_i - p) \tag{4-10}$$

在早期阶段 p/Z 与 p 近似为直线关系,斜率为常数 m,即 $p/Z \approx mp$,式(4－10)可以近似为:

$$\frac{G_a - G}{G} = \frac{p/Z}{m} \frac{C_f + S_{wi}C_w}{1 - S_{wi}} \tag{4-11}$$

从式(4－11)可以看出,早期 p/Z—G_p 直线外推计算的储量误差与 C_f 和地层压力具有正相关性。图4－9给出了不同初始压力条件下早期 p/Z—G_p 直线回归动态储量计算误差,从图中可以看出,在不考虑 C_f 情况下,气藏实际 C_f 值越大或初始地层压力越高,储量计算误差越大,在 $C_f=(2\sim4)\times10^{-3}\mathrm{MPa}^{-1}$ 区间内(一般异常高压气藏 C_f 值范围),当初始地层压力从40MPa增加到100MPa时,储量计算相对误差从10%增加到90%。对于属于正常压力系统,但初始地层压力高达70～100MPa的气藏,即使 C_f 处于正常值范围[$C_f=(0.4\sim0.8)\times10^{-3}\mathrm{MPa}^{-1}$],在早期不考虑 C_f 值情况下,也会导致计算结果存在10%～20%的误差。因此对这类初始地层压力很高的常压气藏,早期也应该考虑 C_f 对动态储量计算影响。

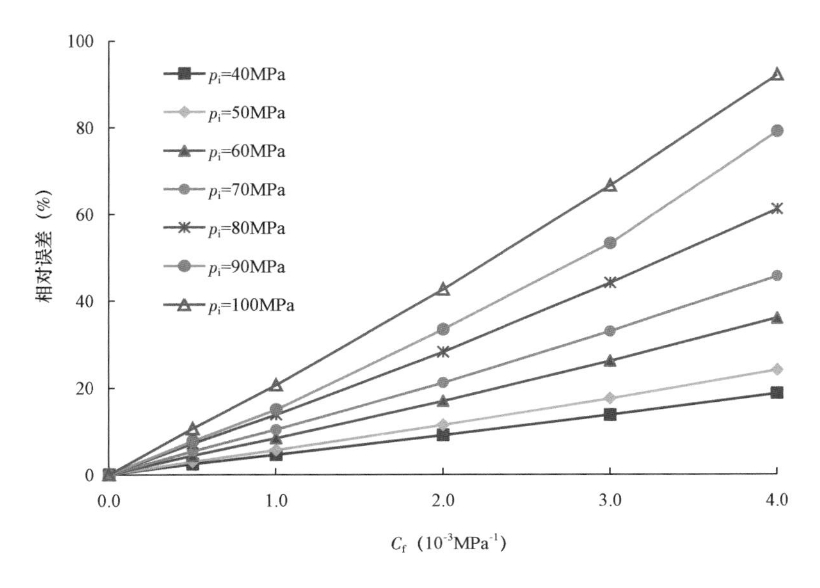

图4－9　在不考虑 C_f 情况下早期 p/Z—G_p 直线外推计算动态储量误差

第二节　异常高压气藏动态法储量计算

异常高压气藏动态储量计算主要考虑储层压实作用、束缚水膨胀、水侵等对气藏压降的影响。以异常高压气藏物质平衡为基础的动态储量计算方法有很多种,这些计算方法可分为两类,一类是把 C_f作为已知数,即作为输入参数来计算动态储量;另一类是 C_f作为未知数,在计算动态储量时同时给出 C_e值,然后根据其它基础参数计算 C_f值。在本章中仅介绍视地层压力校正法(Ramagost - Farshad 物质平衡方法)、Roach - Poston - Chen 图解法、半解析 p/Z 法以及二项式物质平衡这四种方法。

一、视地层压力校正法(Ramagost - Farshad 物质平衡方法)

由于传统的 $p/Z—G_p$方法计算异常高压气藏动态储量偏高,视地层压力校正法将岩石和束缚水的弹性能量考虑到压力变化中。第一章中式(1 - 235)给出了在不考虑水驱的情况下,以 p/Z 形式表示的异常高压气藏的物质平衡方程,即:

$$\frac{p}{z}(1 - C_e\Delta p) = \frac{p_i}{z_i}\left(1 - \frac{G_p}{G}\right)$$

式中　p_i,p——分别为原始地层压力和目前地层压力,MPa;

Δp——气藏压降,$p_i - p$,MPa;

Z_i,Z——分别为 p_i和 p 时气体的压缩因子;

C_e——有效压缩系数,MPa^{-1};

G_p——累积产气量,m^3;

G——天然气地质储量,m^3。

式(1 - 235)中 C_e的表达式为:

$$C_e = \frac{C_w S_{wi} + C_f}{1 - S_{wi}} \tag{4 - 12}$$

式中　C_w——地层水压缩系数,MPa^{-1};

C_f——岩石孔隙压缩系数,MPa^{-1};

S_{wi}——初始含水饱和度。

一般情况下,C_e为常数,令 y 和 x 分别为:

$$y = \frac{p}{z}(1 - C_e\Delta p)$$

$$x = G_p$$

则式(1 - 235)变为:

$$y = \frac{p_i}{z_i}\left(1 - \frac{1}{G}x\right) \tag{4 - 13}$$

根据式(4－13)可知，在直角坐标中 y 与 x 满足直线关系，该直线在 Y 轴上的截距为 p_i/Z_i，直线的延长线在 X 轴截距为动态储量 G。该方法要求 C_f 为已知，既适用于早期压降曲线(p/Z—G_p 曲线)未出现拐点之前，也适用于中后期压降曲线出现拐点之后。

表4－3给出了某异常高压气藏M8井组生产数据及计算参数，该气藏基础参数如下：$S_{wi}=22\%$，$C_w=0.0004\text{MPa}^{-1}$，岩心覆压实验测试 $C_f=0.002\text{MPa}^{-1}$，利用式(4－12)计算有效压缩系数 $C_e=0.00268\text{MPa}^{-1}$。图4－10是利用该井组动态数据建立的 p/Z—G_p、$p/Z(1-C_e\Delta p)$—G_p 关系图，该井组 p/Z 曲线已经呈现出两段式直线特征，利用第一段 p/Z—G_p 直线外推确定 $G=650.6\times10^8\text{m}^3$，利用第二段 p/Z—G_p 直线外推计算 $G=522.3\times10^8\text{m}^3$。通过引入 $C_e\Delta p$ 对 p/Z 进行校正后，利用所有压力数据点建立的 $p/Z(1-C_e\Delta p)$—G_p 关系表现出高度相关的直线关系，外推计算 $G=488.1\times10^8\text{m}^3$，与第二段 p/Z—G_p 直线外推计算结果基本一致。因此，经过综合压缩系数校正后，$p/Z(1-C_e\Delta p)$—G_p 直线外推法既适用于早期异常高压阶段，也适用于气藏恢复正常压力之后。

表4－3　某异常高压气田M8井组生产数据及计算参数

G_p (10^8m^3)	p (MPa)	Z	B_g (m^3/m^3)	Δp (MPa)	C_e (MPa^{-1})	p/Z (MPa)	$p/z(1-C_e\Delta p)$ (MPa)
0	75.98	1.4403	0.002759	0.00	0.0026	52.75	52.75
0.08	75.97	1.4403	0.002759	0.01	0.0026	52.74	52.74
0.58	75.81	1.4396	0.002762	0.16	0.0026	52.69	52.66
0.97	75.80	1.4395	0.002762	0.17	0.0026	52.68	52.66
3.65	75.04	1.4359	0.002778	0.94	0.0026	52.39	52.26
4.94	74.67	1.4341	0.002785	1.30	0.0026	52.25	52.07
7.19	74.27	1.4321	0.002793	1.70	0.0026	52.09	51.86
14.34	72.74	1.4241	0.002825	3.23	0.0026	51.51	51.08
16.36	71.90	1.4194	0.002842	4.08	0.0026	51.20	50.65
25.00	70.50	1.4113	0.002872	5.48	0.0026	50.67	49.95
50.00	65.40	1.3792	0.002984	10.58	0.0026	48.76	47.42
86.30	57.71	1.3267	0.003186	18.26	0.0026	45.67	43.50
108.07	53.78	1.2997	0.003314	22.19	0.0026	43.91	41.38
140.08	48.07	1.2622	0.003544	27.91	0.0026	41.07	38.09
170.00	42.00	1.2258	0.003872	33.98	0.0026	37.58	34.26
205.00	36.50	1.1973	0.004283	39.48	0.0026	33.97	30.49
231.00	32.00	1.1776	0.004743	43.98	0.0026	30.68	27.17
280.00	26.00	1.1572	0.005635	49.98	0.0026	25.82	22.47

视地质储量法不考虑水驱，同时要求 C_f 为已知参数，因此 C_f 的准确性和气藏是否存在水驱决定动态储量计算的可靠性。

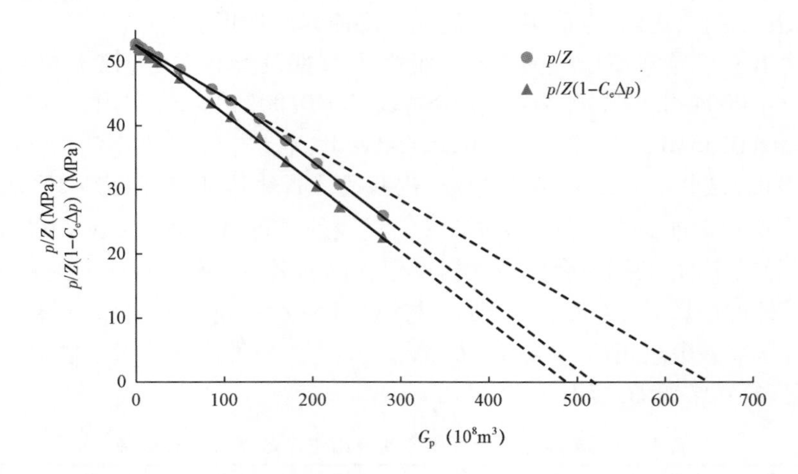

图 4－10　某异常高压气田井组 p/Z—G_p、$p/Z(1-C_e\Delta p)$—G_p 关系图

二、Roach－Poston－Chen 图解法

在不考虑水驱情况下，Roach 对式(1－235)进行了变换，建立了另外一种直线形式的异常高压气藏动态储量计算方法，该方法同时计算 G 和 C_e，因此不需要已知 C_f 值，但该方法需要生产时间足够长，能够出现比较稳定的直线变化趋势。在气藏开发早期由于流动处于不稳定状态或受压力精度影响，数据点相关性差，影响分析判断。

1. 直线关系的建立及诊断功能

式(1－235)变形后得到：

$$\frac{1}{p_i - p}\left(\frac{p_i Z}{p Z_i} - 1\right) = \frac{G_p}{G(p_i - p)}\left(\frac{p_i Z}{Z_i p}\right) - C_e \tag{4-14}$$

令 y 和 x 分别为：

$$y = \frac{1}{p_i - p}\left[\frac{p_i Z}{p Z_i} - 1\right] \tag{4-15}$$

$$x = \frac{G_p}{p_i - p}\left(\frac{p_i Z}{Z_i p}\right) \tag{4-16}$$

则式(4－14)变为：

$$y = \frac{1}{G}x - C_e \tag{4-17}$$

根据式(4－17)可知，在直角坐标中 y 与 x 满足直线关系(图 4－11)，直线斜率为 $1/G$，直线在 Y 轴上的截距为 $-C_e$。该方法又称 Roach 图形法，在计算动态储量的同时，也给出了 C_e 值。

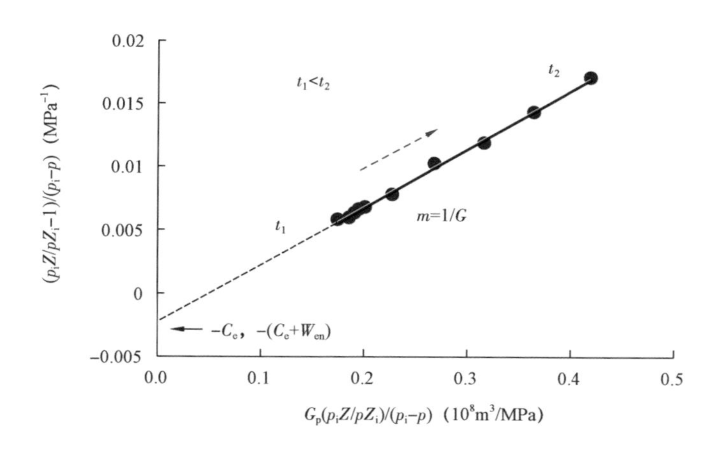

图 4－11 C_e为常数时$(p_iZ/pZ_i-1)/(p_i-p)$—$G_p(p_iZ/pZ_i)/(p_i-p)$关系图

Poston 和 Chen 等人在 Roach 图形法基础上，又加入了水侵项。式(1－228)给出了以 B_g 形式表示的异常高压、水驱气藏物质平衡方程，变成 p/Z 形式为：

$$\frac{p}{Z}\left[1-C_e(p_i-p)-\frac{(W_e-W_pB_w)p_iT_{sc}}{GZ_iTp_{sc}}\right]=\frac{p_i}{Z_i}-\frac{p_i}{Z_i}\frac{G_p}{G} \tag{4-18}$$

式中 W_e——累积水侵量，m^3；

W_p——累积产水量，m^3；

B_w——地层水体积系数，m^3/m^3；

p_{sc}——标准状态压力，0.101325MPa；

T——储层温度，K；

T_{sc}——标准状态温度，293.15K。

定义净水侵量 W_{en} 为：

$$W_{en}=\frac{(W_e-W_pB_w)p_iT_{sc}}{(p_i-p)GZ_iTp_{sc}} \tag{4-19}$$

将式(4－19)代入式(4－18)中，进一步整理后得到：

$$\frac{1}{p_i-p}\left(\frac{p_iZ}{pZ_i}-1\right)=\frac{G_p}{G(p_i-p)}\left(\frac{p_iZ}{pZ_i}\right)-(C_e+W_{en}) \tag{4-20}$$

按式(4－17)的形式，保持其中 y 和 x 的定义不变，则式(4－20)变为：

$$y=\frac{1}{G}x-(C_e+W_{en}) \tag{4-21}$$

根据式(4－21)可以看出，在直角坐标中 y 与 x 满足直线关系(图 4－11)，直线斜率仍为 $1/G$，此时直线在 Y 轴上的截距为 $-(C_e+W_{en})$。如果无法区分 C_e和 W_{en}，可以假设 $W_{en}=0$，然后利用 S_{wi}和 C_w计算 C_f，如果计算 C_f值较大，就要考虑存在水驱的可能性。根据经验，一般认为计算的 $C_f>(3.5\sim4.0)\times10^{-3}MPa^{-1}$时，存在水驱的可能性较大。

该方法除了计算动态储量和驱动能量之外，还能根据 $y—x$ 关系图中数据点的变化趋势判断气藏驱动能量变化，通常表现出以下三种情况。

1）有效压缩系数为常数

在有效压缩系数 C_e 为常数情况下，在直角坐标中 $(p_iZ/pZ_i-1)/(p_i-p)$ 与 $G_p(p_iZ/pZ_i)/(p_i-p)$ 相关性好，总体呈现出一条截距为负值的直线（图 4－11），表明体系处于稳定状态，驱动能量以气体弹性膨胀为主。

2）有效压缩系数发生变化

当有效压缩系数 C_e 发生变化时，$(p_iZ/pZ_i-1)/(p_i-p)—G_p(p_iZ/pZ_i)/(p_i-p)$ 图中早期数据点表现出向上或向下弯曲的趋势，到中后期逐渐呈现出截距为负值的直线关系（图 4－12）。当早期数据点从左侧接近直线关系时（图 4－12 中 a），说明储层在孔隙中流体采出后发生塑性压实，压缩系数变大；当早期数据点从右侧接近直线时（图 4－12 中 b），说明储层在孔隙中流体采出后发生弹性形变，压缩系数降低。从目前分析实例来看，多数异常高压气藏会在早期出现变压缩系数情形，除了前面说的有效压缩系数处于不稳定状态之外，还与早期压力数据精度有关。

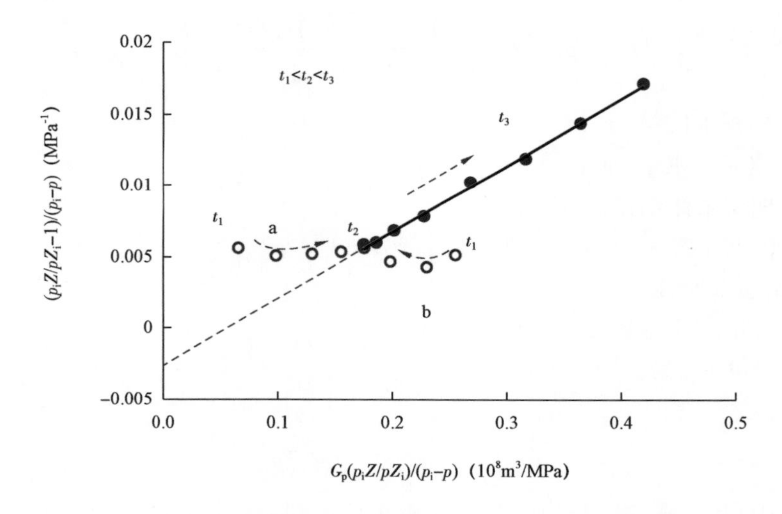

图 4－12　变压缩系数时 $(p_iZ/pZ_i-1)/(p_i-p)—G_p(p_iZ/pZ_i)/(p_i-p)$ 关系图

3）水驱效应

当发生水驱作用时，在 $(p_iZ/pZ_i-1)/(p_i-p)—G_p(p_iZ/pZ_i)/(p_i-p)$ 关系图中数据点向右偏离直线段（图 4－13），水驱作用可以发生在任何阶段，包括早期、中期和晚期。

2. 实例分析

表 4－4 给出了 KL 异常高压气田实际生产数据，图 4－14 为该气田 Roach 方法分析计算图。从图中来看，该气田在初始阶段表现出变有效压缩系数特征，之后逐渐趋向截距为负值的直线，在后期阶段（t_3）数据点向右偏离直线，表现出水驱特征。这与气田的实际生产情况比较吻合，该气田 2004 年底投产，到 2009 年一直以较高的速度生产（图 4－15），2009 年后为了控制水侵降低了采气速度，使得水体能量能够补充气藏亏空，此时水驱特征逐渐表现出来。图中

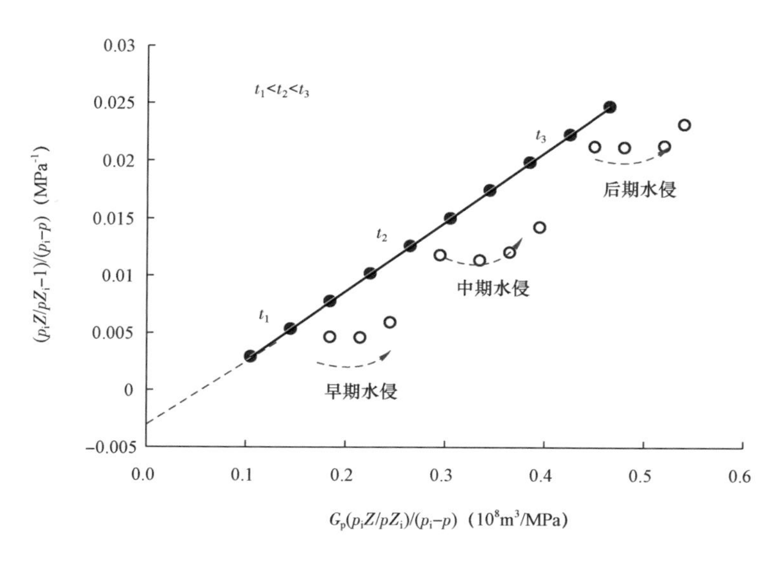

图4－13　存在水驱效应时$(p_iZ/pZ_i-1)/(p_i-p)$—$G_p(p_iZ/pZ_i)/(p_i-p)$关系图

数据点向右偏离直线的时间与开始降低采气速度的时间相对应。利用图中直线段回归结果，计算该气田动态储量为$2463\times10^8\text{m}^3$，与地质储量基本接近。该气藏储层物性好，平均孔隙度为12%，属于典型的中孔、中—高渗透孔隙型砂岩气藏，因此动静态储量符合程度高。根据图4－16中t_2时间段直线在Y轴上的截距，确定$(C_e+W_{en})=5.138\times10^{-3}\text{MPa}^{-1}$，利用基础参数$S_{wi}=0.32$和$C_w=0.40\times10^{-3}\text{MPa}^{-1}$，在假设初期$W_{en}=0$的情况下，计算$C_f=3.4\times10^{-3}\text{MPa}^{-1}$。利用$t_3$时间段和$t_2$时间段直线在$Y$轴截距差值，确定$W_{en}=0.68\times10^{-3}\text{MPa}^{-1}$。针对该气田，取$W_p\approx0$，$p_i=74.60\text{MPa}$，$Z_i=1.46$，$T=373.15\text{K}$，$p=49.75\text{MPa}$，根据式(4－19)计算累积水侵量$W_e=10.61\times10^6\text{m}^3$。

表4－4　KL异常高压气田生产数据表

G_p (10^8m^3)	p (MPa)	Z	p/Z (MPa)	Δp (MPa)
0.00	74.60	1.460	51.08	0.00
14.23	73.92	1.453	50.89	0.69
20.05	73.70	1.450	50.83	0.90
63.57	72.21	1.433	50.39	2.40
83.72	71.48	1.425	50.17	3.13
175.09	68.01	1.386	49.08	6.59
268.19	64.72	1.349	47.98	9.88
316.10	62.71	1.327	47.27	11.89
383.91	60.61	1.303	46.50	14.00
424.56	59.08	1.286	45.93	15.52
489.83	56.85	1.262	45.05	17.76

续表

G_p (10^8m^3)	p (MPa)	Z	p/Z (MPa)	Δp (MPa)
526.82	55.82	1.250	44.64	18.78
576.83	54.45	1.235	44.07	20.15
596.85	53.95	1.230	43.86	20.65
641.24	52.62	1.215	43.29	21.98
661.83	51.81	1.207	42.94	22.79
740.75	49.75	1.184	42.01	24.85

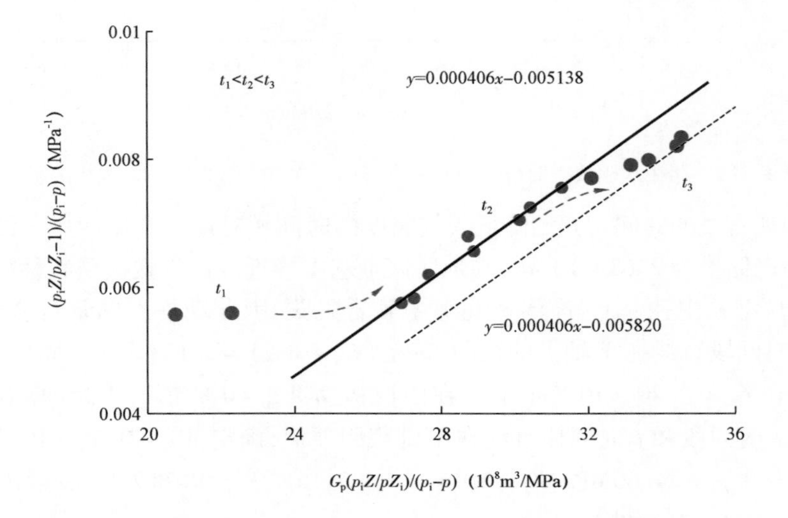

图 4－14　KL 气田$(p_iZ/pZ_i-1)/(p_i-p)$—$G_p(p_iZ/pZ_i)/(p_i-p)$关系图

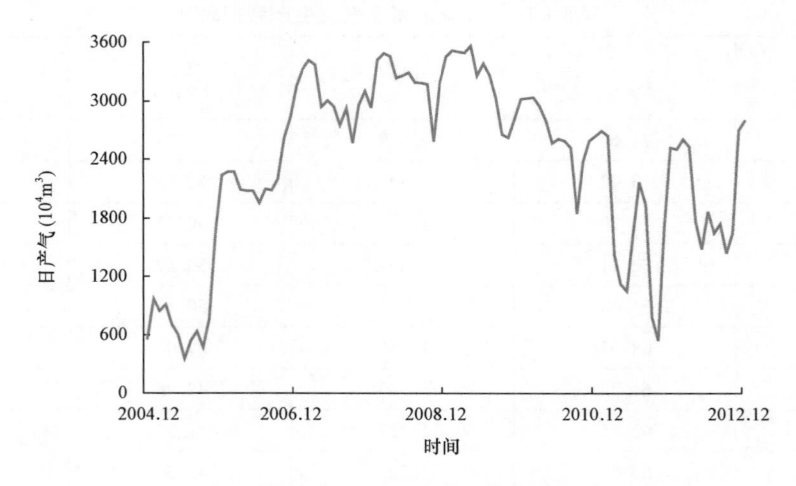

图 4－15　KL 气田生产曲线图

三、半解析 p/Z 法

半解析 p/Z 法根据异常高压气藏 p/Z—G_p 在直角坐标图中先后呈现两条不同直线斜率的特征，通过解析方法，建立了 $C_e(p_i-p)$—$(p/Z)/(p_i/Z_i)$ 半对数关系图版以及 $(p/Z)/(p_i/Z_i)$—G_p/G 关系图版，利用实际生产数据与图版拟合的方式确定 G。该方法不需要已知 C_f 值，但需要生产时间足够长，才能判断数据变化趋势，在 p/Z 曲线进入第二直线段后，才能计算储量。

1. 半解析 p/Z 法图版的建立

1）$C_e(p_i-p)$ 与 $(p/Z)/(p_i/Z_i)$ 半对数关系图版

根据异常高压气藏物质平衡方程（式 1－235）可知：

$$C_e(p_i-p)=1-\frac{p_i/Z_i}{p/Z}\left(1-\frac{G_p}{G}\right) \tag{4-22}$$

图 4－16 给出了异常高压气田典型 p/Z—G_p 两段式直线关系示意图，图中 B 点为第一直线段上的点，C 点为第二直线段上的点，A 点为拐点，也就是第一直线段和第二直线段的交点。G_a 为第一直线段外推确定的地质储量，G_{pA}、G_{pB} 和 G_{pC} 分别为图中点 A、B 和 C 对应的累积产气量，$(p_i/Z_i)_1$ 为第二直线段向后推在 Y 轴上的交点。

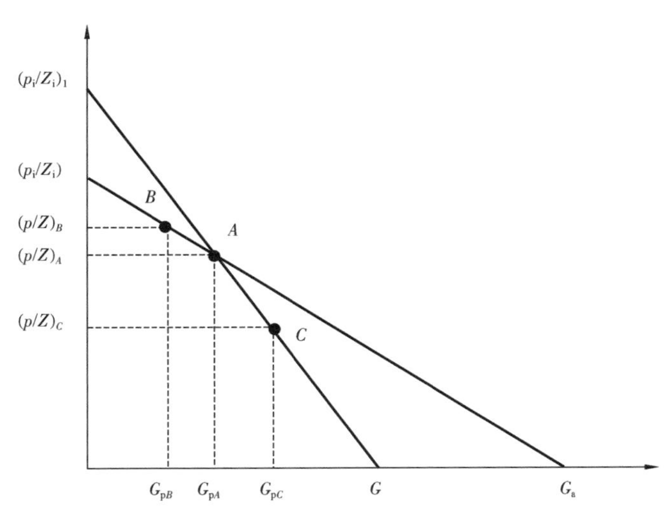

图 4－16　异常高压气田 p/Z—G_p 关系示意图

在图 4－16 中 C 点，式（4－22）变为：

$$[C_e(p_i-p)]_C=1-\frac{p_i/Z_i}{(p/Z)_C}\left(1-\frac{G_{pC}}{G}\right) \tag{4-23}$$

式（4－23）整理后得到：

$$[C_e(p_i-p)]_C=1-\frac{p_i/Z_i}{(p/Z)_C}\left(\frac{G-G_{pC}}{G}\right) \tag{4-24}$$

根据三角形相似原理可知：

$$\frac{(p_i/Z_i)_1}{G} = \frac{(p/Z)_C}{G - G_{pC}} \tag{4-25}$$

即

$$\left(\frac{p}{Z}\right)_C = \left(\frac{p_i}{Z_i}\right)_1 \frac{G - G_{pC}}{G} \tag{4-26}$$

将式(4－26)代入式(4－24)中，得到：

$$[C_e(p_i - p)]_C = 1 - \frac{p_i/Z_i}{(p_i/Z_i)_1} \tag{4-27}$$

从式(4－27)可知，在第二直线段上任意一点，$C_e(p_i - p)$值是常数。

对于拐点 A 同样利用三角形相似原理，得到：

$$\frac{(p_i/Z_i)_1}{G} = \frac{(p/Z)_A}{G - G_{pA}} \tag{4-28}$$

即

$$\left(\frac{p_i}{Z_i}\right)_1 = \frac{(p/Z)_A}{\left(1 - \frac{G_{pA}}{G}\right)} \tag{4-29}$$

由于 A 点同样处于第二直线段上，因此式(4－23)也适用于点 A，将式(4－29)代入式(4－23)中，得到：

$$[C_e(p_i - p)]_A = 1 - \frac{p_i/Z_i}{(p/Z)_A}\left(1 - \frac{G_{pA}}{G}\right) \tag{4-30}$$

因此对于第二直线段上任一点，都有：

$$C_e(p_i - p) = 1 - \frac{p_i/Z_i}{(p/Z)_A}\left(1 - \frac{G_{pA}}{G}\right) \tag{4-31}$$

对于某一个气藏来说，A 点位置是唯一的，因此式(4－31)同样表明在第二条直线段上 $C_e(p_i - p)$值是常数，其值与拐点位置 A 有关。

对于第一条直线段上的点 B，式(4－23)变为：

$$[C_e(p_i - p)]_B = 1 - \frac{p_i/Z_i}{(p/Z)_B}\left(1 - \frac{G_{pB}}{G}\right) \tag{4-32}$$

根据三角形相似原理可知：

$$\frac{(p/Z)_B}{p_i/Z_i} = \frac{G_a - G_{pB}}{G_a} \tag{4-33}$$

式(4－33)整理后得到 G_{pB} 表达式：

$$G_{pB} = G_a - G_a \frac{(p/Z)_B}{p_i/Z_i} \tag{4-34}$$

将式(4－34)代入式(4－32)中，得到：

$$[C_e(p_i - p)]_B = 1 - \frac{p_i/Z_i}{(p/Z)_B} + \frac{p_i/Z_i}{(p/Z)_B}\frac{G_a}{G} - \frac{G_a}{G} \tag{4-35}$$

因此，对于第一直线段上任一点，有：

$$C_e(p_i - p) = 1 - \frac{p_i/Z_i}{p/Z} + \frac{p_i/Z_i}{p/Z}\frac{G_a}{G} - \frac{G_a}{G} \tag{4-36}$$

从式(4－36)可以看出，对第一直线段上任一点，$C_e(p_i - p)$ 是 $(p_i/Z_i)/(p/Z)$ 的函数，其值与 G_a/G 有关。

图 4－17 是根据式(4－31)和式(4－36)建立的 $C_e(p_i - p)$—$(p/Z)/(p_i/Z_i)$ 在半对数坐标中的关系图版，图版前半部分代表第二直线段，即正常压力梯度段，此时 $C_e(p_i - p)$ = 常数，图版后半部分代表第一直线段，即异常压力梯度段，此时 $C_e(p_i - p)$ 随 $(p/Z)/(p_i/Z_i)$ 变化显著。这两个阶段在图版中能明显区分开，根据图版可以判断实际数据处于哪个阶段，当出现第二个直线段后，通过图版拟合的方式就能确定 G/G_a 以及拐点 A。

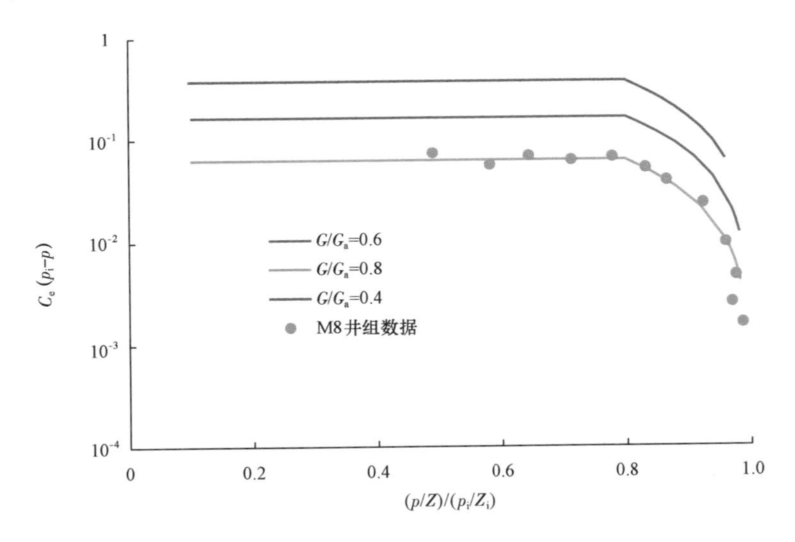

图 4－17　典型异常高压气藏 $C_e(p_i - p)$—$(p/Z)/(p_i/Z_i)$ 关系图[$(p/Z)_A/(p_i/Z_i) = 0.8$]

2) $(p/Z)/(p_i/Z_i)$ 与 G_p/G 关系图版

对于第一直线段时 $(p/Z)/(p_i/Z_i)$ 与 G_p/G 关系，将式(4－36)代入式(4－22)中，整理后得到：

$$\frac{p/Z}{p_i/Z_i} = 1 - \frac{G_p}{G_a} \tag{4-37}$$

将式(4－31)代入式(4－22)中，整理后得到第二直线阶段$(p/Z)/(p_i/Z_i)$与G_p/G关系，即：

$$\frac{p/Z}{p_i/Z_i}=\frac{(p/Z)_A}{p_i/Z_i(1-G_{pA}/G)}\left(1-\frac{G_p}{G}\right) \tag{4-38}$$

由式(4－37)和式(4－38)可知，在直角坐标中，$(p/Z)/(p_i/Z_i)$与G_p/G也表现出两段式直线关系，对于一个气藏来说，这个两段式直线关系是唯一的，仅受A点分布位置影响(图4－18)。

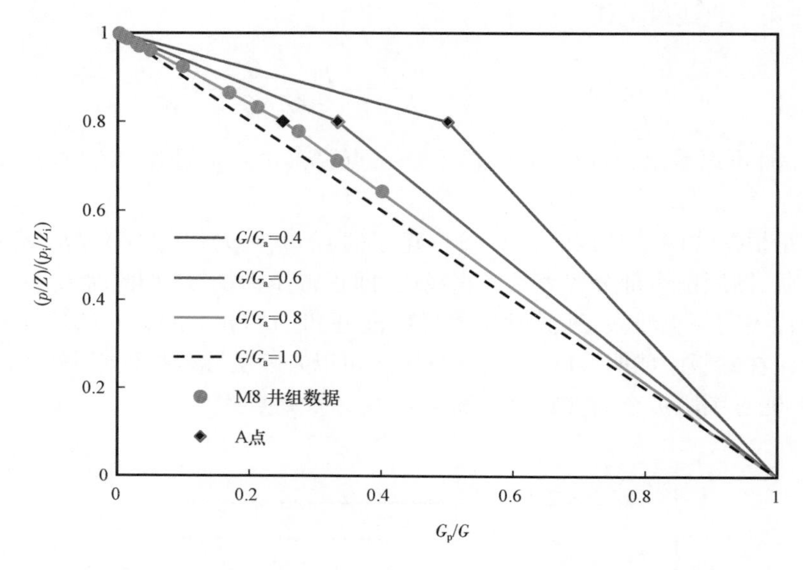

图4－18　典型异常高压气藏$(p/Z)/(p_i/Z_i)$—G_p/G关系图$[(p/Z)_A/(p_i/Z_i)=0.8]$

2. 实例分析

半解析p/Z法主要是通过利用实际数据拟合图版的方式，计算G/G_a以及拐点A，由此计算G和C_e值。具体计算过程如下：

(1)根据实际生产数据，建立p/Z—G_p关系图，利用开始的直线段外推，确定G_a；

(2)先假设G和$(p/Z)_A$值，可以从$G=0.95G_a$开始，$(p/Z)_A$先取正常压力梯度时的值；

(3)建立实际生产数据图。根据假设的G值，利用生产数据通过式(4－22)计算$C_e(p_i-p)$值，并在半对数坐标图上绘制$C_e(p_i-p)$—$(p/Z)/(p_i/Z_i)$关系图(图4－17)。同样利用假设的G值，在直角坐标中绘制$(p/Z)/(p_i/Z_i)$—G_p/G关系图(图4－18)；

(4)建立特征曲线图。变化$(p/Z)/(p_i/Z_i)$从0.1～0.99，根据第(1)和第(2)步确定的G、G_a和$(p/Z)_A$值，利用式(4－31)和式(4－36)计算A点之后和A点之前的$C_e(p_i-p)$，并将计算结果绘制在第(3)步中的$C_e(p_i-p)$—$(p/Z)/(p_i/Z_i)$半对数图上(图4－17)。然后变化G_p/G从0～1.0，利用式(4－37)和式(4－38)分别计算A点之前和A点之后的$(p/Z)/(p_i/Z_i)$，并将计算结果绘制在第(3)步中的$(p/Z)/(p_i/Z_i)$—G_p/G关系图上(图4－18)；

(5)通过改变G和$(p/Z)_A$，重复第(3)～(4)步，直到生产数据与特征曲线完全拟合，此时的G和$(p/Z)_A$就代表或接近气田的实际值。

图4－19给出了利用表4－3中某异常高压气田M8井组生产数据建立的p/Z—G_p关系图，单从数据点来看，具有非常好的线性相关性，很难划分阶段，初期直线段外推计算$G_a=650.6\times10^8m^3$。图4－17和图4－18分别给出了该井组实际数据和不同G/G_a对应的特征曲线，在$C_e(p_i-p)$—$(p/Z)/(p_i/Z_i)$关系图中可以清楚地区分出两个压力阶段，通过变化G值和A点进行反复拟合，最终确定$G/G_a=0.8$，A点处$(p/Z)_A/(p_i/Z_i)=0.8$，井组储量$G=520.5\times10^8m^3$（图4－19）。利用M8井组生产数据和确定的G值，通过式（4－22）计算了C_e值随地层压力变化情况，具体变化趋势见图4－20，从图中可以看出，初期由于处于不稳定状态，计算存在误差，数据点相关性差，在中后期表现出一定的规律性，随地层压力下降C_e略有下降趋势，C_e开始稳定时的值为$C_e=0.0022MPa^{-1}$，在前面视地层压力校正法中，通过显示方法计算$C_e=0.00268MPa^{-1}$，二者基本一致。

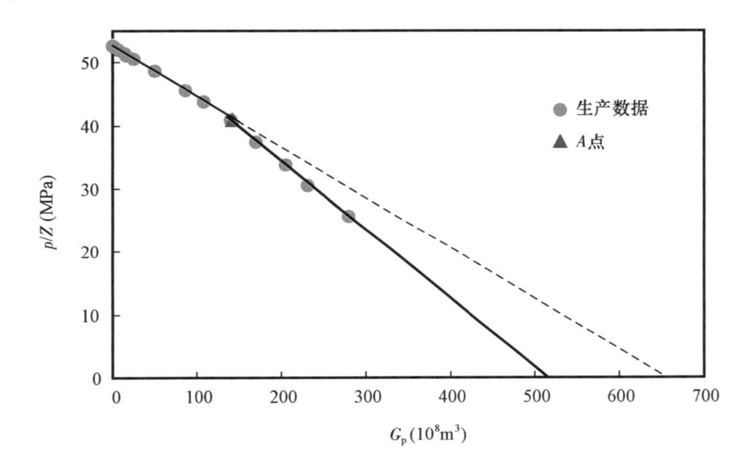

图4－19 某异常高压气田M8井组p/Z—G_p关系图

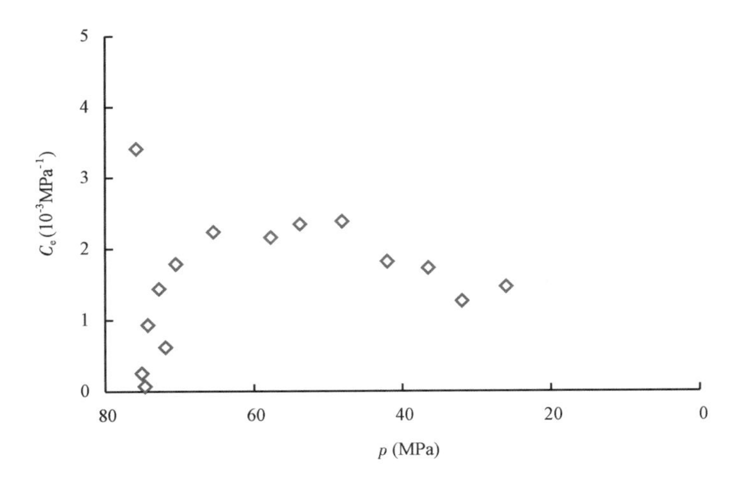

图4－20 利用M8井组生产数据确定的C_e—p关系图

3. 半解析 p/Z 法不确定性分析

从式(4－22)来看,利用实际生产数据计算 $C_e(p_i-p)$ 值时,其不确定性主要是假设不同的 G 值(即 G/G_a 值),该式不受拐点 A 的位置影响。图4－21 是利用表4－3 中的生产数据,假设不同的 G/G_a 值($G/G_a=0.6\sim0.85$),通过式(4－22)计算的 $C_e(p_i-p)$ 值,从图中可以看出,对于不同的 G/G_a 值,$C_e(p_i-p)$—$(p/Z)/(p_i/Z_i)$ 表现出不同的变化趋势,G/G_a 值越小,水平段出现得越晚,也就是对应的 A 点出现得越晚。对于一个气藏的实际生产数据来讲,$C_e(p_i-p)$—$(p/Z)/(p_i/Z_i)$ 关系曲线应该是唯一的。

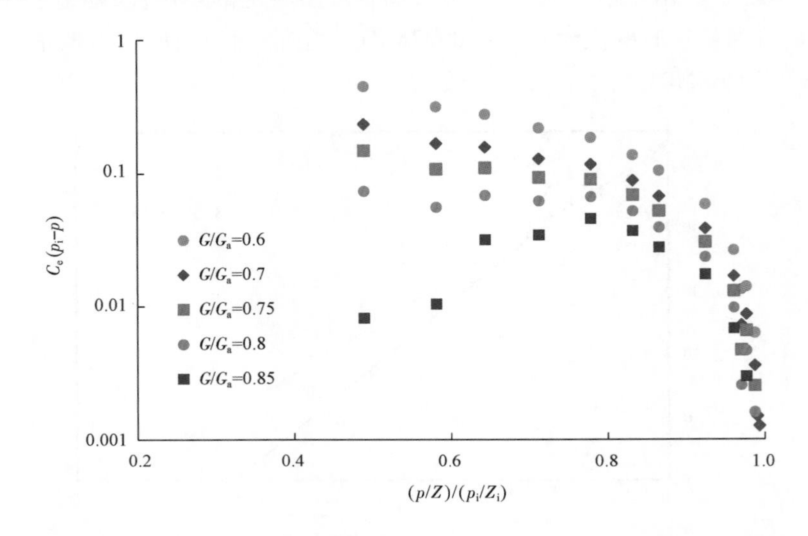

图4－21 不同 G_a/G 情况下 $C_e(p_i-p)$—$(p/Z)/(p_i/Z_i)$ 关系图

在利用该方法分析时,可以同时用四个图来降低分析的多解性。首先利用 $C_e(p_i-p)$—$(p/Z)/(p_i/Z_i)$ 关系图(图4－17)和 $(p/Z)/(p_i/Z_i)$—G_p/G 关系图(图4－18)进行实际数据与图版拟合,确定 G 和 A 点位置;然后在 p/Z—G_p 关系图(图4－19)用分析结果建立的两段式直线去拟合实际数据,判断计算结果是否合理;最后利用分析结果计算 C_e 值,建立 C_e—p 关系图(图4－20),通过 C_e 值范围有助于判断假设的 G 值是否合理。

从图4－21 中还可以看出,当生产数据处于早期阶段(第一直线段)或是过渡段时,该方法会有很大的不确定性。

四、二项式物质平衡

从前面章节论述中可知,异常高压气藏在整个开发过程中,由于驱动能量的变化导致 p/Z—G_p 曲线表现出两段式直线特征。从气田实例以及理想模型计算结果来,并不是完全符合两段直线,而是呈现向下弯曲的抛物线,直线只是两段的近似,而且早期和后期两个不同斜率的直线段之间并不存在非常明显的拐点。这种类似抛物线的特征可以表示成 G_p 的二项式形式。

式(1－235)给出了在不考虑水驱的情况下异常高压气藏的物质平衡方程,即:

$$\frac{p}{z}(1-C_e\Delta p)=\frac{p_i}{z_i}-\frac{p_i}{z_i}\frac{G_p}{G}$$

式(1－235)进一步变化后，得到：

$$C_e\Delta p=\left[1-\frac{p_i/z_i}{p/z}\left(1-\frac{G_p}{G}\right)\right] \tag{4-39}$$

令

$$\omega G_p=C_e\Delta p \tag{4-40}$$

将式(4－39)代入式(4－40)中，并进一步整理，得到：

$$\omega=\frac{1}{G_p}-\frac{p_i/z_i}{p/z}\left(\frac{1}{G_p}-\frac{1}{G}\right) \tag{4-41}$$

从上述表达式可以看出，ω 为表征岩石弹性能量驱动作用的参数，与 G_p 具有函数关系。下面用实际数据证明 ω 可以近似为常数。利用 Anderson“L”气藏生产数据和动态储量 $G=20\times10^8m^3$，通过式(4－41)计算该气藏 ω 值。图4－22给出了 ω 计算结果、回归的 ω—G_p/G 关系式和平均 ω 值。

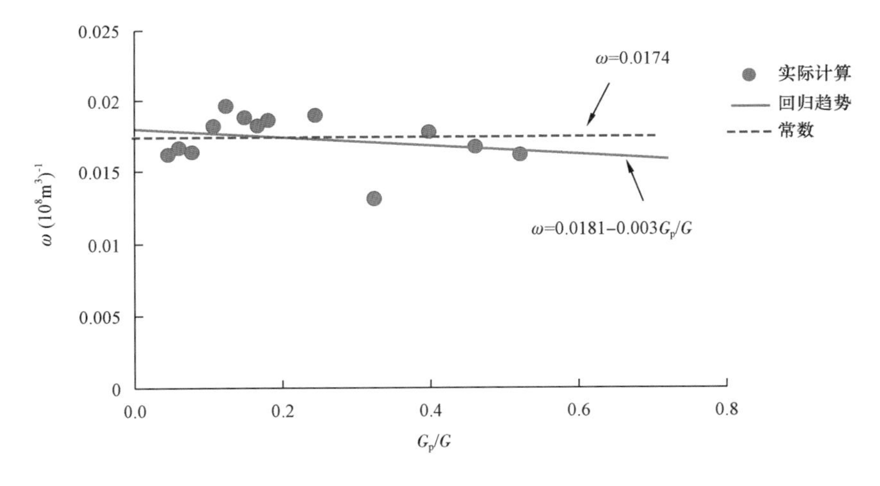

图4－22　Anderson“L”气藏 ω 值变化趋势

对式(4－41)进行变化，得到：

$$\frac{p}{z}=\frac{p_i}{z_i}\left[1-\frac{G_p}{G}\right]\frac{1}{[1-\omega G_p]} \tag{4-42}$$

分别根据回归的 ω—G_p/G 关系式和 ω 为常数(平均值)这两种情况，利用式(4－42)计算了 Anderson“L”气田的 p/Z 变化趋势，计算结果如图4－23所示，从图中可以看出，两种不同的方式计算 p/Z 值与实测值相差不大，因此，ω 可以近似为常数。

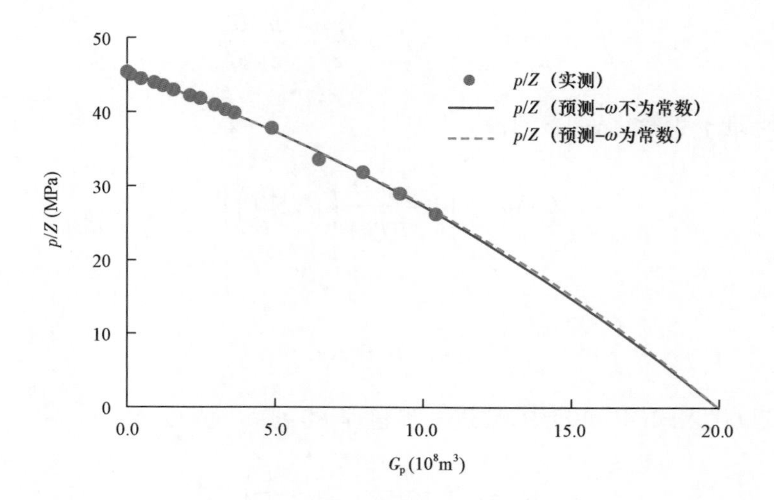

图 4－23　Anderson"L"气藏不同 ω 值时 $p/Z—G_p$ 关系图

根据几何级数的展开形式，当 $0<x<1$ 时，有：

$$\frac{1}{1-x}\approx 1+x+x^2+x^3+\cdots$$

当 x 足够小时，取前两项就符合计算精度，因此式(4－42)中 $1/(1-\omega G_p)$ 可以近似为：

$$\frac{1}{(1-\omega G_p)}\approx 1+\omega G_p \qquad (4-43)$$

将式(4－43)代入式(4－42)中，整理后得到：

$$\frac{p}{z}\approx\frac{p_i}{z_i}\left[1-\left(\frac{1}{G}-\omega\right)G_p-\frac{\omega}{G}G_p^2\right] \qquad (4-44)$$

定义常数 α 和 β 分别为：

$$\alpha=\left[\frac{1}{G}-\omega\right]\frac{p_i}{z_i}$$

$$\beta=\frac{\omega}{G}\frac{p_i}{z_i}$$

则式(4－44)变为：

$$\frac{p}{z}=\frac{p_i}{z_i}-\alpha G_p-\beta G_p^2 \qquad (4-45)$$

式(4－45)即为异常高压气藏的二项式物质平衡方程，表示了 p/Z 与 G_p^2 的关系，当岩石的弹性能量忽略不计，即 $\omega=0$ 时，式(4－45)就成了常压气藏的 $p/Z—G_p$ 关系表达式。

图 4－24给出了表 4－3 中 M8 井组的 $p/Z—G_p$ 关系曲线，由于生产历史较长，压降已进入以气体弹性膨胀为主的第二阶段，整个过程完全符合二项式变化趋势。

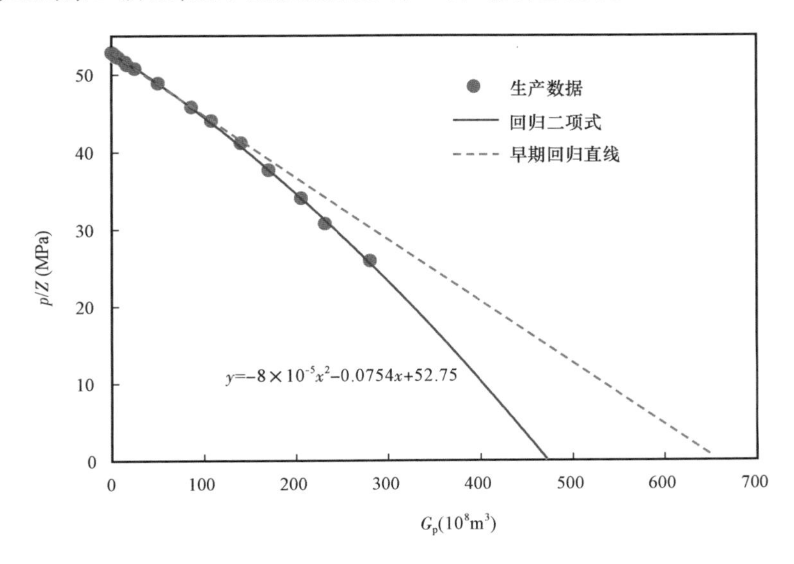

图 4－24　M8 井组 $p/Z—G_p$ 关系图

从式(4－45)和 α 及 β 表达式可知，当 $p/Z=0$ 时，$G_p=G$，也就是说 $p/Z—G_p$ 二项式关系曲线外延与 X 轴的交点即为储量 G。但该方法不适宜通过回归二项式的形式计算动态法储量，尤其是在早期阶段。图 4－25、图 4－26 分别给出了 Anderson“L”和 Louisiana 近海某气藏利用不同时间段的数据点回归二项式的情况。从计算结果来看，在 $p/Z—G_p$ 关系曲线出现拐点之前或附近时，二项式回归计算动态储量误差大，当压降曲线已出现以气体弹性膨胀驱动为主“第二直线段”时，采用全部数据点回归的二项式计算结果才与实际动态储量吻合。

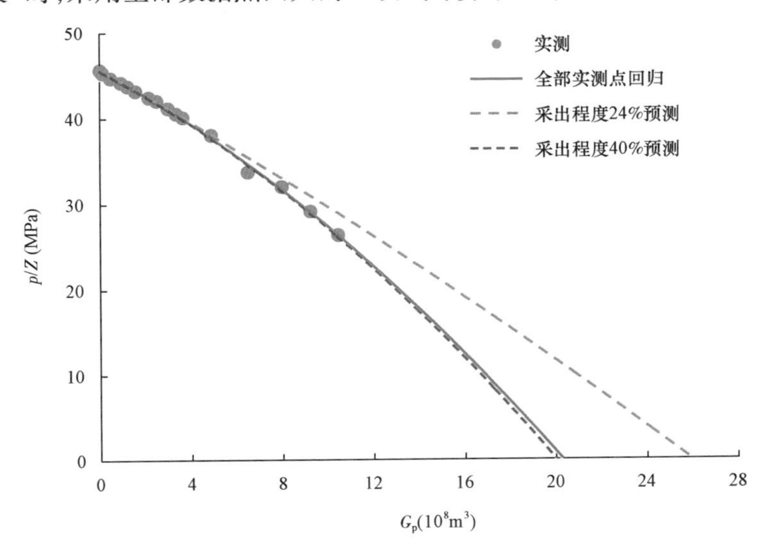

图 4－25　Anderson“L”气藏不同采出程度下物质平衡二项式曲线

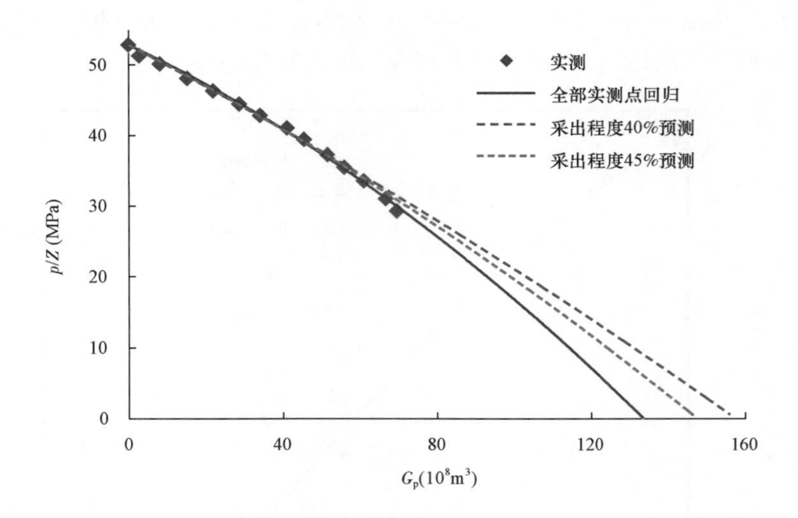

图 4－26　Louisiana 近海某气藏不同采出程度下物质平衡二项式曲线

五、关于异常高压气藏动态法储量计算的几点说明

（1）从理论上来看，典型的异常高压气藏 p/Z—G_p 关系曲线应该表现出图 4－24 中二项式曲线特征，为了方便计算，简化为早期和后期的直线段。但大量的气田实际生产数据表明，有时很难表现出二项式曲线或两段式直线特征，而且拐点也不明显，整个压降过程直线相关性非常高，很难与常压条件下的定容封闭气藏区分开。比如对于一些非均质性或存在水体的异常高压气藏，后期的低渗透区或外围补给作用、水驱以及其他未被识别的驱动能量开始表现出来，延缓了后期压降，使得整个开发过程压降趋势表现为同一直线特征。

（2）实际储层的 C_f 值是一个很难用实验来准确测量的值，除岩心样品的代表性之外，还与实验条件是否能真正模拟地下温度和应力环境有关。利用生产动态数据计算的 C_f 值，都存在一定的变化范围，并非是常数，常数只是高压阶段 C_f 值的平均，一般情况下对计算结果不会产生很大的影响。

（3）在早期生产动态数据有限的情况下，视地质储量法是一种最直观的计算方法，可以根据实验值或经验方法确定 C_f 值分布区间，在此基础上根据压降数据计算动态储量范围，然后再结合实际地质情况，评价计算结果的可靠性和储量可动用性。

第三节　考虑非储层的高压气藏总体物质平衡方程及应用

前面介绍的异常高压气藏物质平衡，只考虑了储层中的流体（天然气和束缚水）、储层岩石骨架和天然水体提供的驱动能量，忽略了非储层中孔隙压缩和流体膨胀所提供的驱动能量。对于地层压力很高的气藏（正常压力梯度或异常压力梯度），由于高压条件下气体可压缩性变差，有时非储层也提供了不可忽略的驱动能量。Fetkovich 提出了总体物质平衡（General Material Balance）的概念，在有效压缩系数 C_e 中除了考虑储层之外，将非储层（包括泥岩层、隔夹层等)和局部有限水体的驱动作用也考虑在内,气藏中的储层、非储层和局部有限水体作为一个整体。

一、考虑非储层和有限水体的总体物质平衡方程

总体物质平衡方程中的驱动能量包括以下几部分:(1)储层:岩石孔隙压缩、孔隙中气体弹性膨胀、孔隙中束缚水弹性膨胀、束缚水中溶解气析出;(2)非储层(100%饱和水):岩石孔隙压缩、饱和水弹性膨胀、饱和水中溶解气析出;(3)有限水体的侵入。在总体物质平衡方程中,地层水压缩系数和岩石孔隙压缩系数均采用本章第一节中定义的累积压缩系数的形式。

定义 C_{tw} 为地层水的累积压缩系数,这里所说的地层水包括束缚水、非储层中的水以及有限水体中的水,考虑到地层水中的溶解气析出,C_{tw} 的表达式为:

$$C_{tw} = \frac{B_{tw} - B_{twi}}{B_{twi}} \frac{1}{p_i - p} \tag{4-46}$$

式中　C_{tw}——地层水的累积压缩系数,MPa^{-1};

p_i、p——原始地层压力和某一时刻平均地层压力,MPa;

B_{twi},B_{tw}——压力为 p_i 和 p 条件下考虑了溶解气析出的地层水体积系数,m^3/m^3。

式(4-46)中 B_{tw} 的表达式为:

$$B_{tw} = B_w + (R_{swi} - R_{sw})B_g \tag{4-47}$$

式中　R_{swi},R_{sw}——压力 p_i 和 p 条件下地层水中溶解气含量,m^3/m^3;

B_w——地层水体积系数,m^3/m^3;

B_g——压力为 p 时气体体积系数,m^3/m^3。

在初始压力条件下,有:

$$B_{twi} = B_{wi} \tag{4-48}$$

图(4-27)和图(4-28)分别给出了 B_w、B_{tw}—p 和 C_w、C_{tw}—p 变化趋势图,可以看出,当 $p \geqslant 10MPa$ 时,$B_{tw} \approx B_w$,$C_{tw} \approx C_w$;当 $p < 10MPa$ 时,由于地层水中析出的溶解气体积系数急剧增加,使得 B_{tw} 和 C_{tw} 显著增加。

令 M 代表非储层和有限水体孔隙体积与储层孔隙体积比值,即:

$$M = \frac{V_{pN} + V_{pAQ}}{V_{pR}} \tag{4-49}$$

式中　V_{pN}——非储层孔隙体积,m^3;

V_{pAQ}——水体孔隙体积,m^3;

V_{pR}——储层孔隙体积,m^3。

V_{pAQ} 代表与储层连通性好的有限水体的孔隙体积。这类水体在开采过程中压降与气藏压降同步,水侵量与压降和水体有效压缩系数有关,即第三章介绍的小型定容水体。

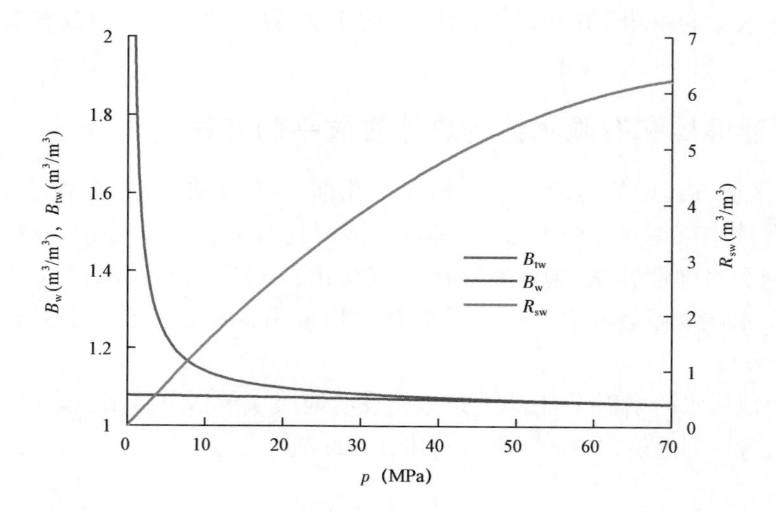

图 4－27　B_w、B_{tw}及 R_{sw}随压力变化趋势图

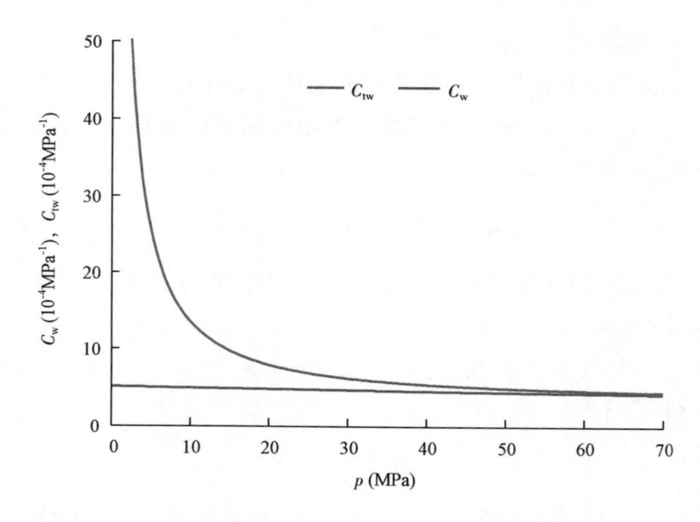

图 4－28　C_w及 C_{tw}随压力变化趋势图

考虑到储层、非储层和有限水体的总体驱动能量后，定义体系累积有效压缩系数$\overline{C}_e$ 为：

$$\overline{C}_e = \frac{S_{wi} C_{tw} + \overline{C}_f + M(C_{tw} + \overline{C}_f)}{1 - S_{wi}} \tag{4-50}$$

式中　$\overline{C}_e$——累积有效压缩系数，MPa^{-1}。

由式(4－51)可知，$\overline{C}_e$ 包含三部分驱动能量：(1)储层岩石孔隙压缩、束缚水弹性膨胀和束缚水中溶解气析出；(2)隔夹层中岩石孔隙压缩、水的弹性膨胀和水中溶解气析出；(3)有限水体中岩石孔隙压缩、水的弹性膨胀和水中溶解气析出。

当 C_f为常数，且水中溶解气析出对 C_{tw}影响不大时，式(4－50)中的 C_{tw}和$\overline{C}_f$ 可以分别用 C_w和 C_f代替。

考虑了体系中所有驱动能量的总体物质平衡方程推导过程与常用物质平衡方程推导过程相同，其 p/Z 形式与异常高压气藏物质平衡方程式(1－235)相同，即：

$$\frac{p}{Z}(1-\overline{C}_e\Delta p)=\frac{p_i}{Z_i}\left(1-\frac{G_p}{G}\right) \tag{4-51}$$

二、总体物质平衡方程的应用

根据定义可知，总体物质平衡方程中的$\overline{C}_e$，以及前面讲的通过动态数据反算的 C_e，其实包含了除储层孔隙中气体弹性膨胀之外所有的驱动能量，根据其大小和变化趋势，有助于识别一些未被认识到的驱动能量。下面通过实例说明总体物质平衡方程既适用于异常高压气藏动态储量计算和驱动能量分析，也适用于常压气藏动态储量计算和驱动能量分析。

1. 巨厚层异常高压气藏中泥岩隔夹层驱动能量表征

这一部分介绍如何通过显式的方法，来量化表征地层中泥岩隔夹层提供的驱动能量。

我国目前已开发的气田类型中有一类为深层—超深层巨厚块状异常高压砂岩气藏，典型气田基本概况见表4－5，该类气田储层埋深为4500～7000m，地层压力为90～120MPa，压力系数为1.5～2.2。气田具有储层巨厚、泥岩隔夹层广泛发育的特点，地层厚度为250～450m，储层有效厚度为100～300m，净毛比为0.5～0.6，图4－29 给出了其中 DN 气田泥岩隔夹层分布剖面图。

表4－5　国内典型超深、巨厚层异常高压砂岩气田基本特征

气田名称	储层埋深(m)	地层压力(MPa)	压力系数	地层厚度(m)	储层有效厚度(m)	泥岩隔夹层厚度(m)	净毛比
DN	4742～5380	105.1～108.0	2.06～2.16	297～438	87～230	128～234	0.53
DB	5458～7074	86.9～119.1	1.53～1.72	47～246	29～136	17～143	0.58
KS	6509～7036	115.6～116.5	1.71～1.76	285～358	173～312	90～140	0.61

图4－30 给出了 DN 气田室内覆压实验测得的岩石孔隙压缩系数 C_f与岩心孔隙度关系，利用该关系图，根据储层加权平均孔隙度确定了气藏的平均 $C_f=1.92\times10^{-3}\mathrm{MPa}^{-1}$(表4－6)。根据基础参数 $S_{wi}=33\%$，$C_w=0.41\times10^{-3}\mathrm{MPa}^{-1}$，利用式(4－12)计算 $C_e=3.07\times10^{-3}\mathrm{MPa}^{-1}$。采用不考虑水侵的异常高压气藏物质平衡，根据表4－7 中 DN 气田生产数据，回归建立了气藏的 $p/Z(1-C_e\Delta p)$—G_p直线关系图(图4－31)，外推计算 DN 气田动态储量为$2454\times10^8\mathrm{m}^3$，该气田容积法地质储量为$1773\times10^8\mathrm{m}^3$。动态法储量明显高于容积法储量，说明在开采过程中驱动能量除天然气弹性膨胀、储层孔隙压缩和束缚水弹性膨胀之外，还存在其他的不可忽略的驱动能量未被认识到。根据气藏地质特征和生产情况来看，气藏在早期未有水侵迹象，因此边底水驱动的可能性小，分析认为广泛分布的泥岩隔夹层提供了重要的驱动能量。

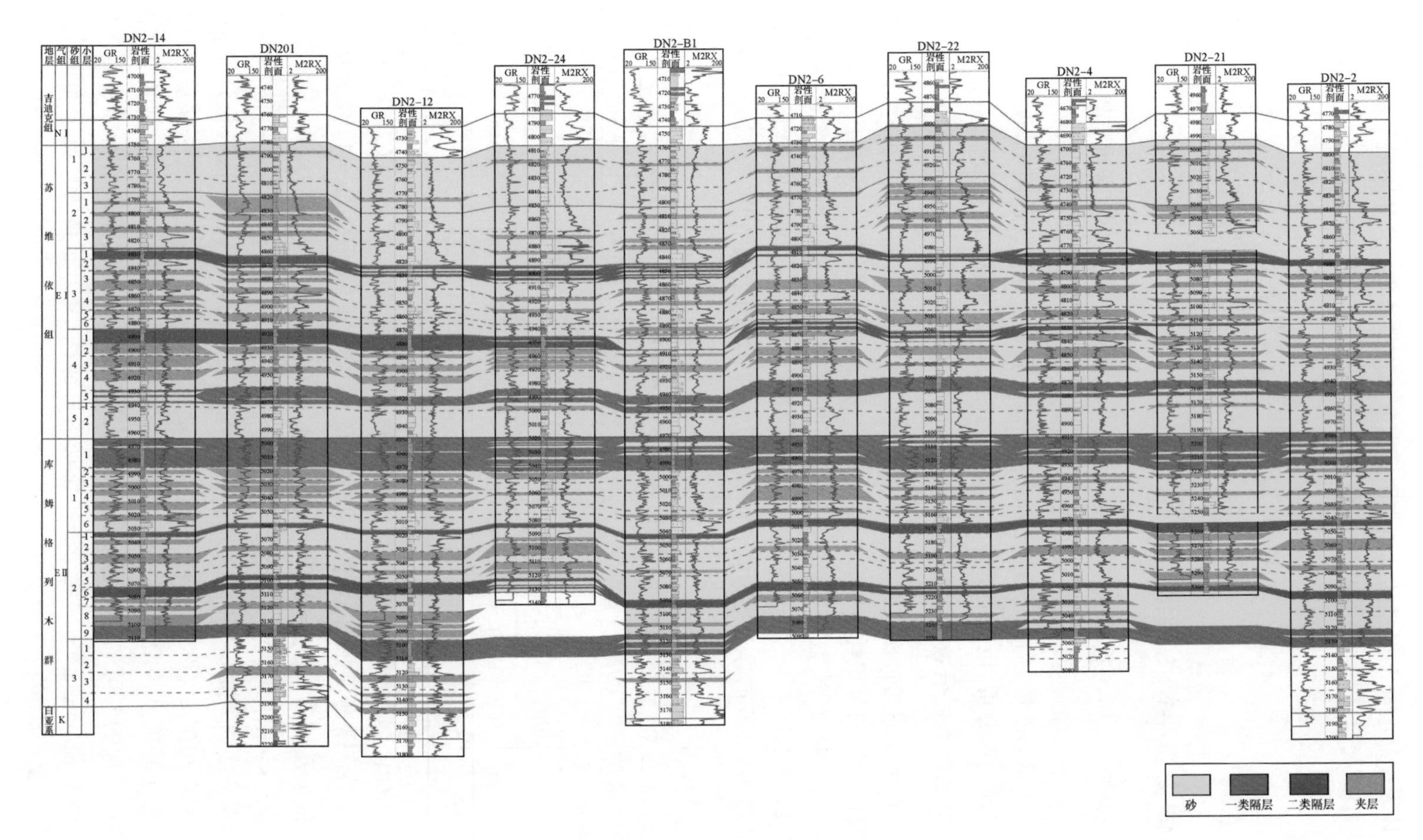

图4-29 ND气田储层岩性剖面图

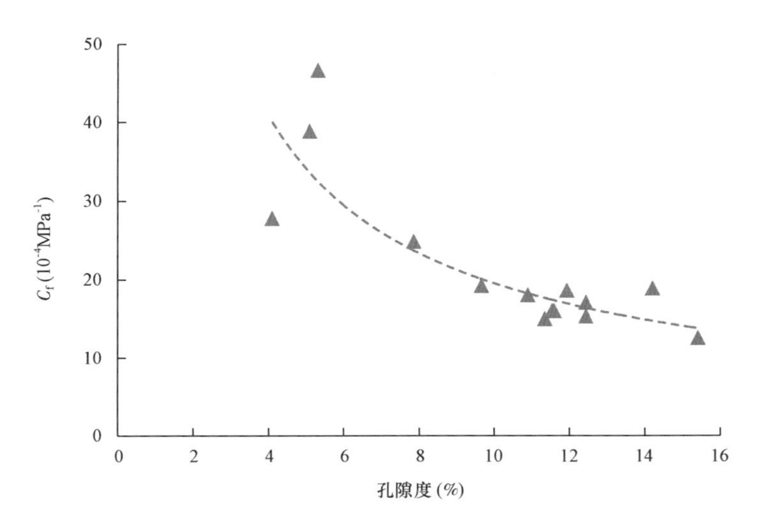

图4-30　DN气田岩石孔隙压缩系数C_f与孔隙度关系图

表4-6　部分厚层异常高压气藏考虑泥岩层情况下有效压缩系数计算结果表

气田名称	$\phi_{储层}$(%)	$\phi_{泥岩}$(%)	NTG	M	储层C_f(10^{-3}MPa^{-1})	泥岩层C_f(10^{-3}MPa^{-1})	S_{wi}	C_w(10^{-3}MPa^{-1})	$\overline{C}_e$(不含泥岩层)(10^{-3}MPa^{-1})	$\overline{C}_e$(含泥岩层)(10^{-3}MPa^{-1})
DN	9.6	6.0	0.53	0.55	1.92	3.50	0.33	0.41	3.07	5.96
DB	7.4	3.5	0.58	0.34	2.0	2.69	0.31	0.41	3.08	4.42
KS	6.8	3.5	0.61	0.33	2.1	3.59	0.30	0.41	3.17	4.86

表4-7　DN气田生产数据及基础参数表

G_p(10^8m^3)	p(MPa)	Z	Δp(MPa)	p/Z(MPa)	C_w(10^{-3}MPa^{-1})	S_{wi}
0	105.43	1.80	0.00	58.65	0.41	0.33
66.3	101.27	1.75	4.16	57.85	0.41	0.33
113.1	98.43	1.72	7.00	57.27	0.41	0.33
179.4	93.71	1.67	11.72	56.26	0.41	0.33
215.422	92.02	1.65	13.41	55.88	0.41	0.33

利用Fetkovich总体物质平衡方程，在有效压缩系数$\overline{C}_e$中包含泥岩层驱动能量，重新计算了气藏动态储量。

首先取储层孔隙度下限值作为泥岩层平均孔隙度，然后根据图4-30中C_f—ϕ关系，确定泥岩层C_f值，再利用式(4-50)计算包含泥岩层的$\overline{C}_e$值。

式(4-50)中M值利用净毛比计算，即：

$$M=\frac{V_{pN}}{V_{pR}}=\frac{\phi_{泥岩}H_{泥岩}}{\phi_{储层}H_{储层}}=\frac{\phi_{泥岩}}{\phi_{储层}}\left(\frac{1}{NTG}-1\right) \tag{4-52}$$

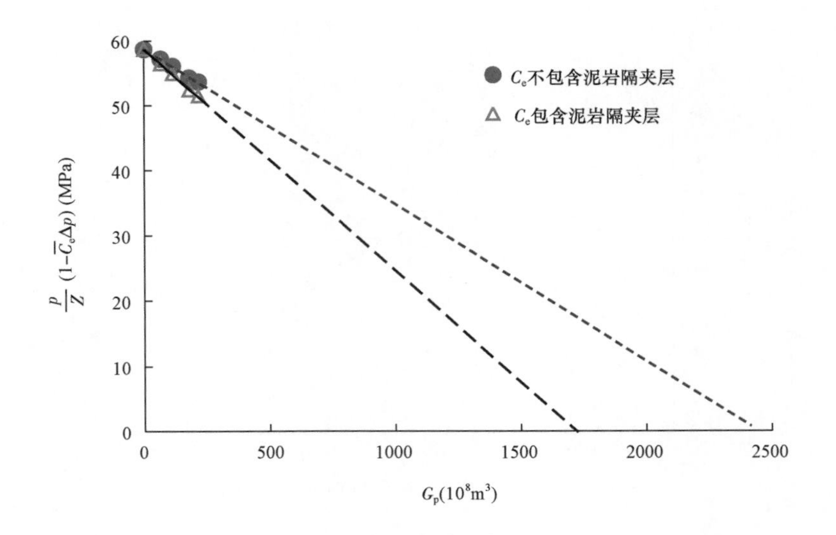

图4－31　DN气田$\frac{p}{Z}(1-\bar{C}_e\Delta p)$—$G_p$关系图

式中　$\phi_{储层}$，$\phi_{泥岩}$——分别为储层孔隙度和泥岩层孔隙度；

$H_{储层}$，$H_{泥岩}$——分别为储层有效厚度和泥岩层厚度，m；

NTG——净毛比。

表4－6给出了M和$\bar{C}_e$计算结果。DN气田有效储层孔隙度下限为6%，取泥岩层孔隙度$\phi=6\%$，根据图4－30确定泥岩层孔隙压缩系数$C_f=3.5\times10^{-3}\text{MPa}^{-1}$，利用静毛比计算$M=0.55$。假设$C_{tw}=C_w$，$\bar{C}_f=C_f$，利用式(4－50)计算$\bar{C}_e=5.96\times10^{-3}\text{MPa}^{-1}$，是不考虑泥岩层时有效压缩系数的1.9倍。利用考虑泥岩层后的$\bar{C}_e$值和DN气藏实际生产数据，建立了$\frac{p}{Z}(1-\bar{C}_e\Delta p)$—$G_p$直线关系图（图4－31），外推计算DN气藏动态储量为$1680\times10^8\text{m}^3$，与容积法储量接近。从储层物性来看，DN气田储层以原生孔隙为主，平均孔隙度9%，岩心分析主要渗透率区间0.1～1.0mD，储层基质具备一定的渗流能力，再加上裂缝发育，使得气藏内部总体连通性好，地层压力下降均衡，储量可动用性强。因此认为动态储法储量计算结果比较可靠，同时也证实了考虑泥岩层驱动能量这一方法的可靠性，由此说明在巨厚层中广泛分布的泥岩隔夹层确实提供了不可忽略的驱动能量。

表4－6同时给出了其他同类气田考虑泥岩隔夹层后的有效压缩系数值，从表中可以看出，由于泥岩层广泛发育，考虑了泥岩层之后，有效压缩系数$\bar{C}_e$是原来的1.4～1.9倍，显示了泥岩层具备的驱动能量潜力。在本次实例分析中，仅通过显式的方式量化了泥岩隔夹层对气藏驱动能量的贡献，在今后实际开发分析中，应该充分利用动态数据，从不同的角度论证这类气藏驱动能量特征，正确认识地层压力下降趋势和动态储量。

2. 常压气藏开采后期溶解气驱动作用

这一部分主要以实例分析的方式，介绍如何利用动态数据反算$\bar{C}_e$值，从而识别气藏开采中未被认识到的驱动能量。

以下是一个国外气藏开发的例子。Ellenburger 气藏原始地层压力为 46. 12MPa，地层压力系数为 1. 13，属于正常压力系统。储层温度为 93. 3℃，平均孔隙度 $\phi=5\%$，束缚水饱和度 $S_{wi}=35\%$。尽管平均孔隙度较低，但储层微裂缝发育，动态渗透率高，井间连通性好，关井压力恢复快。该气藏属于高含 CO_2 气藏，初始 CO_2 组分摩尔含量为 28%，后来逐渐增加到 31%。表 4－8 给出了该气田生产动态数据。

表 4－8　Ellenburger 气藏生产数据表

G_p (10^8m^3)	p (MPa)	Z	p/Z (MPa)	Δp (MPa)
0. 0	46. 12	1. 054	43. 76	0. 00
169. 9	36. 10	0. 954	37. 84	10. 02
280. 3	31. 74	0. 918	34. 58	14. 38
314. 3	30. 48	0. 909	33. 54	15. 64
337. 0	29. 41	0. 902	32. 61	16. 72
348. 3	28. 51	0. 897	31. 80	17. 62
379. 4	27. 51	0. 891	30. 87	18. 62
424. 8	25. 38	0. 882	28. 78	20. 74
464. 4	23. 82	0. 877	27. 15	22. 30
464. 4	24. 81	0. 880	28. 19	21. 31
506. 9	22. 53	0. 875	25. 76	23. 59
546. 5	20. 04	0. 872	22. 98	26. 09
591. 8	19. 01	0. 871	21. 82	27. 12
623. 0	17. 14	0. 869	19. 73	28. 98
659. 8	15. 66	0. 865	18. 11	30. 47
688. 1	13. 71	0. 888	15. 45	32. 41
719. 2	13. 61	0. 888	15. 32	32. 51
744. 7	12. 56	0. 894	14. 05	33. 57
767. 4	11. 59	0. 899	12. 89	34. 53
787. 2	10. 53	0. 906	11. 62	35. 59
807. 0	9. 94	0. 911	10. 92	36. 18
818. 4	9. 65	0. 913	10. 57	36. 48
832. 5	9. 55	0. 914	10. 45	36. 57
846. 7	9. 16	0. 917	9. 99	36. 97
858. 0	8. 96	0. 918	9. 76	37. 17

续表

G_p (10^8m^3)	p (MPa)	Z	p/Z (MPa)	Δp (MPa)
866.5	8.66	0.921	9.41	37.46
875.0	8.36	0.923	9.06	37.76
883.5	8.06	0.925	8.71	38.06
894.8	7.66	0.929	8.25	38.46
900.5	7.36	0.931	7.90	38.77

图4－32给出了Ellenburger气藏视地层压力与累积产气关系曲线，从图中可以看出p/Z—G_p呈现出典型的向下弯曲的两段式直线特征。利用早期的p/Z数据直线外推计算动态储量$1273\times10^8m^3$，后期直线段外推计算动态储量$1076\times10^8m^3$。针对该常压气藏压降曲线呈现出两段式特征的原因，利用总体物质平衡方程进行了分析，主要是对$\overline{C}_e$值变化趋势进行分析，采用显式和隐式两种计算方式。在隐式计算过程中，假设一个地质储量G，然后根据实测压力和产量数据，反算每个实测点的$\overline{C}_e$值。根据式(4－51)得到：

$$\overline{C}_e = \left[1 - \frac{p_i/Z_i}{p/Z}\left(1 - \frac{G_p}{G}\right)\right]\frac{1}{(p_i - p)} \quad (4-53)$$

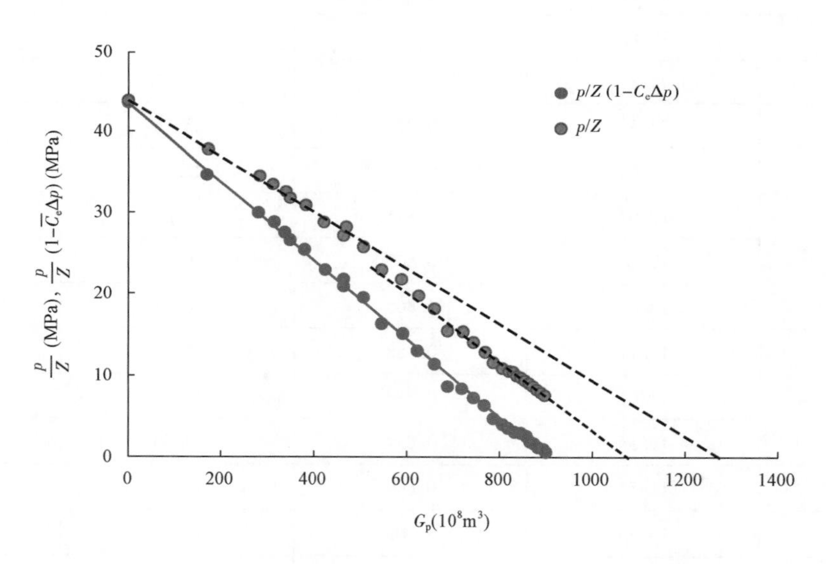

图4－32 Ellenburger气藏$\frac{p}{Z}$、$\frac{p}{Z}(1-\overline{C}_e\Delta p)$—$G_p$关系图

利用式(4－53)在假设不同G值情况下计算了$\overline{C}_e$—p变化趋势(图4－33)。然后采用显式方法，根据储层中流体PVT性质，在假设不同M值情况下，利用式(4－50)计算不同压力下$\overline{C}_e$值，并在同一张图上绘制$\overline{C}_e$—p变化趋势(图4－33)。计算时基础参数取值为$S_{wi}=0.35$，$C_f=0.9\times10^{-3}MPa^{-1}$(Hall公式)。

根据计算结果，当$M=3.3$时$\overline{C}_e$—p变化趋势与隐式计算的$G=892\times10^8m^3$时的$\overline{C}_e$—p变化趋势吻合(图4－33)，由此确定Ellenburger气藏动态储量$G=892\times10^8m^3$，非储层孔隙体积

与储层孔隙体积比 $M=3.3$。图4－32给出了根据 M 和 $\overline{C}_e$ 值建立的 $\frac{p}{Z}(1-\overline{C}_e\Delta p)$—$G_p$ 关系图（图4－32）。

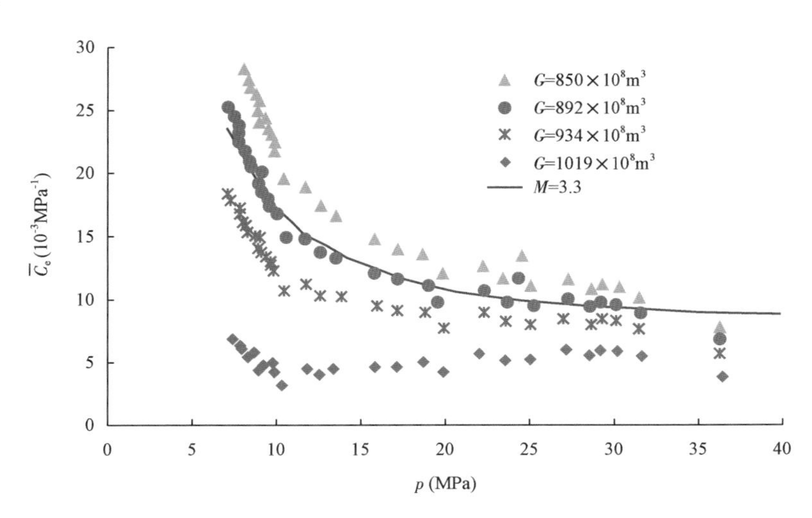

图4－33　Ellenburger 气藏假设不同 G 值情况下 $\overline{C}_e$—p 关系图

利用确定的 M 值计算了地层水的体积 W_i，包括储层中的束缚水和非储层中的水，假设非储层孔隙中100%饱和水。

由于

$$M = V_{pN}/V_{pR}$$

$$V_{pR} = \frac{GB_{gi}}{1-S_{wi}}$$

因此

$$W_i = \frac{1}{B_{twi}}\frac{GB_{gi}(S_{wi}+M)}{1-S_{wi}} \tag{4-54}$$

式中　W_i——地层中水的体积，m^3；

B_{twi}——原始地层压力条件下地层水的体积系数，m^3/m^3。

根据式(4－54)计算 $W_i=13.4\times10^8m^3$。由于该气藏属于高含 CO_2 气藏，因此水中溶解气含量高，初始溶解气水比 $R_{swi}=12.0m^3/m^3$，是普通气藏的3倍。气藏开发到后期，溶解气得到充分释放。利用 W 计算水中溶解气储量 $G_s=161\times10^8m^3$，由此确定储层中气的总储量为：$G_t=G+G_s=1053\times10^8m^3$，与利用该气藏 $\frac{p}{Z}$—G_p 关系图后期直线外推确定动态储量接近。在该常压气藏开发中，水体以及水中溶解气的弹性膨胀提供了重要的驱动能量，使得计算 $\overline{C}_e$ 值高于一般常压气藏。

第五章

单井动态法储量计算

对于一些小型或连通范围有限的断块气藏、裂缝性气藏和低渗透致密气藏，有时以单井为主要分析对象计算动态储量。此外，对于分布范围大，储层连通性好的多井气藏，也会计算单井动态储量，为单井合理配产和井网完善提供依据。单井动态法储量计算包括以静压为基础的物质平衡法、以流压数据为基础的弹性二相法和现代产量递减分析方法。物质平衡法在前面已经进行了详细介绍，本章主要介绍以单井井底流压为基础的现代产量递减分析方法和弹性二相法。

第一节　现代产量递减分析方法

现代产量递减分析方法主要是通过特征图版拟合的方式计算单井动态储量，其基本原理已在第一章中进行了论述，这里只介绍目前气藏工程软件中常用的现代产量递减分析方法的计算过程和注意事项。在软件中计算过程相对比较简单，但要获得准确的计算结果，对基础数据的可靠性、异常数据的分析和诊断十分重要。利用软件分析的流程依次为基础参数输入、井底流压折算与校正、图版拟合分析、解析模型历史拟合验证。

一、基础参数的输入与核实

在分析中需要输入的参数见表5－1，包括储层参数、PVT数据、完井信息和生产动态数据。这里需要强调的是，在储层参数中，输入的有效厚度h值的准确性会影响渗透率K的解释结果，因为在图版拟合过程中，与不稳定试井解释一样，确定的是地层系数Kh值，而不是K值。

表5－1　现代产量递减分析中输入参数表

参数类别	具体参数
储层参数	$p_i,T,h,\phi,S_{gi},S_{wi},C_f,C_w$
PVT数据	气体组分，非烃类气体含量，r_g
完井信息	套管尺寸与深度，油管尺寸与深度，水平井或斜井井轨迹，射孔层段深度
生产动态数据	日期、日产气、日产水、油压、套压、井口流动温度（平均值）、实测井底静压及流压

岩石有效压缩系数 C_f 值一般为软件缺省值（软件中根据孔隙度采用经验公式计算），对于常压气藏，C_f 值对动态储量计算结果影响小，可以直接利用软件中的缺省值。对于异常高压气藏，C_f 值高于常压气藏，在前面第四章异常高压气藏动态法储量计算中已经论述了 C_f 取值对物质平衡法动态储量的影响，对于以流压为主的现代产量递减分析方法，C_f 值同样会影响单井动态储量计算结果（表 5－2），C_f 值越小，单井动态储量计算结果越大。因此在利用现代产量递减分析方法计算单井动态储量时，应输入根据实验或其他方法确定的可靠的 C_f 值。

表 5－2　某异常高压气井不同 C_f 值时 Blasingame 方法储量计算结果

C_f（$10^{-3}MPa^{-1}$）	0.5	1	2	3
G（10^8m^3）	75.6	70.4	61.45	54.52
基础参数：p_i＝70MPa，ϕ＝5％，S_{gi}＝80％，r_g＝0.59				

对于气井的初始地层压力 p_i，多数气井在投产之前，都会进行井底静压监测，确定初始地层压力。对于气田投产初期就投入开发的气井，其初始压力就是气田的原始地层压力，对于投产一段时间后加密的气井，在气藏连通性好的情况下，其初始压力低于原始地层压力，应该接近或等于邻井目前平均地层压力。p_i 会影响 PVT 数据、图版曲线形态和解释结果，尤其是对生产压差较小的气井。在实际分析中，如果没有实际测试数据，应该参考周围邻井压力情况或气田平均地层压力，并在一定范围内变化 p_i 值，确定其对计算结果的影响程度。

二、井底流压折算及校正

在现代产量递减分析中，井底流压的折算与校正是个非常关键的环节。在第一章基本原理中已经提到，气井现代产量递减分析的中的“产量”是“拟压力规整化产量”，即 $q_g/(p_{pi}-p_{pwf})$，针对某一口井，原始地层压力 p_i（p_{pi}）不变，从实质上来讲，就是分析产量 q_g 对应的井底流压 p_{wf}（p_{pwf}）的变化趋势，因此流压数据的精度和可靠性直接影响流动状态判断和储层参数计算。矿场日常生产动态数据主要以井口压力为主，包括井口油压和套压，需要通过管流折算到储层中部（图 5－1），然后再利用实测井底流压数据来检验和校正折算结果。对折算井底流压的校正非常关键，尤其是对于产量高、生产压差小（小于 1～2MPa）的气井，很容易由于折算的误差导致图版上生产数据点散乱现象。对于油套环空未下封隔器的气井，套压折算的精度高于油压折算精度。目前大多数高温高压气井都放置了油套环空封隔器，只能利用井口油压折算井底压力，当气井大量产水后，折算精度大大降低，使得图版异常现象十分普遍。

第一章图 1－32 中给出了 Blasingame 图版诊断曲线，导致流压未按标准曲线变化的原因有两个：一是井底流压计量或折算发生偏差，比如压力计位置改变、井筒中流体性质改变等；二是储层流动状态发生变化，比如井底污染增加、井间干扰、水驱等。有许多异常现象，都是由于井底流压折算精度问题引起的。

近些年随着气田开发向更深的领域推进，深层、超深层高温高压气井的产量贡献越来越大，这些气井由于储层埋藏深，井下地质和工艺情况复杂，导致气井生产动态出现异常的频率增加。如 DN 异常高压气田，由于有些井生产过程中储层出砂堵塞井下油管头，导致气井生产过程中流压变化趋势与产量变化趋势不匹配，如产量不变流压突然升高或降低、产量和流压同时升高、同时降低等(图5－2)，使得生产数据的可分析性变差。针对动态异常的井，应该先排除工艺因素再进行分析解释。

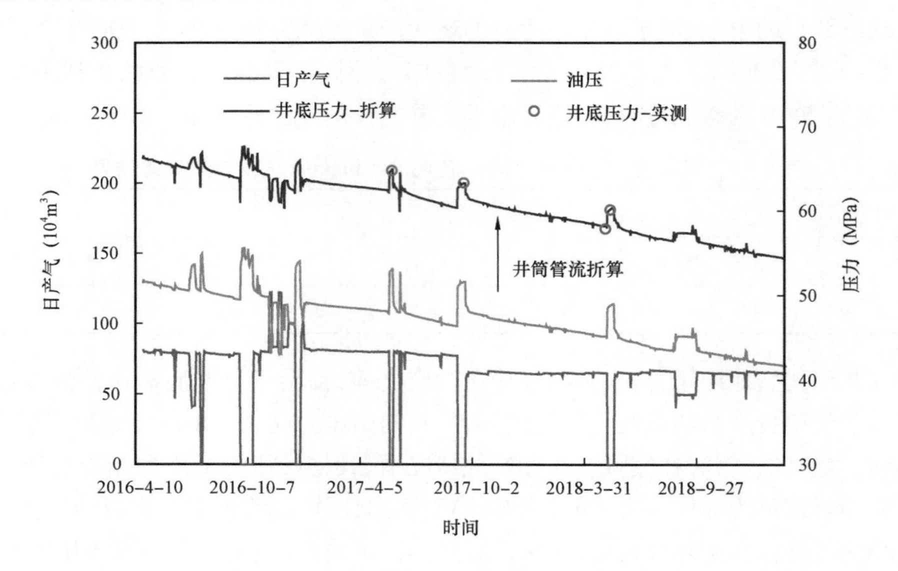

图5－1 某气井生产曲线与折算井底流压

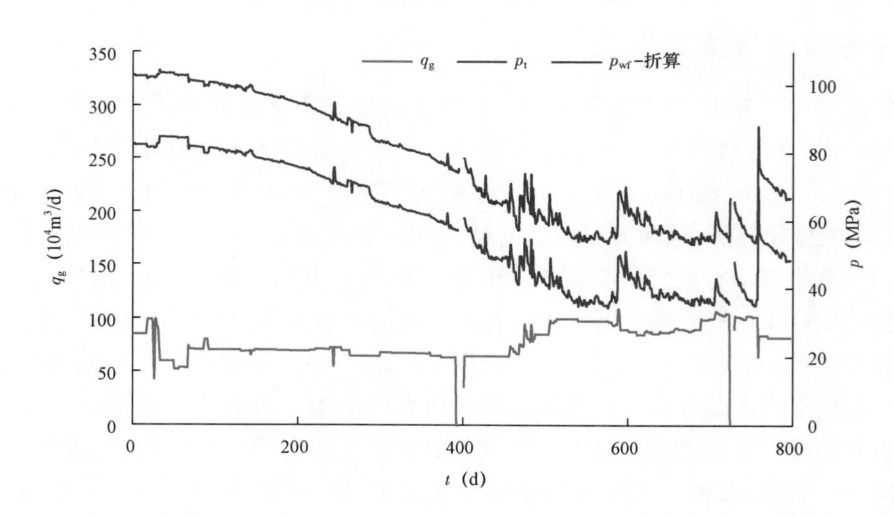

图5－2 DN2－6井生产曲线

三、图版拟合单井动态储量初步计算

在特征图版拟合过程中有两点很重要，一是选择流动模型，目前的模型包括径向流、压裂井、水平井、有效导流能力裂缝等，模型的选择仅影响不稳定流动段渗透率 K、表皮系数 S、裂缝半长 x_f 等参数计算结果，不会影响动态储量计算结果；二是判断是否达到拟稳定流动段，在 Blasingame 图版中达到拟稳定流动段的标志就是前期对应不同 r_{eD} 的曲线都汇聚成一条斜率为 -1 的直线。相对于 q_{Dd} 曲线，从不稳定流动段过渡到拟稳定流动段对应无因次时间 $t_{Dd}>0.3$，对于中—高渗透气井，一般在连续生产 4 ~6 个月以后就能达到拟稳定流动段，低渗透致密气井需要的时间相对较长。对于未出现拟稳定流动段的气井，动态储量计算存在多解性，可以变化曲线的位置，大概确定单井动态储量范围。从理论上来看，Agarwal - Gardner 图版中的导数曲线用来判断是否达到拟稳定流动段更准确，但导数曲线对数据精度比较敏感，有时实际生产数据会在不稳定流动向拟稳定流动过渡时出现异常现象，影响判断。

为了降低单一图版拟合的多解性，一般利用多个图版进行计算，包括 Blasingame 图版、Agarwal - Gardner图版和 FMB 方法（流动物质平衡）等。受数据质量和录取频率影响，不同的人在图版拟合计算过程中存在 10% ~20% 的误差是有可能的，有时会更大。整体上来看，那些渗透率高、生产压差小的井更容易出现很大的误差。

下面给出了一口实例井分析过程。图 5 -3 为某气藏 MX8 -18 - X1 井生产曲线，图 5 -4 至图 5 -6 分别为该井 Blasingame、Agarwal - Gardner 和 FMB 图版分析结果，三种方法动态储量计算结果基本一致，分别为 $38.8\times10^8m^3$、$40.2\times10^8m^3$ 和 $43.2\times10^8m^3$。但在不稳定流动段 Blasingame 图版和 Agarwal - Gardner 图版解释结果相差较大，生产数据在 Blasingame 图版上不稳定流动表现出渗透率较高的径向流特征，拟合无因次半径 $r_{eD}=1000$，$K=16.3mD$，$S=-0.5$；但在 Agarwal - Gardner 图版上不稳定流动段拟合无因次半径 $r_{eD}=48$，$K=5.8mD$，$S=-5.5$，气井表皮系数表现出超完善井特征。根据实际情况分析，该井为大斜度井并经过酸化后投产，表皮系数应该是大斜度井 + 酸化的综合反应，因此认为 Agarwal - Gardner 图版对 K 和 S 的解释结果更符合实际情况。

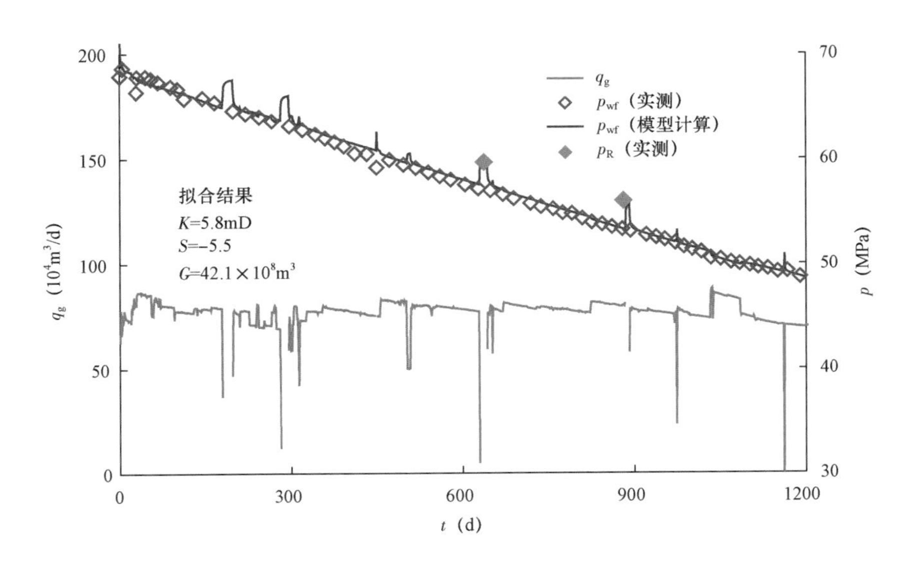

图 5 -3　MX8 -18 - X1 井生产曲线

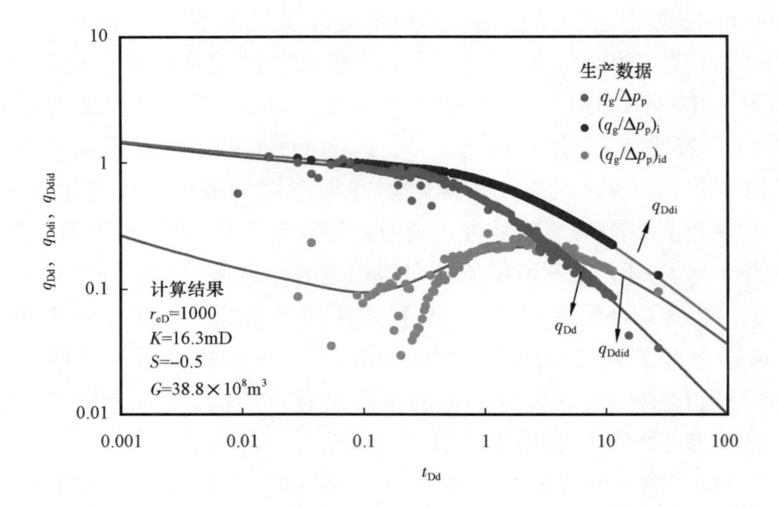

图 5-4　MX8-18-X1 井生产数据 Blasingame 图版拟合

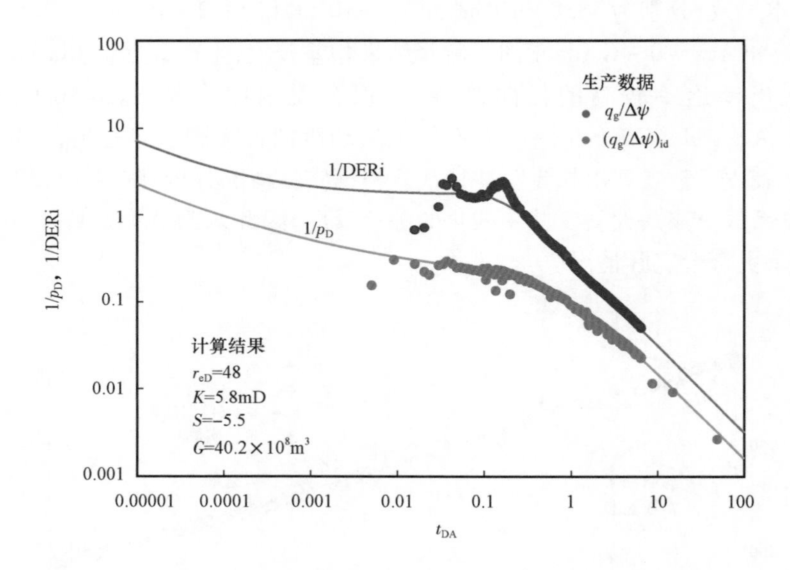

图 5-5　MX8-18-X1 井生产数据 Agarwal-Gardner 图版拟合

四、单井模型结果验证

由于图版分析计算结果存在多解性，为了验证图版解释的可靠性，一般在软件中根据图版分析确定 K、S 和 G 等参数建立单井解析模型或数值模型，模拟计算生产历史，通过拟合来检验解释结果的可靠性。图 5-3 为前面分析的 MX8-18-X1 井生产历史拟合结果，单井模型参数利用 Agarwal-Gardner 图版分析结果，模型计算流压和静压与实际生产历史完全吻合，说明图版拟合分析结果可靠。

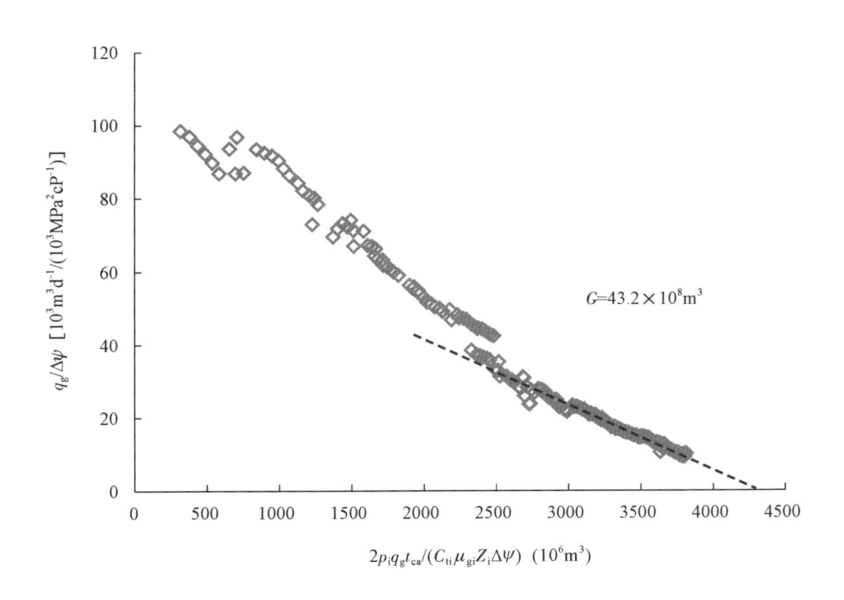

图 5 - 6 MX8 - 18 - X1 井流动物质平衡分析图

第二节 弹性二相法

弹性二相法,又称为拟稳态法,指气井在定产情况下生产,当流动达到拟稳定状态后,井底流压下降趋势与时间呈直线关系。弹性二相的说法,来源于苏联学者谢尔卡切夫和拉普克,他们将压降曲线的非稳定流动段称为弹性第一相(Phase,阶段),将拟稳定流动段称为第二相。弹性二相法最初用于压降试井分析,利用弹性二相法计算气井动态储量的原理与现代产量递减分析中图版拟合法计算动态储量原理一致,都是利用井底流压进行分析,且流动要达到拟稳定流状态。随着气藏工程软件的广泛应用,在针对气井长期的生产动态分析中,弹性二相法逐步被现代产量递减分析方法取代。

一、拟稳定流条件下气井无因次流动方程

第一章中式(1 - 116)给出了拟稳定流条件下油气井无因次流动方程,即:

$$p_D = \frac{2t_D}{(r_{eD})^2} + \left(\ln r_{eD} - \frac{3}{4} + S\right)$$

式中 p_D——无因次压力;

t_D——无因次时间;

r_{eD}——无因次井控半径;

S——表皮系数。

针对气井,式(1 - 109)给出了以拟压力形式表示的无因次压力,即:

$$p_D = \frac{2.714 \times 10^{-5} Kh}{q_g} \frac{T_{sc}}{ZTp_{sc}} (\psi_i - \psi_{wf})$$

式(1－106)和式(1－108)分别给出了无因次时间 t_D 和无因次半径 r_{eD} 表达式为：

$$t_D = \frac{3.6 \times 10^{-3} Kt}{\phi \mu_g C_t r_w^2}$$

$$r_{eD} = \frac{r_e}{r_w}$$

二、以拟压力、压力平方和压力形式表示的气井拟稳定流动方程

1. 拟压力形式

将式(1－106)、式(1－108)和式(1－109)代入式(1－116)中，整理后得到以拟压力形式表示的气井拟稳定流动状态下的渗流方程：

$$\psi_i - \psi_{wf} = 0.2881 \frac{q_g T}{\mu_g C_t V_p} t + 12.74 \ln\left(0.472 \frac{r_e}{r_{wa}}\right) \frac{q_g T}{Kh} \tag{5-1}$$

即

$$\psi_{wf} = \psi_i - 0.2881 \frac{q_g T}{\mu_g C_t V_p} t - 12.74 \ln\left(0.472 \frac{r_e}{r_{wa}}\right) \frac{q_g T}{Kh} \tag{5-2}$$

式中 ψ_i，ψ_{wf}——以拟压力形式表示的原始地层压力和井底流压，$MPa^2/(mPa \cdot s)$；

q_g——产气量，$10^4 m^3/d$；

T——储层温度，K；

t——生产时间，h；

μ_g——气体黏度，mPa·s；

C_t——总压缩系数，$C_w S_w + C_g S_g + C_f$，MPa^{-1}；

V_p——地下孔隙体积，$\pi r_e^2 h \phi$，m^3；

r_e——井控半径，m；

r_{wa}——有效井径，$r_w e^{-s}$，m；

K——渗透率，mD；

h——储层厚度，m。

在定产的情况下 q_g = 常数，式(5－2)等号右边最后一项为常数，即：

$$12.74 \ln\left(0.472 \frac{r_e}{r_{wa}}\right) \frac{q_g T}{Kh} = C$$

在相对有限的时间内，$\mu_g C_t$ 变化幅度小，假定为常数，在气井以恒定产量生产情况下，式(5－2)可以写为：

$$\psi_{wf} = a - mt \tag{5-3}$$

其中 a 和 m 为常数，m 的表达式为：

$$m = \frac{0.2881}{V_p} \frac{q_g T}{\mu_g C_t} \tag{5-4}$$

式中　m——直线斜率的绝对值，$MPa^2/(mPa \cdot s \cdot h)$。

从式(5-3)可以看出，当气井达到拟稳定流动状态后，ψ_{wf}—t 在直角坐标中呈直线关系，斜率为 $-m$，根据 m 值可以计算地下孔隙体积 V_p 和动态储量 G，即：

$$V_p = \frac{0.2881}{m} \frac{q_g T}{\mu_g C_t} \tag{5-5}$$

$$G = \frac{V_p S_{gi}}{B_{gi}} = \frac{0.2881}{m} \frac{q_g T S_{gi}}{\mu_g C_t B_{gi}} \tag{5-6}$$

其中 $\mu_g C_t$ 取 $\frac{\psi_i + \psi_{wf}}{2}$ 时的值。

2. 压力平方形式

当 $p < 13.8MPa$ 时，$\mu_g Z \approx$ 常数，拟压力可以简化为压力平方形式，即：

$$\psi = 2\int_0^p \frac{p}{\mu_g Z} dp = \frac{p^2}{\mu_g Z} \tag{5-7}$$

将式(5-7)代入式(5-2)中，整理后得到以压力平方形式表示的气井拟稳定流动方程：

$$p_{wf}^2 = p_i^2 - 0.2881 \frac{ZTq_g t}{V_p C_t} - 12.74 \ln\left(\frac{0.472 r_e}{r_{wa}}\right) \frac{q_g \bar{\mu}_g \bar{Z} T}{Kh} \tag{5-8}$$

式中　$\bar{\mu}_g$——平均气体黏度，取 $p = \sqrt{\frac{p_i^2 + p_{wf}^2}{2}}$ 时的值，$mPa \cdot s$；

$\bar{Z}$——平均气体压缩因子，取 $p = \sqrt{\frac{p_i^2 + p_{wf}^2}{2}}$ 时的值。

在定产量生产情况下 q_g = 常数，假设 C_t = 常数，由于 $\bar{\mu}_g \bar{Z} \approx$ 常数，因此式(5-8)可以写成：

$$p_{wf}^2 = a' - m't \tag{5-9}$$

其中 a' 和 m' 均为常数。m' 的表达式为：

$$m' = 0.2881 \frac{ZTq_g}{V_p C_t} \tag{5-10}$$

式中　m'——直线斜率的绝对值，MPa^2/h。

从式(5-9)可以看出，当气井达到拟稳定流动状态后，p_{wf}^2—t 在直角坐标中呈直线关系，斜率为 $-m'$，根据 m' 值计算地下孔隙体积 V_p 和动态储量 G。

$$V_p = 0.2881 \frac{\bar{Z} T q_g}{C_t m'} \tag{5-11}$$

$$G = \frac{V_p S_{gi}}{B_{gi}} = \frac{0.2881}{m'} \frac{\bar{Z} T q_g S_{gi}}{C_t B_{gi}} \tag{5-12}$$

式(5－12)中 C_t取 $p=\sqrt{\frac{p_i^2+p_{wf}^2}{2}}$时的值。

3. 压力形式

当 $p>20.7\text{MPa}$ 时,$p/\mu_g Z\approx$常数,即 $B_g\mu_g\approx$常数,拟压力可以简化为压力形式,即:

$$\psi=2\int_0^p\frac{p}{\mu_g Z}\mathrm{d}p=2\int_0^p\frac{Tp_{sc}}{T_{sc}}\frac{1}{B_g\mu_g}\mathrm{d}p=\frac{2p}{B_g\mu_g}\frac{Tp_{sc}}{T_{sc}} \tag{5-13}$$

将式(5－13)代入式(5－2)中,整理后得到以压力形式表示的气井拟稳定流动方程:

$$p_i-p_{wf}=4.166\times10^2\frac{q_g\overline{B}_g t}{C_t V_p}+1.842\times10^4\ln\left(\frac{0.472r_e}{r_{wa}}\right)\frac{q_g\overline{\mu}_g\overline{B}_g}{Kh} \tag{5-14}$$

式中 $\overline{\mu}_g$——平均气体黏度,取 $p=\frac{p_i+p_{wf}}{2}$时的值,mPa·s;

$\overline{B}_g$——平均气体体积系数,取 $p=\frac{p_i+p_{wf}}{2}$时的值,m^3/m^3。

在定产量生产情况下 $q_g=$常数,假设 $C_t=$常数,在短时间内$\overline{B}_g$ 变化幅度小,近似为常数。由于$\overline{\mu}_g\overline{B}_g\approx$常数,因此式(5－14)可以写成:

$$p_{wf}=a''-m''t \tag{5-15}$$

其中 a''和 m''均为常数。m''的表达式为:

$$m''=4.1664\times10^2\frac{q_g\overline{B}_g}{C_t V_p} \tag{5-16}$$

式中 m''——直线斜率的绝对值,MPa/h。

由式(5－15)可知,在气井达到拟稳定流动状态后,p_{wf}—t 在直角坐标中呈直线关系,斜率为 $-m''$,根据 m''值计算地下孔隙体积 V_p和动态储量 G,即:

$$V_p=4.1664\times10^2\frac{q_g\overline{B}_g}{C_t m''} \tag{5-17}$$

$$G=\frac{V_p S_{gi}}{B_{gi}}=4.1664\times10^2\frac{q_g\overline{B}_g S_{gi}}{C_t m'' B_{gi}} \tag{5-18}$$

式(5－18)中 C_t取 $p=\frac{p_i+p_{wf}}{2}$时的值。

三、弹性二相法计算实例

某气井以恒定产量生产,日产气 $1.425\times10^4m^3$,生产曲线如图 5－7 所示。利用后期生产数据分别回归了 ψ_{wf}—t、p_{wf}^2—t 和 p_{wf}—t 直线关系(图 5－7、图 5－8)。根据回归直线斜率分别利用式(5－6)、式(5－12)和式(5－18)计算了气井动态储量。气井基础参数为$p_i=31\text{MPa}$,$T=348.15\text{K}$,$C_{ti}=0.017\text{MPa}^{-1}$,$S_{gi}=70\%$,$B_{gi}=0.003845m^3/m^3$,$Z_i=0.974$,$\mu_{gi}=0.023\text{mPa}\cdot\text{s}$。计算结果见表 5－3,三种方法计算结果分别 $0.83\times10^8m^3$、$1.07\times10^8m^3$、$0.87\times10^8m^3$,计算结果之间的差别是由于气体 PVT 数据的平均取值导致的。

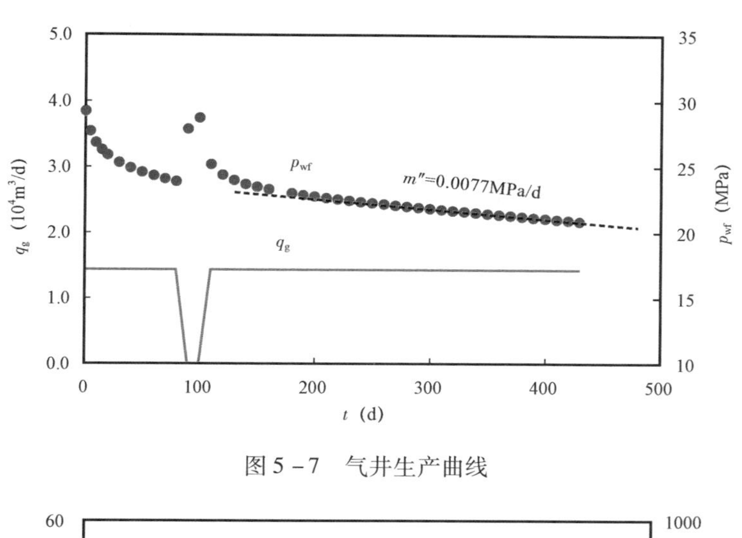

图 5－7　气井生产曲线

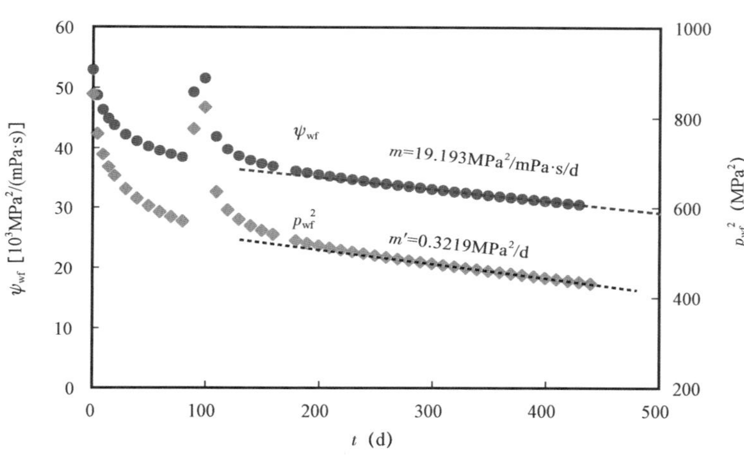

图 5－8　气井 ψ_{wf}—t、p_{wf}^2—t 关系图

表 5－3　气井弹性二相法计算结果表

方法	$\overline{B}_g$ (m^3/m^3)	$\overline{Z}$	m [($MPa^2/mPa\cdot s$)/d]	m' (MPa^2/d)	m'' (MPa/d)	G (10^8m^3)
拟压力	—	—	19.193	—	—	0.83
压力平方	—	0.936	—	0.3219	—	1.07
压力	0.004394	—	—	—	0.0077	0.87

弹性二相法最初主要用于压降试井分析，一般压降测试时间短，认为在短期内地层压力变化区间有限，$\mu_g C_t$可以近似为常数。对于气井长期生产过程中的井底流压变化趋势分析，该方法存在两个局限性，一是井底流压随时间呈直线变化趋势的判识存在一定的误差，有时气井处于不稳定流动段，也会表现出“目测”的直线变化趋势，导致单井动态储量计算存在误差；二是在长期生产过程中，压力变化区间大，气体 PVT 数据变化幅度大，$\mu_g C_t$不再近似为常数(图 5－9)。

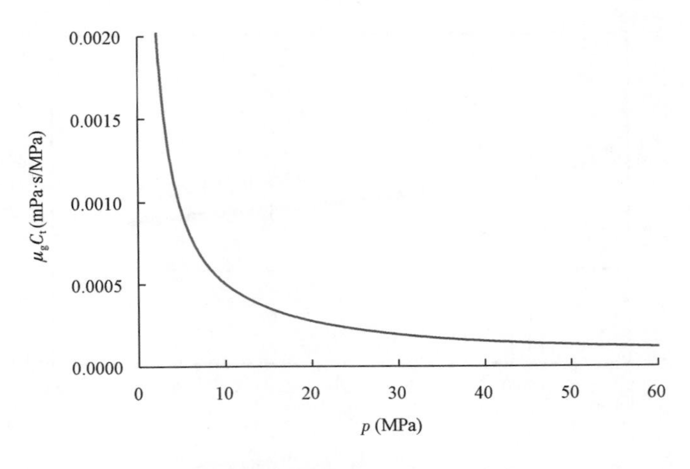

图 5－9　气体 $\mu_g C_t$—p 变化趋势图

第三节　多井连通气藏中单井动态储量与配产的关系

一、多井连通气藏中单井动态储量与配产关系

对于一个具有多井的、连通性好的气藏，当生产井的流动进入拟稳定流阶段后，每口井都建立起各自的流动范围和井控边界，这个边界并非断层或岩性等不渗透边界，而是一个流动意义上的边界，在相邻井的井控边界处流量为0，没有流线的交叉，边界上的同一点在同一时刻具有相同的压力（图 5－10）。生产井的流动进入拟稳态后储层中的任一点的压力下降速度相同，包括边界点、井底和代表平均地层压力那一点，储层不同时刻的压力剖面呈一组平行线。当有新井投产以及气井产量发生变换后，这种平衡被打破（就是通常所说的井间干扰），之后又建立起新的平衡。

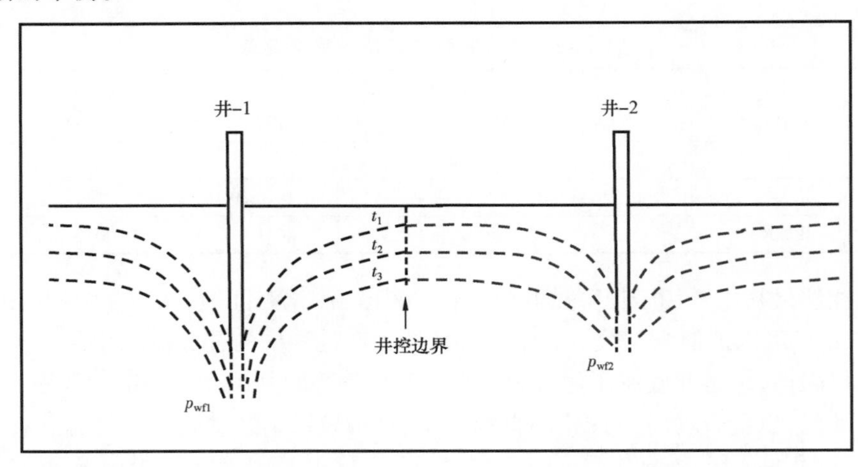

图 5－10　连通气藏气井达到拟稳定流阶段地层压力剖面图

根据上面的分析可知，对于一个连通性好的气藏，当气井生产进入拟稳定流阶段后，各井的井底流压下降速度相同，即井底流压随时间的变换趋势相同，也就是各井 p_{wf}（或 p_{wf}^2、ψ_{wf}）—t 直线关系的斜率 m 相同，本章第二节式(5-4)给出了 m 表达式，即：

$$m = \frac{0.2881}{V_p} \frac{q_g T}{\mu_g C_t}$$

某一时刻气藏内部各井间压力差别不大的情况下，各井控范围内的平均 $\mu_g C_t$ 值近似相等（图5-9），或是其他 PVT 性质参数如 B_g、Z、μ_g 及 C_g 等近似相等，根据式(5-4)可知，此时单井控制范围内的孔隙体积 V_p 与单井配产 q_g 近似呈正比例关系，也就是单井动态储量与单井配产呈正比例关系。从全气藏来看，单井动态储量是按单井配产占总产量的比例"分配"给各气井的，气井配产越高，动态储量越大。但单井动态储量不是随配产增加而无限增大的，如果部分气井配产过高，会导致生产压差增大，各井间流压差异大，使得不同井区内 $\mu_g C_t$ 变化范围大，影响 V_p 与 q_g 的正相关系，此时 $V_p \mu_g C_t$ 与单井配产 q_g 近似呈正比例关系。从图5-9气体 $\mu_g C_t$—p 变化趋势来看，在高压阶段 $\mu_g C_t$ 变化范围小，V_p 与 q_g 更容易表现出正相关系。图5-11给出了某中—高渗透、连通性好的气藏在稳产期内单井平均配产与单井动态储量关系图，二者具有非常高的线性正相关性，气藏在长期生产过程中通过优化配产，实现了地层压力整体均衡下降，不存在明显的压降漏斗。图5-12为该气田部分生产井井口油压变化趋势，各井间油压下降趋势高度一致，这种均衡开发模式，有效抑制了边底水早期非均匀推进。

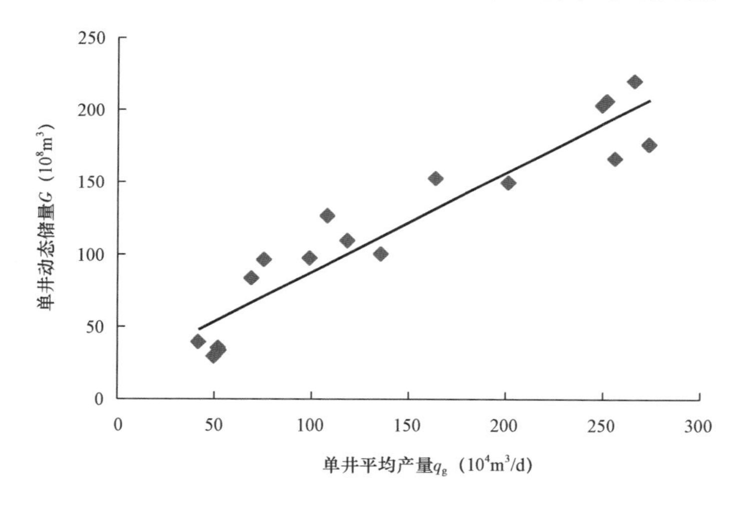

图5-11 某气藏单井动态储量与单井平均产量关系

二、采用单井动态储量累加计算连通气藏整体动态储量的可行性

对于一个井网已经完善的连通性气藏，当生产井压降范围已经波及整个气藏后，根据前面的分析可知，单井在流动过程中不会出现泄流范围叠加等现象，因此从理论上来讲，利用以流压为主的现代产量递减方法计算的单井动态储量相加后应该等于全气藏动态储量。但在实际分析计算中，由于单井现代产量递减法动态储量计算结果存在误差，使得累加计算气藏动态储量也会存在误差，通常累加值偏高（表5-4）。这个误差除了受资料可靠性影响，还有一定的人为影响因素。

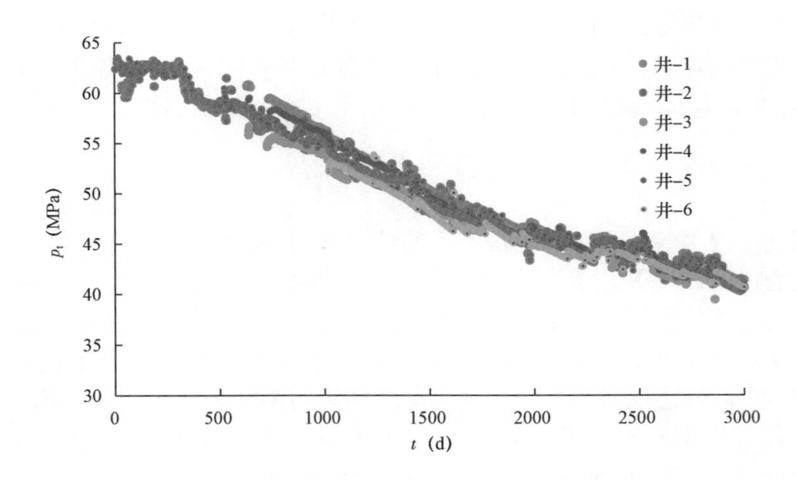

图 5－12　某气田部分生产井井口油压变化趋势图

表 5－4　部分连通气藏不同方法动态储量计算结果表

气藏名称	生产井数（口）	动态储量（10^8m^3）	
		全气藏 p/Z 法	单井现代产量递减法累加
气藏一	52	1730～1810	1720～1930
气藏二	21	2060～2180	2230～2650
气藏三	22	1680～1710	1730～1830

如果以单井 p/Z 法动态储量累加的方式计算全气藏动态储量，从理论上来讲会存在误差。因为在关井压力恢复中会存在平衡作用，单井获得的 p/Z 并非完全代表气井泄流范围内的 p/Z。

对于连通气藏，可以参考单井现代产量递减法累加的动态储量确定全气藏动态储量范围。实际上一般连通气藏在投产后，都以全气藏 p/Z 法计算的动态储量为准，在开发分析中进行单井动态储量计算只是分析井间控制储量差别，为气井优化配产提供依据。

第六章

动态、静态储量差异原因分析

静态储量是根据地质参数采用容积法计算的井控范围或气藏范围内的储量，动态储量代表的是在气藏或气井生产过程中，压降波及范围内参与流动的那部分气的储量。受计算参数可靠性和储层非均质性影响，多数气藏动、静储量都存在一定的差异，近些年由于气藏类型越来越复杂，基质低渗透、裂缝和溶蚀孔洞发育等，使得储层非均质性变强，储量可动用性变差，动态、静态储量差异大现象普遍存在，给气藏开发方案中合理规模确定以及投产后的开发优化带来风险。本章主要从静态储量认识中的不确定性、储层非均质性对储量动用影响和动态法储量计算中的不确定性三个方面分析动、静储量差异原因，并针对如何提高动态法储量计算的可靠性提出建议。在气藏开发的不同阶段，都要根据新的动、静态资料录取情况，核实气藏的动、静态储量，并分析二者存在差异的原因，为气田的优化调整提供依据。

第一节　静态储量认识中的不确定性

地质上储量认识的不确定性主要是由于构造和断层分布、气水界面、储层物性下限等分析解释结果存在误差，导致容积法储量计算不准确。

一、深层复杂构造气藏早期静态储量认识不确定性

深层、超深层是目前和今后常规气上产的重要领域。这类气藏由于储层埋藏深、地表和地下地质条件复杂，影响地震资料录取精度，使得断层位置、断裂组合关系解释难度大，早期气水分布和静态储量认识存在很大的不确定性。图6－1为某超深层气藏2007—2014年构造认识变化情况，该气藏埋藏深度5400～7000m，随着完钻井数的增多，断裂组合和由于断层形成的

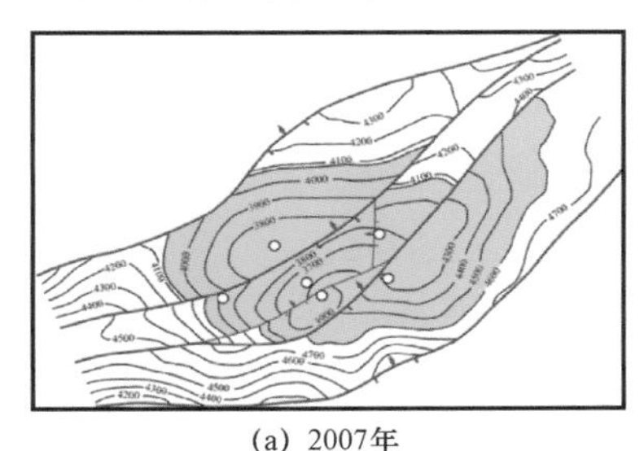

(a) 2007年

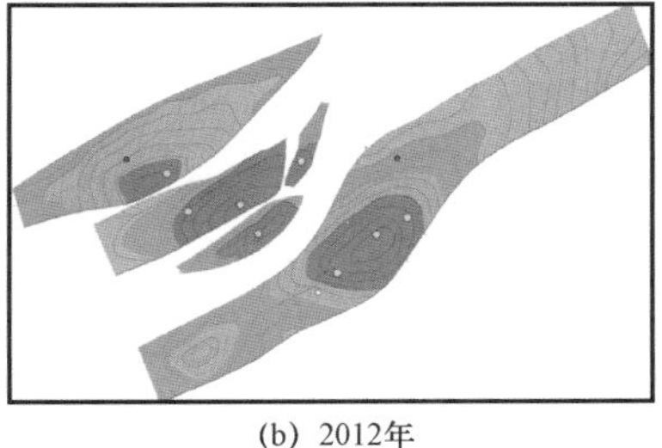

(b) 2012年

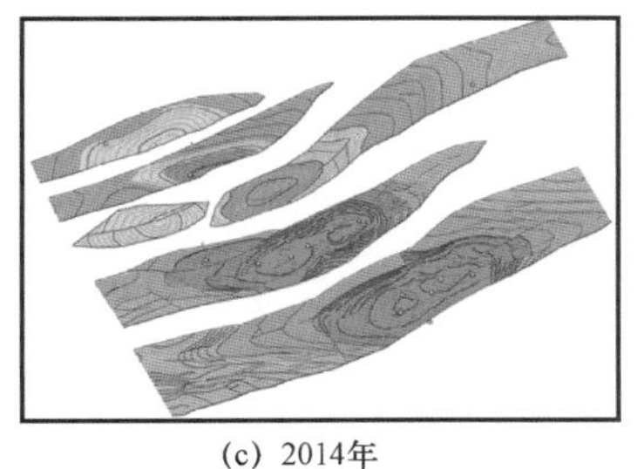

(c) 2014年

图6－1　某超深层气藏2007—2014年构造变化图

分区发生了明显变化。表 6－1 为该气藏部分井区 2012—2014 年静态储量计算结果表，由于构造认识变化导致含气面积和静态储量也发生很大变化。

表 6－1 某超深层气藏主要井区容积法储量计算结果表

评价时间	DB201 区块		DB3 区块	
	面积(km^2)	储量(10^8m^3)	面积(km^2)	储量(10^8m^3)
2012 年	29.7	506.2	22.6	271.8
2013 年	18.69	308.8	48.44	663.0
2014 年	21.0	335.0	24.9	276.0

二、大面积岩性气藏早期静态储量认识不确定性

对于大面积分布的丘滩、礁滩或颗粒滩等岩溶型碳酸盐岩气藏，由于在成藏期溶蚀作用的差异性，储层纵横向非均质性强，井间可对比性差，有时会存在一口井就控制一个礁滩体的情况，在早期阶段实钻井数少，使得对储层展布、局部气水分布预测具有不确定性，导致静态储量认识存在误差，这类气藏随着时间的推移和井数增多，计算的静态储量逐步接近实际地质储量。一般情况下初期对静态储量计算偏高，这是由于早期的井多部署在地震显示储层发育好的部位。图 6－2 给出了某大面积颗粒滩相碳酸盐岩气藏部分井组的完钻井数和计算静态储量变化情况，早期在井数少的情况下，对局部气水界面和储层非均质性认识存在很大不确定性。随着完钻井数增加，一是气水界面认识发生改变，二是储层非均质性变强，计算平均孔隙度和平均有效厚度均降低，使得计算静态储量降低。当完钻井距离降低到 3～4km，计算静态储量趋于一致。

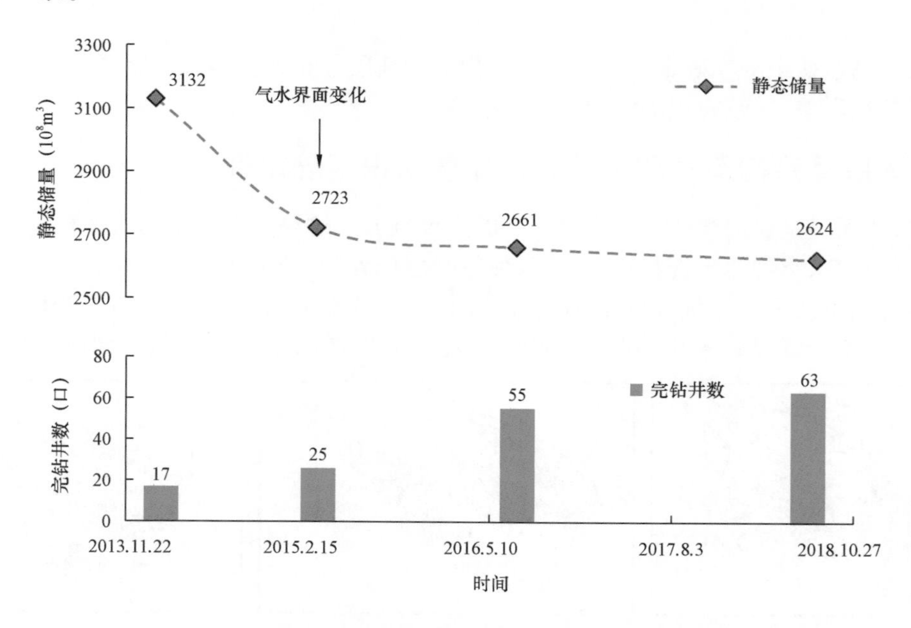

图 6－2 某颗粒滩气藏部分井组完钻井数及计算静态储量

三、基质低孔情况下孔隙度下限对储量计算结果的影响

目前开发的一些深层、超深层构造型气田，基质孔隙度较低，有效储层孔隙度下限为2% ~3.5%，储层平均孔隙度为4% ~6%，这些气藏低渗透储量占比大，是影响地质储量计算精度的重要原因。如某整装碳酸盐岩气藏，储层孔隙度下限为2%，取心井岩心分析孔隙度范围为2% ~12%，平均4.37%。根据容积法储量计算结果，孔隙度在2% ~3.5%区间的地质储量达$371.7\times10^8m^3$，占容积法储量的14%，孔隙度在2% ~4%区间的地质储量达$579.6\times10^8m^3$，占容积法储量的22%。对于测井解释来说，孔隙度越低，测井解释相对误差就越大。同时，对于这类基质孔隙度较低的气藏，如何确定有效储层孔隙度下限是一个值得深入研究的问题。

第二节　储层非均质性对储量动用影响

除了受资料精度影响导致动、静态储量计算结果偏离实际值，存在差异之外，从气田的实际情况来看，导致动、静态储量存在差异最主要原因就是储层的物性和非均质性。

表6-2给出了国内12个大中型气田动、静态储量及储层物性参数。这些气田都是储层连片分布、连通性较好的整装气田，岩性包括碎屑岩和碳酸盐岩，储集类型包括孔隙型和裂缝—孔隙(洞)型，基质物性从致密—中高渗透。统计这些气田的动、静态储量比值在0.37 ~1.0之间，其中仅有3个气田动、静态储量基本一致(比值>0.9)，可见动静储量差异是普遍存在的。影响气田储量动用的最关键因素就是基质渗透率，图6-3给出了基质平均渗透率(岩心分析平均渗透率)与动静储量比值关系，二者具有非常好的正相关性。尽管这些气田普遍发育裂缝，动态渗透率是基质渗透率的几倍甚至几十倍，但由于裂缝发育不均衡，要使储量得到全面动用，基质本身的渗流能力很关键。

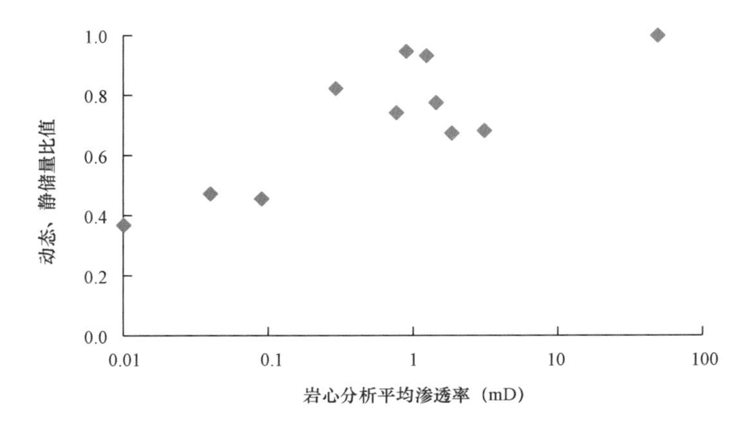

图6-3　动态、静储量比值与储层基质渗透率关系

表6-2　国内部分大中型气田物性参数及动静态储量差异统计表

序号	气藏名称	气藏类型	静态储量（10^8m^3）	动态储量（10^8m^3）	动静储量比	有效储层孔隙度范围（%）	加权平均孔隙度（%）	岩心分析渗透率区间（mD）	岩心分析平均渗透率（mD）	动态渗透率（mD）	备注
1	KL	孔隙型砂岩气藏	2369	2463	1.03	5～20	12.4	1～1000	49.42	3.8～98	中孔、中—高渗透砂岩气藏，储层纵横向连通性好
2	DN	裂缝—孔隙型砂岩气藏	1773	1680	0.95	6～12	9.8	0.01～20	0.9	0.1～19	以原生孔隙为主，基质具有一定的渗流能力，裂缝发育，储层纵横向连通性好
3	XGS	裂缝—孔隙型碳酸盐岩气藏	45.56	43	0.93	3～16.3	8.9	0.48～2.69	1.2	23.9～97.6	有效储层物性好，以Ⅰ+Ⅱ类储层为主，裂缝在纵横向分布均匀，储层具有高孔、高渗透的视均质特征，开采过程中压降均衡
4	WLH	裂缝—孔隙型碳酸盐岩气藏	178	147	0.82	2.5～12	5.5	多数＜0.01，$K<1.0$mD占87.2%	0.29	0.04～8.1	构造高部位储层物性好，向鞍部及翼部变差
5	LT	裂缝—孔隙型碳酸盐岩气藏	83	65	0.78	2.5～18.5	6.5	0.01～11.1（$K=0.1\sim5$占85%）	1.44	0.22～15.62	基质渗透率以低渗透为主，裂缝发育，各井区内部连通性好，但存在局部低渗透带，生产过程中存在压降漏斗
6	WBT	裂缝—孔隙型碳酸盐岩气藏	362	269	0.74	3.1～8.8	5.9	0.01～22	0.77	0.016～5.3	储层具有非均质性，向边翼部物性变差，连通性变差，生产过程中存在压降漏斗

续表

序号	气藏名称	气藏类型	静态储量（10^8m^3）	动态储量（10^8m^3）	动静储量比	有效储层孔隙度范围（%）	加权平均孔隙度（%）	岩心分析渗透率区间（mD）	岩心分析平均渗透率（mD）	动态渗透率（mD）	备注
7	LWM	裂缝—孔洞型碳酸盐岩气藏	2624	1771	0.67	2.0～16	4.7	0.01～1	1.85	0.3～63	颗粒滩体纵向上多期叠置，平面上连片分布，滩主体部位溶蚀孔洞发育，储层物性好，滩边缘部分溶蚀孔洞不发育，储层物性差
8	LM	裂缝—孔隙型碳酸盐岩气藏	167.7	115	0.68	2.5～18	4.5	0.01～28.9（0.1～10mD占77%）	3.13	0.51～4.48	储层物性平面差异大，断层附近渗透性较好，气藏内部连通性较好
9	SPC	裂缝—孔隙型碳酸盐岩气藏	398	269	0.68	2.5～7.8	5.8	0.001～10		0.12～17.58	储层非均质性强，区块间存在低渗透带，导致井区间连通差，存在压降漏斗
10	QX	裂缝—孔隙型砂岩气藏	69	33	0.47	3.5～11.5	5.4	0.01～0.1	0.04	3.6～12.3	基质低渗透—致密，裂缝发育
11	DB	裂缝—孔隙型砂岩气藏	1093	500	0.46	3.5～7.5	7.1	0.01～1	0.09	0.65～178.6	基质低渗透—致密，裂缝发育
12	KS2	裂缝—孔隙型砂岩气藏	1745	646	0.37	3.5～6	6.8	0.001～0.1 0.01－0.1	0.01	0.01～12.2	基质低渗透—致密，裂缝发育

根据表 6－2 中统计的不同气田的动静储量差异、储层物性和非均质性，可以分为三类：

第Ⅰ类为均质（视均质）型，包括表中的 KL、DN 和 XGS 气藏，这些气藏基质孔隙度较高，储层孔隙度下限为 5%～6%，平均孔隙度大于 9%；储层物性好，岩心渗透率大于 0.1mD，平均值大于 1.0mD，说明储层基质具有较好的渗流能力。较高的储层物性以及裂缝发育，使储层纵横向连通性好，生产过程中各部位压降均衡，不存在压降漏斗，计算动、静态储量基本一致（比值＞0.9）。

第Ⅱ类为低渗透非均质型，包括表中 WLH、LT、WBT、LWM、LM 和 SPC 气田，均为碳酸盐岩储层。这些气田储层孔隙度较低，储层孔隙度下限为 2%～3%，平均孔隙度为 4%～6%；岩心平均渗透率在 0.2～3.0mD，但部分岩心渗透率在 0.01～0.1mD 级别，说明有一部分基质渗流能力较差。在裂缝（或溶蚀孔洞）发育不均衡的情况下，储层动态渗透率表现出非均质性，向构造翼部或边部变差。在生产过程中形成以高渗透区为中心压降漏斗，动、静储量存在差异，比值在大概分布在 0.6～0.8 之间。

第Ⅲ类为低渗透—致密受裂缝控制型，包括 QX、DB 和 KS2 气田，均为裂缝—孔隙型砂岩气藏。这类气藏基质孔隙度较低，孔隙度下限为 3.5%，平均孔隙度为 5%～7%；岩心分析渗透率分布区间 0.001～0.1mD，平均值为 0.01～0.1mD，属于低渗透—致密级别，基质渗流能力普遍较差，在裂缝发育情况下，储层动态渗透率较高，达到低—中渗透级别，已投入开发井多分布在裂缝发育部位，井间表现出连通性好、压降均衡的视均质特征，在裂缝不发育部位，基本不具备工业产能。这类气田动静储量差异大，比值在 0.4～0.5 之间，动态储量仅反映的是裂缝沟通的那部分基质的储量。

第三节 影响动态储量计算结果可靠性的主要因素

在动态法储量计算过程中，影响计算结果的两个最关键因素就是压力资料录取精度和对驱动类型的判断。

一、压力资料录取存在的误差

1. 深层气井早期压力资料录取

在气藏开发的初期阶段，采出程度低，压降幅度有限，此时静压资料录取精度对动态储量计算有很大影响。图 6－4 给出了原始地层压力 p_i = 75MPa、100MPa 时，压力绝对误差 $\delta = \pm 0.2$MPa，$\delta = \pm 0.5$MPa（假定 p_i 为准确值）情况下，不同压降幅度下计算动态储量 G' 与实际动态储量 G 比值。从图中可以看出，压降幅度越小，压力计量误差对动态储量计算结果影响越大，尤其是在压降幅度小于 5% 时，计算动态储量可能存在 1～2 倍的误差。一般认为气藏压降大于 15% 之后，动态储量计算结果才具有可靠性。但从目前气田开发实际情况来看，随着气藏非均质性变强，动、静储量差异大现象普遍存在，气田开发方案中合理规模的确定越来越依赖于对动态储量认识，为了降低风险，一方面需要加大试采力度和压力资料录取精度，另一方面在计算动态储量时，应该分析早期压力计量误差情况和对动态储量计算结果的影响。

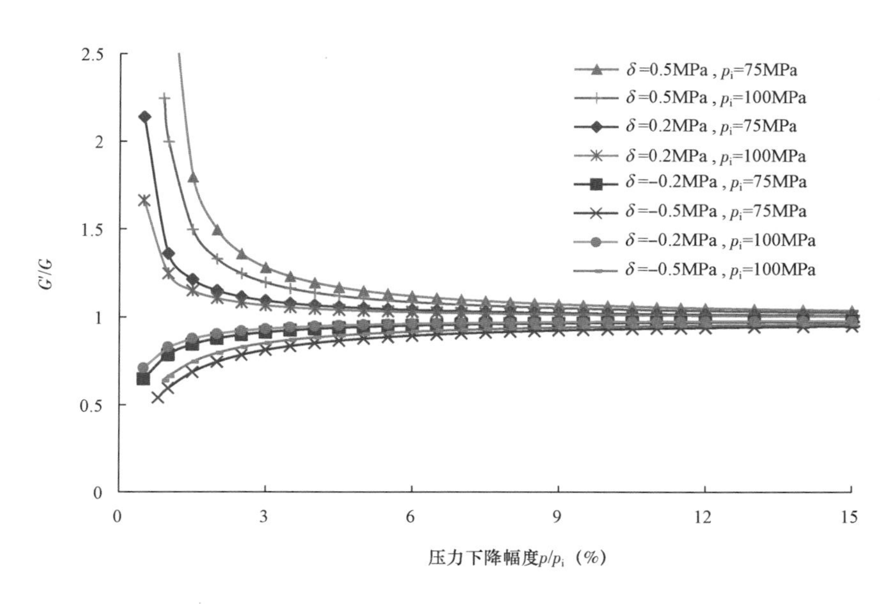

图 6-4 不同压降幅度下压力误差对动态储量计算结果影响

对于一些中—浅层气藏，井下压力资料录取风险小，更容易获取高精度的井底静压资料。对于深层—超深层气藏，由于井筒中高温高压以及复杂的井下工艺条件，影响了井下高精度静压资料的录取。比如对于塔里木盆地的深层超高压气藏，在早期井口油压大于 50MPa 时采用井口压力恢复方式，然后通过管流计算井底静压，但由于井口压力高，气井关井后受井口温度变化影响，出现油压倒恢复现象，或是随井口温度波动频繁(图 6-5)，影响了井底静压计算精度。随着测试工艺技术进步，目前采用井下"投捞式"测试工艺技术，已完成深度大于 7000m，地层压力 110MPa，井口压力 90MPa 情况下的井下测试，获取了高精度的压力资料。

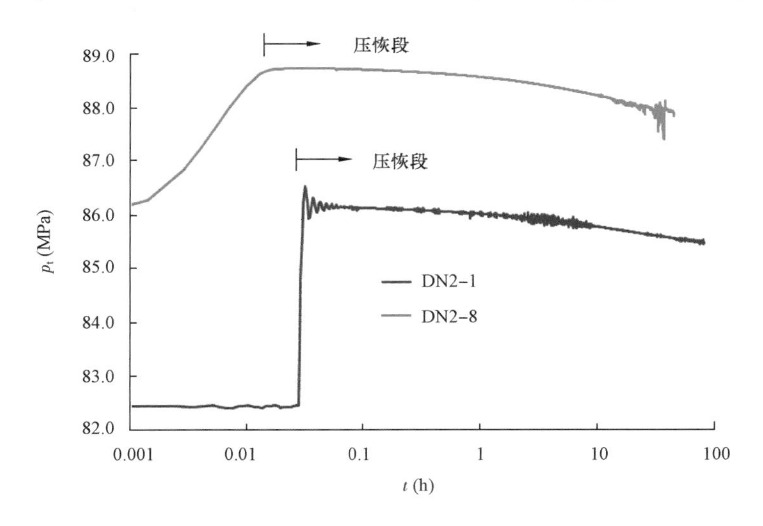

图 6-5 塔里木盆地部分深层高压气井早期井口压力恢复曲线

2. 平均地层压力的代表性

气藏动态法储量计算以物质平衡为主，计算的关键是能否获得代表平均地层压力的静压。有时关井后气藏内部仍然存在明显的压降漏斗，比如非均质性气藏，由于关井时间短，不同部位压力恢复程度不一致，短期关井静压很难代表地下孔隙中所有气体的平均压力。还有就是对于水侵后的气藏，有时压力录取仅局限高部位纯气区的井，很难录取到相对低部位的水淹区的压力，在水淹区与纯气区在关井后仍存在压力梯度情况下，纯气区静压数据不能代表整个气藏平均地层压力。

二、气藏驱动能量认识影响

1. 异常高压气藏岩石有效压缩系数影响

在异常高压气藏开发早期阶段，动态资料相对较少，无法采用动态数据反演的方式同时计算动态储量和 C_f 值，因此需要已知 C_f 值才能利用异常高压气藏物质平衡计算动态储量。此时 C_f 值准确性对动态储量计算结果有很大影响，具体在第四章已经进行了详细的论述。

2. 驱动类型判识对动态法储量计算影响

对于水驱或异常高压气藏，除了气体自身弹性膨胀之外，还存在其他驱动能量。针对这些气藏，动态储量和驱动能量（累积水侵量、C_e 值等）的计算都是根据同一套压力数据反演出来的结果，在压力和采出量不变的情况下，计算的动态储量和驱动能量之间是相互消长的关系，也就是计算的驱动能量越大，动态储量就越小，反之，计算的驱动能量越小，动态储量就越大，因此对水体和岩石弹性驱动能量大小的判识十分关键。

三、提高动态储量计算结果可靠性的几点建议

同一个气藏（井）的压力和产量数据，不同的分析人员会给出不同的动态储量计算结果，有时相互之间差别显著。也存在这种情况，同一个分析人员针对同一个区块，先后给出截然不同的结果，让决策者感到动态储量认识飘忽不定，失去计算结果的可信度。对于一个气藏，在评价动态储量时，能够做到以下几点，就会最大限度降低计算结果的不确定性。

1. 准确计算平均地层压力，判断前后压力变化趋势的一致性

国内常规气藏一般每年都在检修期间进行全气藏关井测静压，有些气井是在压力恢复测试过程中获取静压，有些气井是进行井下点测，不论是点测还是关井压恢测试，都应通过压力梯度折算到基准面深度，然后采用算数平均或加权平均方法计算平均地层压力。在平均地层压力求取的过程中应该做到以下几步。

1）分析关井前生产制度变化

分析本次关井之前的生产制度与前几次关井之前的生产制度是否存在很大的变化，对于一些恢复能力差的气井，产量变化会导致压降变化趋势不一致现象，在高配产情况下，单位压降采气量降低（图 6 – 6）。

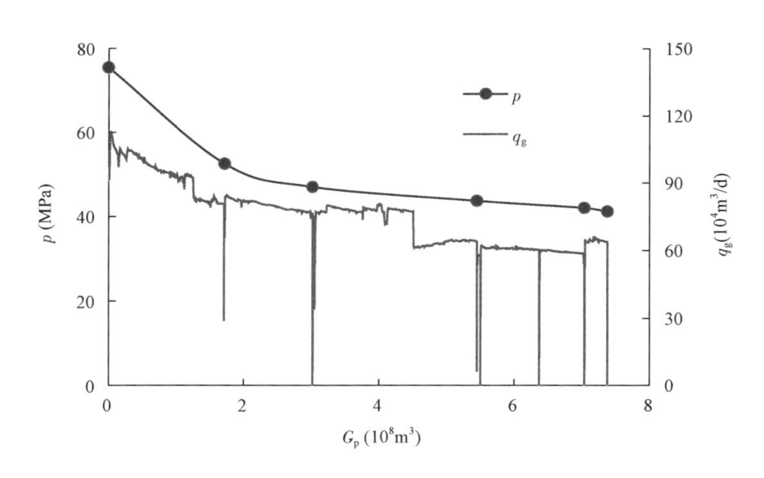

图 6－6　某气井产量与 $p—G_p$ 变化趋势

2）井筒内温度和压力梯度是否存在异常现象或气井是否产水

一般气井在井下压力测试时压力计停放位置都会距射孔层段中部有一定的距离，因此需要进行井筒静压梯度测试，然后根据压力梯度将测点压力折算到射孔层段中部或基准面深度。随地层压力降低，历次井筒静压梯度应该有所降低（图 6－7），但气井产水后，井筒静压梯度会增加。压力梯度会影响折算到储层中部或基准面时压力的准确性。在静压数据分析时，应该首先分析本次压力梯度测试是否存在异常。

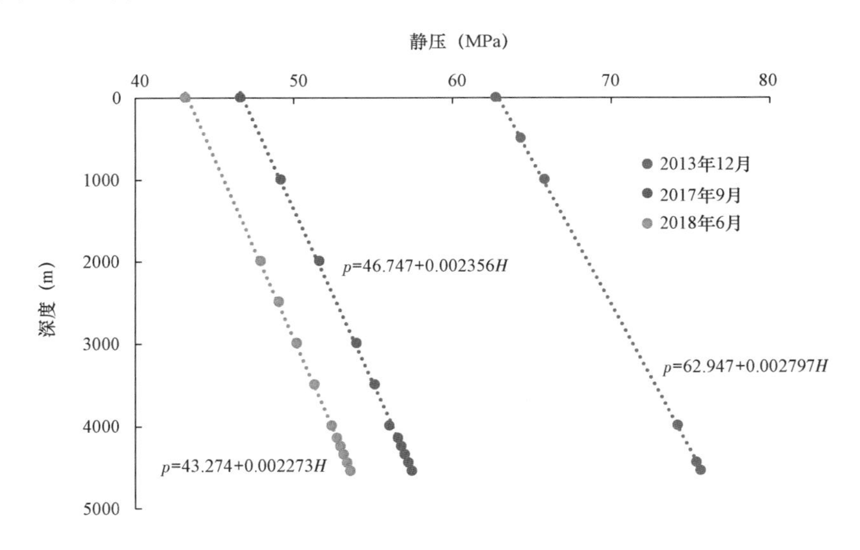

图 6－7　某气井历年井筒静压梯度测试结果图

3）判断每口井在关井时间内的压力恢复程度

对于本次关井有压力恢复测试的井，可以利用压恢曲线判断压力恢复程度，对于本次没有进行压力恢复测试的井，应该利用以前的压恢曲线，或是本次关井期间记录的井口油压的恢复程度，判断井的压力恢复能力（图 6－8）。有些中—高渗透井，压力恢复速度快，关井测试期间完全能够获得代表平均地层压力的井底静压，有些物性差的气井，恢复速度慢，关井压力恢复程度与关井时间有关（图6－9）。

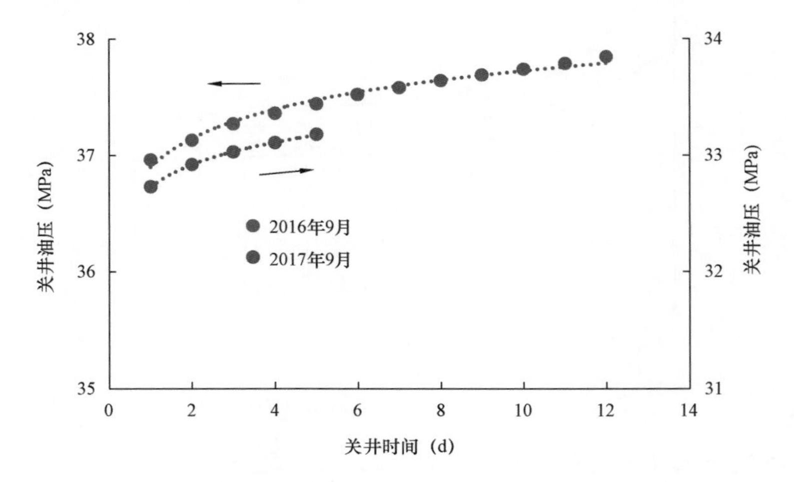

图6－8　某气井关井油压随时间变化趋势图

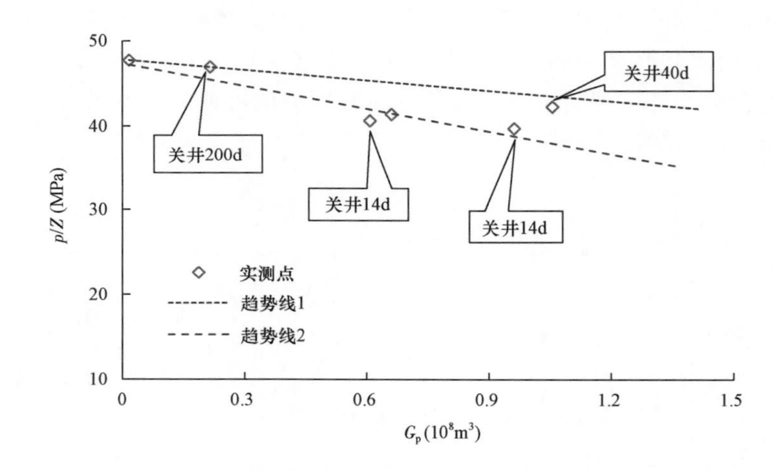

图6－9　某气井不同关井时间情况下 $p/Z—G_p$ 变化趋势

4）根据气藏连通性特点计算气藏平均压力

采用算术平均或孔隙体积加权平均的方式，将各井对应的基准面的压力进行平均，作为气藏的平均地层压力。算术平均方法适用于井间连通性好、相对均质、井控泄流范围差别不大、关井后井间压降漏斗小的气藏。孔隙体积加权平均法的计算公式为：

$$p = \sum_{j=1}^{n}\left(\frac{V_j}{V}\right)p_j \tag{6-1}$$

式中　p——气藏平均地层压力，MPa；

V_j——单井控制区域孔隙体积，m^3；

V——气藏孔隙体积，m^3；

p_j——单井地层压力（折算到统一基准面），MPa。

对于气藏内部连通性差，关井后不同部位仍存在压力梯度的情况，可以采用孔隙体积加权平均法，孔隙体积加权平均法适用于单井控制范围基本覆盖全气藏，而且单井静压能够代表控制范围内平均地层压力的气藏。对于分布面积大的气藏，有时井组内部连通性好，压降一致，井组间由于岩性或断层遮挡连通性差，这时可以采用以井组为单元进行动态储量计算。每个井组内部由于压降一致，可采用算术平均方法计算平均地层压力。

2. 开展全生命周期的压降特征分析和驱动能量识别

从实际气藏的压降特征来看，除了非均质性气藏之外，多数气藏在开采周期内 p/Z—G_p 都表现出很高的线性相关性，也就是定容封闭气藏特征。在分析时，最常见的做法就是选择所有的 G_p 和对应 p/Z 数据，在直角坐标中回归建立一条 p/Z—G_p 直线，然后外推计算储量 G。这种方式是最简单也是最直接的方式，但如果只进行简单的回归就确定动态储量，会遗失很多有关气藏动态特征和驱动能量的信息，使计算结果存在一定的不确定性。气藏在整个开采周期内一般只录取 10～20 个平均地层压力数据点，但却代表了十几甚至几十年的动态历程，包括人为因素影响、水驱等外来能量补充。建议无论是否为水驱气藏或异常高压气藏，均采用以下 3 种方式进行全生命周期的压降过程分析和驱动能量识别，提高动态储量计算结果的可靠性和可信度。

1）分段 p/Z—G_p 直线回归分析法

在确定了平均地层压力和产量数据后，将所有的 G_p 和对应 p/Z 数据绘在同一直角坐标图上，根据已有压力数据点的情况，可以先选择早期、中期或后期 p/Z—G_p 数据回归建立直线关系，然后判断其他阶段的 p/Z—G_p 数据是否落在已回归的直线上或附近，如果未有偏离现象，说明前后趋势一致，采用 p/Z—G_p 全程直线回归计算的动态储量可靠。如果出现明显的偏移现象，应该计算实际 p/Z 与相同 G 值情况下回归公式计算的 p/Z 之间的误差，然后按前面介绍的压力分析的步骤，开展不同阶段生产制度和压力测试过程分析，判识是否为测试过程中的计量误差、平均压力折算误差或是由生产制度变化引起的前后压降变化趋势不一致等。如果不存在上述因素，则应该要结合下面 2）和 3）两个步骤，进行驱动能量变化的判识。

图 6－10 为某气藏 p/Z—G_p 关系图，从目测来看，整体具有很高的线性相关性，按直线回归，相关系数 $R^2=0.99$，外推计算 $G=567\times10^8\mathrm{m}^3$。采用分段直线回归的方式，先利用前期的 p/Z—G_p 数据点进行直线回归，从图 6－11 来看，后期数据点向下偏离前期回归的直线关系，整体表现出两段式特征，后期驱动能量变差。核实气藏的压降过程和生产制度后，确认不存在人为因素影响。利用前期直线关系外推计算 $G=649\times10^8\mathrm{m}^3$，后期直线外推计算 $G=518\times10^8\mathrm{m}^3$。

2）视地质储量变化趋势图

图 3－2 给出了利用视地质储量 G_a 变化趋势进行水驱判识图。对于定容封闭气藏，不同时间生产数据计算的 G_a 值应该是常数，等于气藏的储量 G，也就是说，G_a 随 G_p 的变化趋势应该是一条水平直线。当气藏存在水驱时，G_a 高于实际地质储量 G，其变化趋势受水体活跃程度和

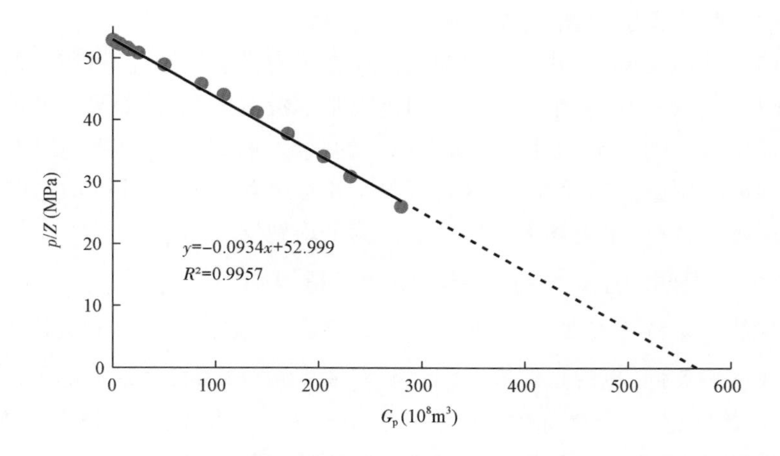

图 6-10　某气藏 $p/Z—G_p$ 关系图

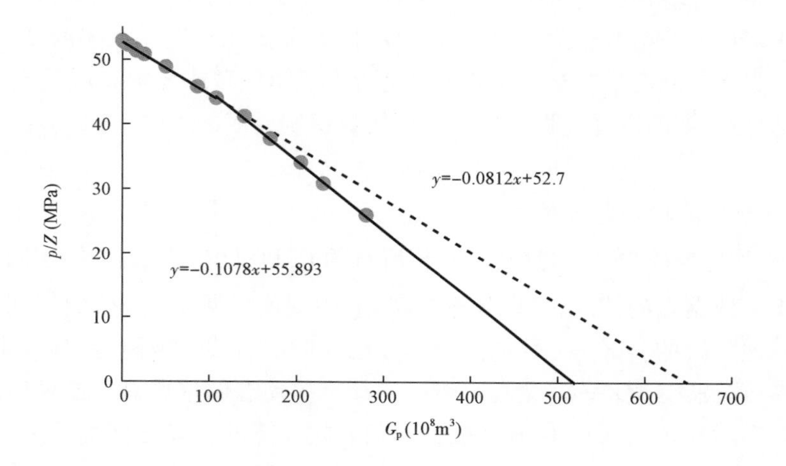

图 6-11　某气藏分段回归 $p/Z—G_p$ 直线关系图

开采速度影响。由于该方法比 p/Z 曲线法对水驱的显示更明显，有些在 p/Z 曲线无法明显判识的水驱特征，可能会在视地质储量变化趋势图上清晰地显示出来。因此可以利用该方法，进行水驱等一些驱动能量的判识。图 6-12 给出了图 6-10 中气藏视地质储量变化趋势图，从图中可以清楚地看到驱动能量的变化特征，开始阶段 G_a 呈上升趋势，基本保持稳定一段时间后，又呈逐步下降趋势，类似于具有小型定容水体的特征。

3）Roach 图形法

第四章介绍的 Roach 图形法主要用于异常高压气藏动态法储量计算和驱动能量识别，利用图 4-11 的形式计算动态储量 G 和有效压缩系数 C_e。通过 C_e 值确定岩石弹性驱动能量和是否存在水驱。图 6-13 给出了图 6-10 中气藏 Roach 方法图，通过后期直线数据回归计算 $G=476\times10^8\text{m}^3$，$C_e=0.0031\text{MPa}^{-1}$。由此判断该气藏为异常高压气藏，从 C_e 值来判断该气藏不存在水驱。

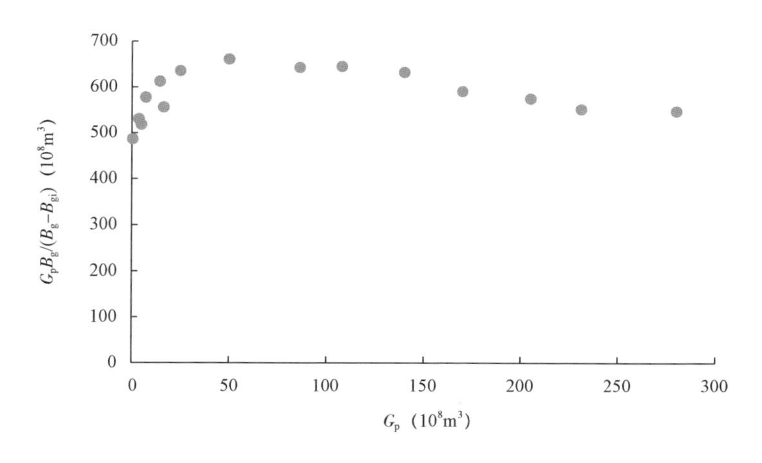

图6-12 某气藏视地质储量变化趋势图

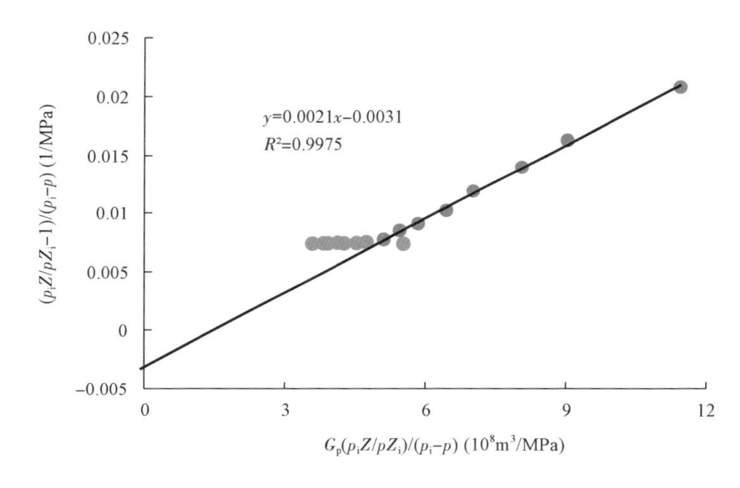

图6-13 某气藏$(p_iZ/pZ_i-1)/(p_i-p)$—$G_p(p_iZ/pZ_i)/(p_i-p)$关系图

3. 动态、静态结合，分析储量的可动用性

动态是实际地质特征的反应，在完成动态法储量计算后，应该结合地质上容积法储量计算结果，分析二者存在差异原因。尤其是对于一些深层、基质低孔、裂缝发育的异常高压气藏的早期动态储量计算，受初期压降程度低、C_f取值误差等影响，使得动态法储量计算存在很大的不确定性。在这种情况下，可以根据动态上的测试资料和生产数据，评价不同孔隙度下限情况下容积法储量范围，同时参照已开发同类气田动、静储量差异，分析容积法储量的可动用性，为动态法储量计算的可靠性提供依据。表6-2中给出了国内部分气田不同基质物性情况下动静差异，可作为类比的参考依据。

下面通过实例说明动、静态结合在储量可动用性评价中起到的关键作用。某大型颗粒滩相碳酸盐岩气藏，纵向上多期滩体叠置，平面上大面积连片分布，含气面积约800km^2（图6-14）。储层裂缝和溶蚀孔洞（2~5mm孔隙扩溶型小溶洞）发育，有效孔隙度范围2%~16%。储集空间类型分为溶蚀孔洞型（ϕ=6%~14%）、溶蚀孔隙型（ϕ=4%~8%）和基质孔隙型（ϕ=2%~4%）三种类型。

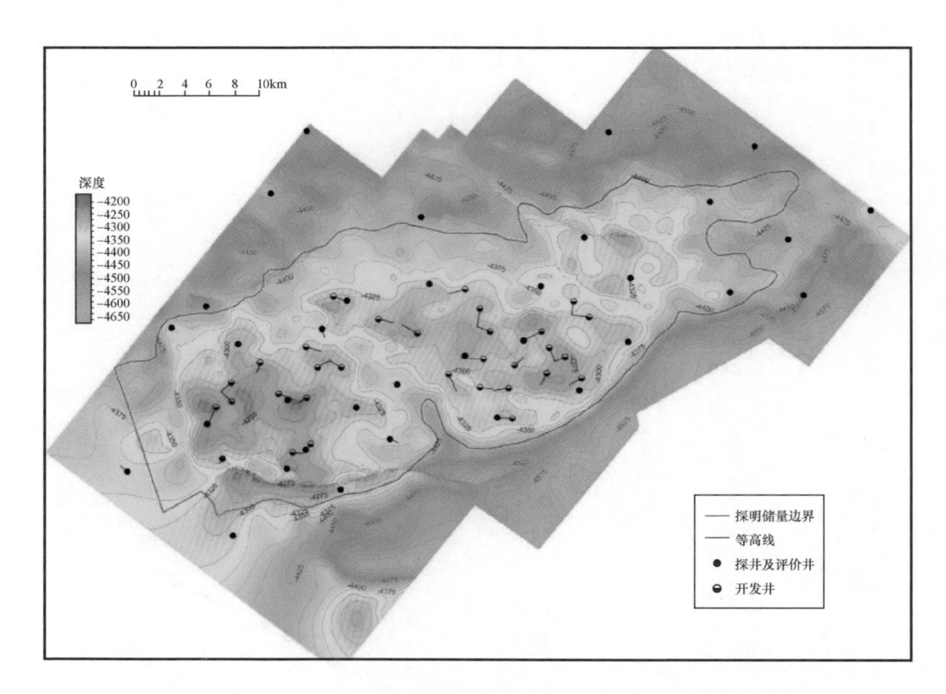

图6-14　某大型颗粒滩相白云岩气藏构造井位图

从储层物性来看，气藏整体属低孔、中—高渗透储层。岩心分析单井有效储层段平均孔隙度为2.5%～6.1%，总体平均孔隙度为4.7%。受溶蚀孔洞和裂缝发育的影响，储层非均质性强，不同尺度下储层渗流能力差异较大，宏观渗透率明显高于岩样分析渗透率（图6-15）。据小柱塞样物性分析，有效储层渗透率主要分布于0.001～0.1mD，全直径样品分析储层渗透率主要为0.01～10.0mD，比小柱塞样高1～2个数量级。从动态渗透率来看，滩主体部位以溶蚀孔洞和溶蚀孔隙型储层为主，储层物性好，试井渗透率5.0～50mD，具有中—高渗透特征，滩边缘主要为基质孔隙型储层，试井渗透率0.1～1.0mD。

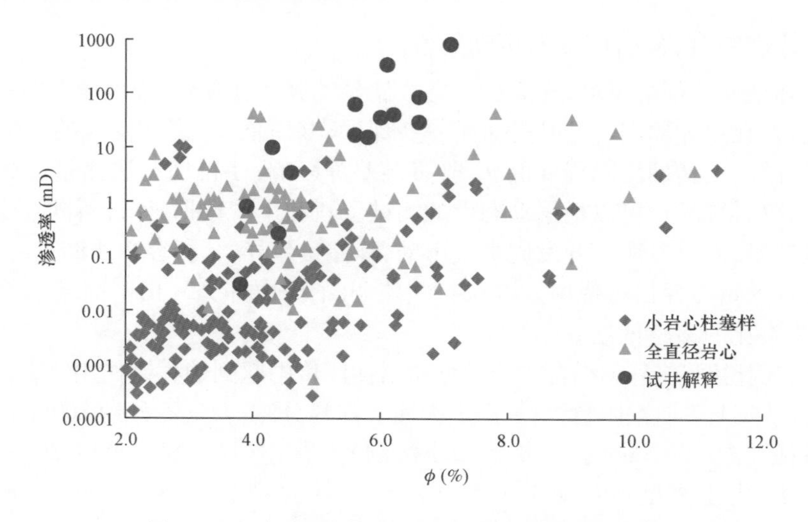

图6-15　气藏不同尺度下渗透率与孔隙度关系图

气藏全面投产后，各井区内部连通性好，不同井区之间受储层岩性变化影响，连通程度存在一定差别。某井区容积法储量计算结果为 $2339 \times 10^8 m^3$，动态法计算储量为 $1771 \times 10^8 m^3$，动静态储量比值为 0.76。从该井区后期投产井的初始压力来看，具有明显的先期压降特征，说明压降已波及整个井区。结合地质以及动态认识，分析认为该井区动、静态储量差异的主要原因是孔隙度为 2% ~3.5% 的那部分储层（基质孔隙型储层）储量动用难度大。下面说明具体分析过程和依据。

图 6 - 16 给出了单井动态储量与动态渗透率（试井解释渗透率）关系图，从图中可以看出，滩边缘部位储层物性差，单井动态储量与动态渗透率呈正相关性，当单井动态渗透率为 0.01 ~0.1mD 时，单井动态储量为 $1.0 \times 10^8 m^3$，说明当储层渗透率小于 0.1mD 时，储量可动用性变差；滩主体部位储层动态渗透率高，井间连通性好，单井动态储量主要受井距影响。图 6 - 17给出了单井动态渗透率与孔隙度关系，根据动态上的孔渗关系，储层渗透率小于 0.1mD 时对应孔隙度小于 3.5%，因此认为该气藏孔隙度为 2% ~3.5% 的那部分基质孔隙型储层储量动用难度大。这一认识可以从已完钻井试气结果得到证实，该气藏中单独测试为干层或产微量气的层段，测井解释孔隙度均小于 3.5%。

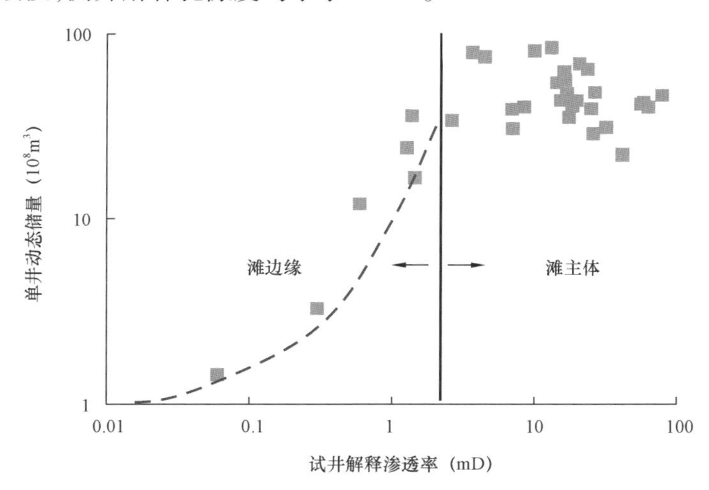

图 6 - 16　单井动态储量与动态渗透率关系图

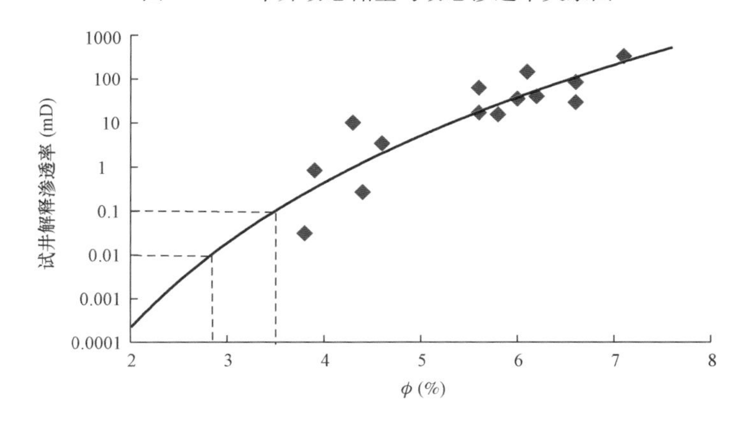

图 6 - 17　单井动态渗透率与孔隙度关系图

图 6－18 给出了该气藏孔隙度为 2%～3.5% 的那部分低渗透层的分布模式，分为孤立型和与高渗透层相邻型两种模式。为了分析低渗透层的动用情况，建立了单井模型（图 6－19），设置低渗透层渗透率为 0.1～0.01mD，高渗透层渗透率为 5mD，通过变化不同的垂向渗透率 K_v 来模拟供气情况。图 6－20 给出了单井模型计算结果，从图中可以看出，低渗透层直接流向井筒的气量很少，主要通过向高渗透层窜流方式实现动用，在 $K_v > 0.001$mD 时，窜流量不受 K_v 影响，低渗透层能够有效动用，当 $K_v < 0.001$mD 时，低渗透层将无法向高渗透层窜流，动用程度差。该气藏全直径岩心分析平均 $K_v/K_h = 0.3$，因此认为与高渗透层相邻的低渗透层都能得到动用，而孤立分布的低渗透层无法得到动用。

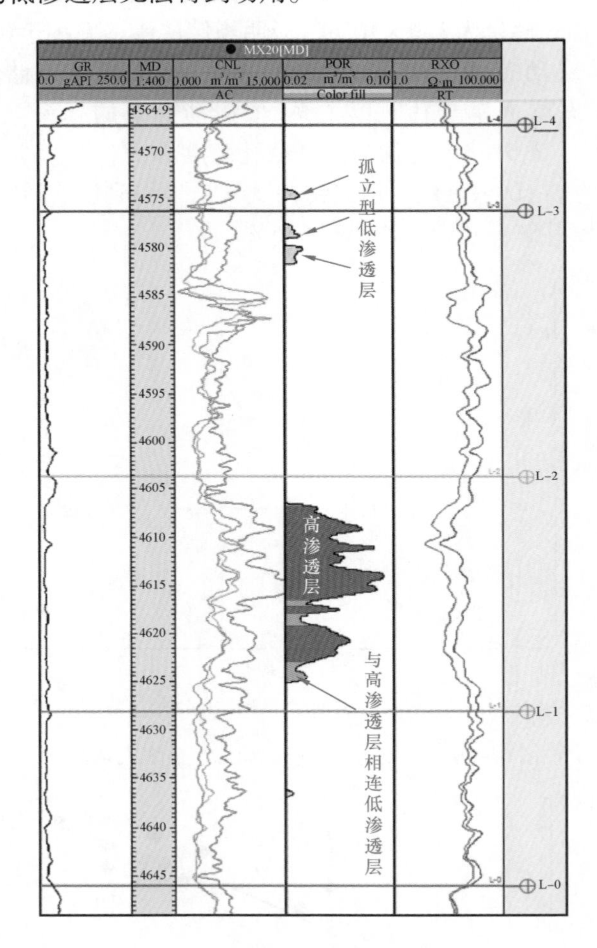

图 6－18 低渗透储层分布模式示意图

根据地质统计，这些井区孔隙度为 2%～3.5% 的低渗透层厚度占有效层厚度 44.4%，容积法储量为 $579.6 \times 10^8 m^3$，占该井区容积法储量的 25%；其中孤立型低渗透层厚度占低渗透层厚度 57.4%，按厚度比例计算地质储量为 $333.2 \times 10^8 m^3$。从成像测井上来看，这部分孤立型低渗透层高角度构造缝不发育或规模相对较小，难以垂向上沟通相对高渗透层。从平面上来看，这部分低渗孤立层在平面上分布零散，不具备再通过打补充井实现整体动用的潜力。

该实例通过动、静态相互结合，找出了影响储量可动用性的主要因素，落实了气藏开发的储量基础。

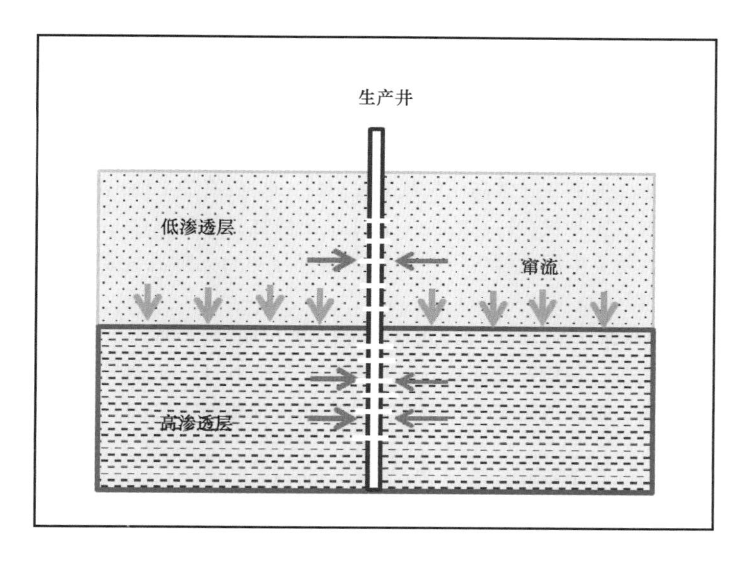

图 6-19　高、低渗透层合采情况下渗流模式示意图

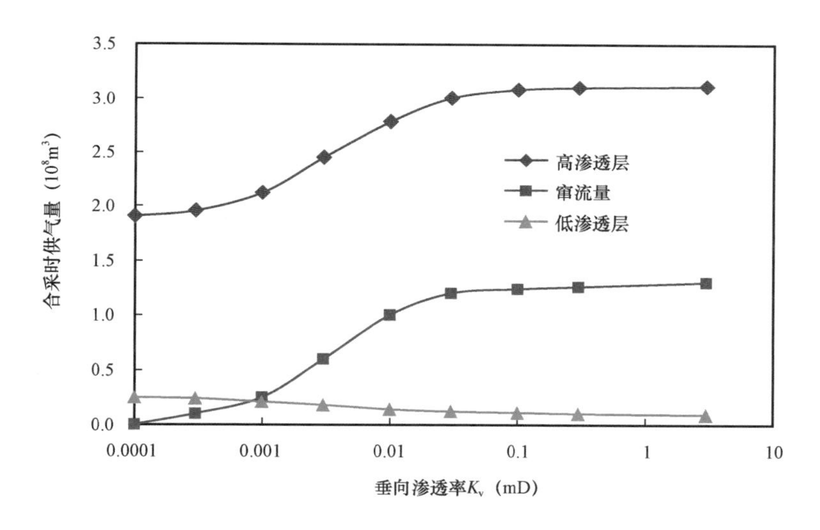

图 6-20　高、低渗透层合采时供气量与垂向渗透率关系图

参 考 文 献

[1] 陈元千,李璗. 现代油藏工程[M]. 北京:石油工业出版社,2001. 8.

[2] 高旺来. 迪那2高压气藏岩石压缩系数应力敏感评价[J]. 石油地质与工程,2007,21(1):75-76.

[3] 韩永新,万玉金,杨希翡. 中华人民共和国石油天然气行业标准:天然气藏分类(GB/T 26979—2011). 中国国家标准化管理委员会,2011. 9.

[4] 何君,江同文,肖香姣,等. 迪那2异常高压气藏开发[M]. 北京:石油工业出版社,2011.

[5] 廖仕梦,胡勇. 碳酸盐岩气田开发[M]. 北京:石油工业出版社,2016.

[6] 李熙喆,刘晓华,苏云河,等. 中国大型气田井均动态储量与初始无阻流量定量关系的建立与应用[J]. 石油勘探与开发,2018,45(6):1021-1025.

[7] 刘能强. 实用现代试井解释方法[M]. 5版,北京:石油工业出版社,2008.

[8] 刘晓华,邹春梅,姜艳东,等. 现代产量递减分析基本原理与应用[J]. 天然气工业,2010,30(5):50-54.

[9] 罗瑞兰,雷群,范继武,等. 低渗透致密气压裂气井动态储量预测新方法[J]. 天然气工业,2010,30(7):28-31.

[10] 余华洁,李云,周克明. 中华人民共和国石油天然气行业标准:岩石孔隙体积压缩系数测定方法(SY/T 5815—2008). 国家发展和改革委员会,2008. 6.

[11] 袁庆峰,赵世远,赵国忠,等. 中华人民共和国石油天然气行业标准:油气藏工程常用词汇(SY/T 6174—2005). 国家发展和改革委员会,2005. 7.

[12] 庄惠农. 气藏动态描述和试井[M]. 北京:石油工业出版社,2004. 4.

[13] Fetkovich M J. Decline curve analysis using type curves[J]. Journal of Petroleum Technology,1980,32(6):1065-1077.

[14] Fraim M L,Lee W J,Gatens J M. Advanced decline curve analysis using normalized-time and type curves for vertically fractured wells[R]. SPE 15524-MS,1986.

[15] Blasingame T A,Johnston J L,Lee W J. Type-curve analysis using the pressure integral method[R]. SPE 18799-MS,1989.

[16] Blasingame T A,McCray T L,Lee W J. Decline curve analysis for variable pressure drop/variable flow rate systems[R]. SPE 21513-MS,1991.

[17] Palacio J C,Blasingame T A. Decline curve analysis using type curves: Analysis of gas well production data[R]. SPE 25909-MS,1993.

[18] Mattar L,McNeil R. The "flowing" gas material balance[J]. Journal of Canadian Petroleum Technology,1998,37(2):52-55.

[19] Agarwal R G,Gardner D C,Kleinsteiber S W,et al. Analyzing well production data using combined type curve and decline curve analysis concepts [J]. SPE Reservoir Evaluation & Engineering,1999,2(5):478-486.

[20] Marhaendrajana T,Blasingame T A. Decline curve analysis using type curves-evaluation of well performance behavior in a multi-well reservoir system[R]. SPE 71517-MS,2001.

[21] Anderson D M,Mattar L. Material-balance-time during linear and radial flow[R]. Calgary: Canadian International Petroleum Conference,2003.

[22] Mattar L,Anderson D M. Dynamic material balance: Oil or gas inplace without shutins [J]. Journal of Canadian Petroleum Technology,2006,45(11):7-10.

[23] Fetkovich M J,Vienot M E,Bradley M D,et al. Decline curve analysis using type curves: case histories [J]. SPE Formation Evaluation,1987,2(4):637-656.

[24] Fraim M L,Wattenbarger R A. Gas reservoir decline – curve analysis using type curves with real gas pseudo – pressure and normalized time [J]. SPE Formation Evaluation,1987,2(4):671 – 682.

[25] Fetkovich M J,Fetkovich E J,Fetkovich M D. Useful concepts for decline forecasting reserve estimation and analysis [J]. SPE Reservoir Engineering,1996,11(1):13 – 22.

[26] Mattar L,Anderson D M. A systematic and comprehensive methodology for advanced analysis of production data [R]. SPE 84472 – MS,2003.

[27] Anderson D,Mattar L. Practical diagnostics using production data and flowing pressures[R]. SPE 89939 – MS, 2004.

[28] Ilk D,Anderson D M,Stotts G W,et al. Production data analysis—challenges,pitfalls,diagnostics[J]. SPE Reservoir Evaluation & Engineering,2010,13(3):538 – 552.

[29] Marhaendrajana T. Modeling and analysis of flow behavior in single and multiwell bounded reservoirs [D]. Texas: Texas A & M University,2000.

[30] Syah I. The analysis and interpretation of well interference effects on well performance of gas – condensate reservoirs: A case study of Arun Field (Sumatra,Indonesia) [D]. Texas: Texas A & M University,1999.

[31] Blasingame T A,Lee W J. Variable – rate reservoir limits testing[R]. SPE 15028 – MS,1986.

[32] Blasingame T A,Lee W J. The variable – rate reservoir limits testing of gas wells[R]. SPE 17708 – MS,1988.

[33] Rodriguez Fernando,Heber Cinco – Ley. A new model for production decline[R]. SPE 25480 – MS,1993.

[34] Camacho – Velazquez R,Rodriguez F,Galindo – Nava A,et al. Optimum position for wells producing at constant wellbore pressure [J]. SPE Journal,1996,1(2): 155 – 168.

[35] Van Everdingen A F,Hurst W. The application of the Laplace transformation to flow problems in reservoirs[J]. Journal of Petroleum Technology,1949,1(12):305 – 324.

[36] Saleri N G,Toronyi R M. Engineering control in reservoir simulation: part I[R]. SPE 18305 – MS,1988.

[37] Hower T L,Collins R E . Detecting compartmentalization in gas reservoirs through production performance[R]. SPE 19790 – MS,1989.

[38] Junkin J E,Sippel M A,Collins R E,et al. Well performance evidence for compartmented geometry of oil and gas reservoirs[R]. SPE 24356 – MS,1992.

[39] Ehlig – Economides C A. Applications for multiphase compartmentalized material balance[R]. SPE 27999 – MS,1994.

[40] Payne,David A. Material – balance calculations in tight – gas reservoirs: The pitfalls of p/z plots and a more accurate technique [J]. SPE Reservoir Engineering,1996,11(4):260 – 267.

[41] Hagoort J,Sinke J,Dros B,et al. Material balance analysis of faulted and stratified,tight gas reservoirs[R]. SPE 65179 – MS,2000.

[42] Schilthuis,Ralph J. Active oil and reservoir energy [J]. Transactions of the AIME,1936,118(1): 33 – 52.

[43] William H. Water influx into a reservoir and its application to the equation of volumetric balance [J]. Transactions of the AIME,1943,151(1): 57 – 72.

[44] Van Everdingen A F,Hurst W. The application of the Laplace transformation to flow problems in reservoirs [J]. Journal of Petroleum Technology,1949,1(12):305 – 324.

[45] Van Everdingen A F,Timmerman E H,McMahon J J. Application of the Material Balance Equation to a Partial Water – Drive Reservoir. Journal of Petroleum Technology,1953,5(2):51 – 60.

[46] William H. The simplification of the material balance formulas by the Laplace transformation [J]. Petroleum Transactions,AIME,1958,213(1):292 – 303.

[47] Carter R D,Tracy G W. An improved method for calculating water influx [J]. Petroleum Transactions,AIME,

1960,219(1):415 -417.

[48] Edwardson M J,Girner H M,Parkison H R,et al. Calculation of formation temperature disturbances caused by mud circulation [J]. Journal of Petroleum Technology,1962,14(4):416 -426.

[49] McEwen C R. Material balance calculations with water influx in the presence of uncertainty in pressures [J]. Society of Petroleum Engineers Journal,1962,2(2):120 -128.

[50] Havlena D,Odeh A S. The material balance as an equation of a straight line [J]. Journal of Petroleum Technology,1963,15(8):896 -900.

[51] Nabor G W, Barham R H. Linear aquifer behavior. Journal of Petroleum Technology [J]. 1964, 16 (5): 561 -563.

[52] Havlena D,Odeh A S. The material balance as an equation of a straight line—Part Ⅱ,field cases [J]. Journal of Petroleum Technology,1964,16(7):815 -822.

[53] Bruns J R,Fetkovich M J,Meitzen V C. The effect of water influx on p/z - cumulative gas production curves [J]. Journal of Petroleum Technology,1965,17(3):287 -291.

[54] Chatas A T. Unsteady spherical flow in petroleum reservoirs. Society of Petroleum Engineers Journal,1966,6 (2):102 -114.

[55] Fetkovich M J. A simplified approach to water influx calculations - finite aquifer systems [J]. Journal of Petroleum Technology,1971,23(7):814 -828.

[56] Dumore J M. Material balance for a bottom - water - drive gas reservoir [J]. Society of Petroleum Engineers Journal,1973,13(6):328 -334.

[57] Allard D R,Chen S M. Calculation of water influx for bottom water drive reservoirs [J]. SPE reservoir engineering,1988,3(2):369 -379.

[58] Wang B,Teasdale T S. GASWAT - PC: A microcomputer program for gas material balance with water influx [R]. SPE 16484 - MS,1987.

[59] Vogt J P, Wang B. Accurate Formulas for Calculating the Water Influx Superposition Integral [R]. SPE 17066 - MS,1987.

[60] Klins M A,Bouchard A J,Cable C L. A polynomial approach to the van Everdingen - Hurst dimensionless variables for water encroachment [J]. SPE Reservoir Engineering,1988,3(1):320 -326.

[61] Cason J, L D. Water flooding increases gas recovery [J]. Journal of Petroleum Technology, 1989, 41 (10):1 -102.

[62] Vega L,Wattenbarger R A. New approach for simultaneous determination of the OGIP and aquifer performance with no prior knowledge of aquifer properties and geometry[R]. SPE 59781 - MS,2000.

[63] El - Ahmady M H,Wattenbarger R A,Pham T T. Overestimation of original gas in place in water - drive gas reservoirs due to a misleading linear p/z plot[J]. JCPT,2002,41(11):38 -43.

[64] Pletcher J L. Improvements to reservoir material balance methods [J]. SPE Reservoir Evaluation & Engineering,2000,6(1):49 -59.

[65] Yildiz,T. A hybrid approach to improve reserve estimates in waterdrive gas reservoirs [J]. SPE Reservoir Evaluation & Engineering,2008,11(4):696 -706.

[66] Yildiz T,Khosravi A. An analytical bottom water drive aquifer model for material balance analysis[R]. SPE 103283 - MS,2006.

[67] Elahmady M,Wattenbarger R A. A straight line p/z plot is possible in water drive gas reservoirs[R]. SPE 103258 - MS,2007.

[68] Garcia C A,Villa J R. Pressure and PVTuncertainty in material - balance calculations[R]. SPE 107907 -

MS,2007.

[69] Moghadam S,Jeje O,Mattar L. Advanced gas material balance in simplified format [J]. Journal of Canadian Petroleum Technology,2011,50(1):90 – 98.

[70] Diamond P H,Ovens J V. Practical aspects of gas material balance: Theory and Application[R]. SPE 142963 – MS,2011.

[71] Singh V K. Overview of material balance equation (MBE) in shale gas & non – conventional reservoir[R]. SPE 164427 – MS,2013.

[72] Kabir C S,Parekh B,Mustafa M A. Material – balance analysis of gas reservoirs with diverse drive mechanisms [R]. SPE 175005 – MS,2015.

[73] Herbas P M A,Zavaleta S,Ricardo Marcelo Michael Villazón. Estimation of OGIP in a water – drive gas reservoir coupling dynamic material balance and Fetkovich aquifer model[R]. SPE 191224 – MS,2018.

[74] Ancell K L, Trousil P M. Remobilization of natural gas trapped by encroaching water[R]. SPE 20753 – MS,1990.

[75] Randolph P L,Hayden C G,Anhaiser J L. Maximizing gas recovery from strong water drive reservoirs[R]. SPE 21486 – MS,1991.

[76] Hamon G,Mauduit D,Bandiziol D,et al. Recovery optimization in a naturally fractured water – drive gas reservoir: Meillon field[R]. SPE 22915 – MS,1991.

[77] Henderson G D,Danesh A,Tehrani D H,et al. Remobilisation of trapped hydrocarbons in water – invaded zones of gas condensatereservoirs[R]. SPE 25070 – MS,1992.

[78] Kaczorowski N J. Reservoir limit testing in water – drive systems[R]. SPE 25336 – MS,1993.

[79] Batycky J,Irwin D,Fish R. Trapped gas saturations in Leduc – age reservoirs [J]. The Journal of Canadian Petroleum Technology,1998,37:32 – 39.

[80] Mulyadi H,Amin R,Kennaird T,et al. Measurement of residual gas saturation in water – driven gas reservoirs: comparison of various core analysis techniques[R]. SPE 64710 – MS,2000.

[81] Mulyadi H,Amin R,Kennaird A F. Practical approach to determine residual gas saturation and gas – water relative permeability[R]. SPE 71523 – MS,2001.

[82] Hamon G,Suzanne K,Billiotte J,et al. Field – wide variations of trapped gas saturation in heterogeneous sandstone reservoirs[R]. SPE 71524 – MS,2001.

[83] Assiri W, Miskimins J L. The water blockage effect on desiccated tight gas reservoir[R]. SPE 168160 – MS,2014.

[84] Bona N, Garofoli L, Radaelli F, et al. Trapped gas saturation measurements: new perspectives[R]. SPE 170765 – MS,2014.

[85] Ogolo N A,Isebor J O,Onyekonwu M O. Feasibility study of improved gas recovery by water influx control in water drive gas reservoirs[R]. SPE 172364 – MS,2014.

[86] Babadimas J M. Modelling trapped gas expansion in water – drive reservoirs[R]. SPE 186272 – MS,2017.

[87] Wallace W E. Water production from abnormally pressured gas reservoirs in South Louisiana [J]. Journal of Petroleum Technology,1969,21(8):969 – 983.

[88] Hammerlindl D J. Predicting gas reserves in abnormally pressured reservoirs[R]. SPE 3479 – MS,1971.

[89] Bass D M. Analysis of abnormally pressured gas reservoirs with partial water influx [R]. SPE 3850 – MS,1972.

[90] Ramagost B P,Farshad F F. P/Z abnormally pressured gas reservoirs[R]. SPE 10125 – MS,1981.

[91] El – Feky S A. A gas field development model for use on a microcomputer[R]. SPE 16485 – MS,1987.

[92] Poston S W,Chen H Y. The simultaneous determination of formation compressibility and gas – in – place in ab-

normally pressured reservoirs[R]. SPE 16227 – MS,1987.

[93] Prasad R K,Rogers L A. Superpressured gas reservoirs: case studies and a generalized tank model[R]. SPE 16861 – MS,1987.

[94] Poston S W,Chen H Y. Case history studies: abnormal pressured gas reservoirs[R]. SPE 18857 – MS,1989.

[95] Hower T L,Collins R E. Detecting compartmentalization in gas reservoirs through production performance[R]. SPE 19790 – MS,1989.

[96] Lord M E,Collins R E. Detecting compartmented gas reservoirs through production performance[R]. SPE 22941 – MS,1991.

[97] Ambastha A K. Evaluation of material balance analysis methods for volumetric,geopressured gas reservoirs[R]. Annual Technical Meeting. Petroleum Society of Canada,1992.

[98] Poston S W,Chen H Y,Akhtar M J. Differentiating formation compressibility and water – influx effects in overpressured gas reservoirs [J]. SPE Reservoir Engineering,1994,9(3):183 – 187.

[99] Elsharkawy A M. Analytical and numerical solutions for estimating the gas in – place for abnormal pressure reservoirs[R]. SPE 29934 – MS,1995.

[100] Payne D A. Material – balance calculations in tight – gas reservoirs: The pitfalls of p/z plots and a more accurate technique [J]. SPE Reservoir Engineering,1996,11(4): 260 – 267.

[101] Fetkovich M J,Reese D E,Whitson C H. Application of a general material balance for high – pressure gas reservoirs [J]. SPE Journal,1998,3(1):3 – 13.

[102] Lies H K. Aquifer influx modelling for gas reservoirs [R]. Canadian International Petroleum Conference. Petroleum Society of Canada,2000.

[103] Wang Shie – Way. Simultaneous determination of reservoir pressure and initial fluid – in – place from production data and flowing bottom hole pressure—Application[R]. SPE 70045 – MS,2001.

[104] Gunawan R,Blasingame T A. A semi – analytical p/z technique for the analysis of reservoir performance from abnormally pressured gas reservoirs[R]. SPE 71514 – MS,2003.

[105] El – Ahmady M H,Wattenbarger R A,Pham T T. Overestimation of original gas in place in water – drive gas reservoirs due to a misleading linear p/z plot[R]. Canadian International Petroleum Conference. Petroleum Society of Canada,2001.

[106] McLaughlin J M,Gouge B A. Uses and misuses of pressure data for reserve estimation[R]. SPE 103221 – MS, 2006.

[107] Elahmady M,Wattenbarger R A. Astraight line p/z plot is possible in waterdrive gas reservoirs[R]. SPE 103258 – MS,2007.

[108] Gonzalez F E,Dilhan Ilk,Blasingame T A. A quadratic cumulative production model for the material balance of an abnormally pressured gas reservoir[R]. SPE 114044 – MS,2008.

[109] Li M,Zhang H R,Yang W J. Determination of the aquifer activity level and the recovery of water drive gas reservoir[R]. SPE 127497 – MS,2010.

[110] Zhang H,Ling K,He J,et al. More accurate method to estimate the original gas in place and recoverable gas in overpressure gas reservoir[R]. SPE 164502 – MS,2013.

[111] Kabir C S,Parekh B,Mustafa M A. Material – balance analysis of gas reservoirs with diverse drive mechanisms [R]. SPE 175005 – MS,2015.

[112] Hagoort J,Hoogstra R. Numerical solution of the material balance equations of compartmented gas reservoirs [J]. SPE Reservoir Evaluation & Engineering,1999,2(4):385 – 392.

[113] Carlson M R. Tips,tricks and traps of material balance calculations [J]. Journal of Canadian Petroleum Tech-

nology,1997,36(11):34 - 48.

[114] Engler T W. A new approach to gas material balance in tight gas reservoirs. SPE 62883 - MS,2000.

[115] Penuela G,Idrobo E A,Ordonez A,et al. A new material - balance equation for naturally fractured reservoirs using a dual - system approach[R]. SPE 68831 - MS,2001.

[116] Cox S A,Gilbert J V,Sutton R P,et al. Reserve Analysis for Tight Gas[R]. SPE 78695 - MS,2002.

[117] Moran O, Samaniego V, Jorge A, et al. Advances in the production mechanism diagnosis of gas reservoirs through material balance studies[R]. SPE 915909 - MS,2004.

[118] Blasingame T A,Rushing J A. A production - based method for direct estimation of gas in place and reserves [R]. SPE 98042 - MS,2005.

[119] Joo H,Ki S. Ratetransient analysis in hydraulic fractured tight gas reservoir[R]. SPE 114591 - MS,2015.

[120] Publio Sandoval Merchan,Zuly Calderon Carrillo,Anibal Ordonez. The new,generalized material balance equation for naturally fractured reservoirs[R]. SPE 122395 - MS,2009.

[121] Johnson N L,Currie S M,Ilk D,et al. A simple methodology for direct estimation of gas - in - place and reserves using rate - time data[R]. SPE 123298 - MS,2009.

[122] Singh V K. Overview of material balance equation (MBE) in shale gas & non - conventional reservoir[R]. SPE 164427 - MS,2013.

[123] Duarte J Cabrapán,Vi ñas E cáliz,Ciancaglini M. Material balance analysis of naturally or artificially fractured shale gas reservoirs to maximize final recovery[R]. SPE 169480 - MS,2014.

[124] Martin M G. Material - balance method for dual - porosity reservoirs with recovery curves to model the matrix/fracture transfer [J]. SPE Reservoir Evaluation & Engineering,2015,18(2):171 - 186.

[125] Ham J M,Moreno A,Villasana J C,et al. Determination of effective matrix and fracture compressibilities from production data and material balance[R]. SPE 175562 - MS,2015.

[126] Obielum I O,Giegbefumwen P U,Ogbeide P O. A P/Z plot for estimating original gas in place in a geo - pressured gas reservoir by the use of a modified material balance equation[R]. SPE 178354 - MS,2015.

[127] Al - Fatlawi O,Mofazzal M H,Hicks S,et al. Developed material balance approach for estimating gas initially in place and ultimate recovery for tight gas reservoirs[R]. SPE 183051 - MS,2016.

[128] Molokwu V C,Onyekonwu M O. A Nonlinear flowing material balance for analysis of gas well production data [R]. SPE 184258 - MS,2016.

附　　录

附录一　符号意义及法定单位

A——面积,m^2;

A_{c1}——1 区的过流截面积,m^2;

A_{c2}——2 区的过流截面积,m^2;

B——体积系数,m^3/m^3;

B_g——气藏压力为 p 时的气体体积系数,m^3/m^3;

B_{gi}——气藏压力为 p_i 时的气体体积系数,m^3/m^3;

$\overline{B}_g$——平均气体体积系数,m^3/m^3;

B_L——线形水体水侵系数,m^3/MPa;

B_w——地层水的体积系数,m^3/m^3;

B_R——径向流水侵系数,m^3/MPa;

B_S——半球形流水侵系数,m^3/MPa;

B_{tw}——地层压力为 p 时考虑了溶解气析出的地层水体积系数,m^3/m^3;

B_{twi}——地层压力为 p_i 时考虑了溶解气析出的地层水体积系数,m^3/m^3;

b——递减指数;

b_{pss}——生产指数的倒数,$MPa/(m^3d^{-1})$;

b_w——线形水体宽度;

C——等温压缩系数,MPa^{-1};

C_e——有效压缩系数,MPa^{-1};

$\overline{C}_e$——累积有效压缩系数,MPa^{-1};

C_f——岩石孔隙压缩系数,MPa^{-1};

C_g——气体压缩系数,MPa^{-1};

C_t——总压缩系数,MPa^{-1};

C_{ti}——原始地层压力条件下总压缩系数,MPa^{-1};

C_{tw}——地层水的累积压缩系数,MPa^{-1};

C_w——地层水压缩系数,MPa^{-1};

C_1——1 区的传导系数,$m^3 \cdot d^{-1}/[MPa^2/(mPa \cdot s)]$;

C_2——2 区的传导系数,$m^3 \cdot d^{-1}/[MPa^2/(mPa \cdot s)]$;

C_{12}——1 区和 2 区之间的传导系数,$m^3 \cdot d^{-1}/[MPa^2/(mPa \cdot s)]$;

D_i——初始递减率,d^{-1};
E_{fw}——储层中岩石和束缚水的弹性膨胀能量,m^3/m^3;
E_g——表示地下气体的弹性膨胀能量,m^3/m^3;
e_w——水侵速度,m^3/d;
F——地下采出量,m^3;
f——无因次水侵圆周角;
G——天然气地质储量,m^3;
G_1——1 区的天然气地质储量,m^3;
G_2——2 区的天然气地质储量,m^3;
G_a——天然气的视地质储量,m^3;
G_p——累积产气量,m^3;
G_{p12}——从 1 区流向 2 区的累积天然气流量,m^3;
G_t——利用不同时刻生产动态数据计算的气井动态储量,m^3;
G_{wt}——水淹区目前天然气储量,m^3;
h——储层有效厚度,m;
h_1——1 区储层有效厚度,m;
h_2——2 区储层有效厚度,m;
I_c——岩石和束缚水弹性膨胀驱动指数;
I_g——气驱指数;
I_w——水驱指数;
J——采油指数,$m^3/(d \cdot MPa)$;
J_w——水体的生产指数,$m^3/(d \cdot MPa)$;
K——储层渗透率,mD;
K_1——1 区的渗透率,mD;
K_2——2 区的渗透率,mD;
K_s——半球形流系统的平均径向渗透率,mD;
K_b——水平渗透率,mD;
K_v——垂直渗透率,mD;
L_1——1 区的长度,m;
L_2——2 区的长度,m;
M——气体分子量,g/mol;
N——原油地质储量,m^3;
N_p——累积产油,m^3;
p——压力,MPa;
$\bar{p}_a$——水体平均压力,MPa;
p_D——无因次压力;
p_i——原始地层压力,MPa;

p_R——平均地层压力,MPa;

p_{sc}——标准状态压力,0.101325MPa;

p_{wf}——井底流压,MPa;

p_p——地层压力为 p 时的规整化拟压力,MPa;

p_{pi}——地层压力为 p_i 时的规整化拟压力,MPa;

p_{pwf}——以规整化拟压力形式表示的井底流压,MPa;

p_{zD}——无因次视地层压力;

Δp_p——以规整化拟压力形式表示的压降,$p_{pi}-p_{pwf}$,MPa;

Q_{sc12}——从 1 区流向 2 区的气体流速,m^3/d(标准状况);

q——产量,m^3/d;

q_D——无因次产量;

q_{Dd}——产量递减分析中无因次产量;

q_g——产气量(标准条件下),$10^4m^3/d$;

q_i——初始时刻产量,m^3/d;

R——通用气体常数,0.008315MPa·m^3/(kmol·K);

r——储层中某一点距井底距离,m;

r_a——水体外边界半径,m;

r_D——无因次半径;

r_e——井控半径,m;

r_{eD}——无因次井控半径;

r_i——气井某一时刻探测半径,m;

r_w——井筒半径,m;

r_{wa}——有效井筒半径,$r_w e^{-s}$,m;

r_{ws}——等效气水接触球面半径,m;

S_{gr}——水驱气残余气饱和度;

S_{wi}——初始含水饱和度;

T——储层温度,K;

T_{sc}——标准状态温度,293.15K;

t——时间,h 或 d;

t_a——拟时间,d;

t_c——物质平衡时间,d;

t_{ca}——物质平衡拟时间,d;

t_D——无因次时间;

t_{DA}——基于井控面积定义的无因次时间;

$(t_{DA})_{pss}$——气井达到拟稳定流时的无因次时间;

t_{Dd}——产量递减分析中无因次时间;

t_{pss}—气井流动达到拟稳定流的时间,h;

V_c——岩石孔隙压缩和束缚水弹性膨胀占据的储层孔隙体积,m^3;
V_{ew}——净水侵量,m^3;
V_{gi}——原始地层压力条件下地下气体体积,m^3;
V_g——地层压力为 p 时地下气体体积,m^3;
V_{gsc}——地面标准条件下气体体积,m^3;
V_p——某一储层压力条件下岩石孔隙体积,m^3;
V_{pi}——原始孔隙体积,m^3;
V_{pN}——非储层孔隙体积,m^3;
V_{pAQ}——水体孔隙体积,m^3;
W_e——累积水侵量,m^3;
W_{eD}——无因次水侵量;
W_{ei}——最大水侵量,m^3;
W_i——天然水体体积,m^3;
W_p——累积产水量,m^3;
x_f——裂缝半长,m;
Z——气体压缩因子;
$\overline{Z}$——平均气体压缩因子;
Z_i——原始地层压力条件下气体压缩因子;
Z_1——1 区的气体压缩因子;
Z_2——2 区的气体压缩因子;
a_k——气藏地层压力系数;
ψ——气体拟压力,$MPa^2/(mPa \cdot s)$;
ψ_i——以拟压力形式表示的原始地层压力,$MPa^2/(mPa \cdot s)$;
ψ_{wf}——以拟压力形式表示的井底流压,$MPa^2/(mPa \cdot s)$;
$\Delta\psi$——以拟压力形式表示的压差;$MPa^2/(mPa \cdot s)$;
μ——流体黏度,$mPa \cdot s$;
$\overline{\mu}_g$——平均气体黏度,$mPa \cdot s$;
μ_g——气体黏度,$mPa \cdot s$;
μ_{gi}——原始地层压力条件下气体黏度,$mPa \cdot s$;
μ_{g1}——1 区的气体黏度,$mPa \cdot s$;
μ_{g2}——2 区的气体黏度,$mPa \cdot s$;
μ_w——地层水黏度,$mPa \cdot s$;
ϕ——储层孔隙度;
ϕ_1——1 区储层孔隙度;
ϕ_2——2 区储层孔隙度;
ρ——密度,g/cm^3;
θ——水侵圆周角,(°)。

附录二　单位转换关系

1. 长度

$1m = 100cm = 10^3 mm = 3.281ft = 39.37in$

$1ft = 0.3048m = 30.48cm = 304.8mm = 12in$

$1km = 0.6214mile$

$1mile = 1.609km$

2. 面积

$1m^2 = 10^4 cm^2 = 10.76ft^2 = 1550in^2$

$1km^2 = 10^6 m^2 = 100ha = 247.1acre$

$1mile^2 = 2.590km^2 = 259ha = 640acre$

$1acre = 4.356 \times 10^4 ft^2 = 0.4046ha = 4046m^2$

3. 体积

$1m^3 = 10^3 L = 10^6 ml = 10^6 cm^3 = 35.31ft^3 = 6.290bbl = 264.2gal$

$1L = 10^{-3} m^3 = 3.531 \times 10^{-2} ft^3 = 61.02in^3 = 0.2642gal$

$1ft^3 = 2.832 \times 10^{-2} m^3 = 28.32L = 2.832 \times 10^4 cm^3 = 7.481gal$

$1bbl = 5.615ft^3 = 42gal = 0.1590m^3 = 159L = 158988cm^3$

4. 质量

$1kg = 10^3 g = 2.205lbm$

$1lbm = 0.4536kg = 453.6g$

$1t = 10^3 kg = 2205lbm$

5. 密度

$1kg/m^3 = 10^{-3} g/cm^3 = 10^{-3} t/m^3 = 6.243 \times 10^{-2} lbm/ft^3$

$1lbm/ft^3 = 16.02kg/m^3 = 1.602 \times 10^{-2} g/cm^3$

6. 力

$1N = 10^5 dyne = 0.1020kgf = 0.2248lbf$

$1kgf = 9.807N = 9.807 \times 10^5 dyne = 2.205lbf$

$1lbf = 4.448N = 0.4536kgf$

7. 压力

$1MPa = 10^6 Pa = 9.8692atm = 10.197at = 145.04psi$

$1atm = 0.10133MPa = 1.0332at = 14.696psi = 760mmHg$

$1psi = 6.8948 \times 10^{-3} MPa = 6.8948kPa = 6.8046 \times 10^{-2} atm = 7.0307at$

8. 渗透率

$1mD = 10^{-3}D = 0.98692 \times 10^{-3} \mu m^2 = 9.8692 \times 10^{-16} m^2$

$1 \mu m^2 = 10^{-12} m^2 = 10^{-8} cm^2 = 1.0133D = 1.0133 \times 10^3 mD$

9. 黏度

$1mPa \cdot s = 10^{-3} Pa \cdot s = 10^3 \mu Pa \cdot s = 1cP$

10. 温度

（T_c:°C， T_K:K， T_F:°F， T_R:°R）

$T_C = \frac{5}{9}(T_F - 32)$

$T_K = \frac{5}{9}(T_F + 459.67)$

$T_K = \frac{5}{9} T_R$

$T_R = T_F + 459.67$

$T_K = T_C + 273.15$

1K = 1℃ = 1.8℉ = 1.8°R

1℉ = 1°R = 0.55556K = 0.55556℃

11. 井筒储集系数

$1m^3/MPa = 4.3367 \times 10^{-2} bbl/psi = 9.8068 \times 10^{-2} m^3/at$

$1bbl/psi = 23.059 m^3/MPa = 2.2614 m^3/at$

12. 压缩系数

$1MPa^{-1} = 6.8948 \times 10^{-3} psi^{-1} = 9.8068 \times 10^{-2} at^{-1} = 0.10133 atm^{-1}$

$1psi^{-1} = 145.04 MPa^{-1} = 14.223 at^{-1} = 14.696 atm^{-1}$

$1atm^{-1} = 6.8046 \times 10^{-2} psi^{-1} = 9.8692 MPa^{-1}$

$1at^{-1} = 7.0307 \times 10^{-2} psi^{-1} = 10.197 MPa^{-1}$

13. 产量

$1m^3/d = 6.2898 bbl/d = 1.1574 \times 10^{-5} m^3/s = 11.574 cm^3/s$

$1bbl/d = 0.15899 m^3/d = 1.8401 \times 10^{-6} m^3/s = 1.8401 cm^3/s$

$1MMcfd = 10^6 ft^3/d = 2.831685 \times 10^4 m^3/d$

14. 地面原油比重

$°API = 141.5/\gamma_0 - 131.5$

$\gamma_0 = 141.5/(131.5 + °API)$

15. 气油比

$1m^3/m^3 = 5.615 ft^3/bbl$

$1ft^3/bbl = 0.1781 m^3/m^3$

附录三　气藏工程中压力、产量及时间的不同形式

一、压力的不同形式

名称	符号	表达式	法定单位
压力	p		MPa
拟压力	ψ	$\psi = 2\int_0^p \frac{p}{\mu_g Z}\mathrm{d}p$	$\mathrm{MPa^2/(mPa \cdot s)}$
规整化拟压力	p_p	$p_p = \frac{\mu_{gi} Z_i}{p_i}\int_0^{p_i} \frac{p}{\mu_g Z}\mathrm{d}p$	MPa
无因次压力	p_D(油井)	$p_D = \frac{Kh}{1.842q\mu B}(p_i - p_{wf})$	
	ψ_D(气井)	$\psi_D = \frac{2.714\times 10^{-5}Kh}{q_g}\frac{T_{sc}}{Tp_{sc}}(\psi_i - \psi_{wf})$	

二、产量的不同形式

名称	符号	表达式	法定单位
产量	q		$10^4 \mathrm{m^3/d}$
无因次产量	q_D(油井)	$q_D = 1/p_D = \frac{1.842q\mu B}{Kh(p_i - p_{wf})}$	
	q_D(气井)	$q_D = 1/\psi_D = \frac{q_g}{2.714\times 10^{-5}Kh}\frac{Tp_{sc}}{T_{sc}}\frac{1}{(\psi_i - \psi_{wf})}$	
Arps 无因次产量	q_{Dd}	$q_{Dd} = q/q_i = q_D\left[\ln\left(\frac{r_e}{r_w}\right) - \frac{1}{2}\right]$	
拟压力规整化产量	$q_g/(p_{pi} - p_{pwf})$	$q_g/(p_{pi} - p_{pwf})$	$\mathrm{(m^3/d)/MPa}$
	$q_g/(\psi_i - \psi_{wf})$	$q_g/(\psi_i - \psi_{wf})$	$\mathrm{(m^3/d)/[MPa^2/(mPa \cdot s)]}$

三、时间的不同形式

名称	符号	表达式	法定单位
实际时间	t		h,d
无因次时间	t_D	$t_D = \frac{3.6 \times 10^{-3} Kt}{\phi \mu C_t r_w^2}$	
	t_{DA}	$t_{DA} = \frac{3.6 \times 10^{-3} Kt}{\phi \mu c_{ti} A}$	
Arps 无因次时间	t_{Dd}	$t_{Dd} = \frac{0.0864Kt}{\phi \mu C_t r_w^2} \frac{1}{\frac{1}{2}\left[\ln\left(\frac{r_e}{r_w}\right) - \frac{1}{2}\right]\left(\left(\frac{r_e}{r_w}\right)^2 - 1\right)} = \frac{t_D}{\frac{1}{2}\left[\ln\left(\frac{r_e}{r_w}\right) - \frac{1}{2}\right]\left(\left(\frac{r_e}{r_w}\right)^2 - 1\right)}$	
物质平衡时间	t_c	$t_c = \frac{N_p}{q} = \frac{\int_0^t q \mathrm{d}t}{q}$	d
拟时间	t_a	$t_a = \mu_{gi} C_{ti} \int_0^t \frac{1}{\mu_g C_t} \mathrm{d}t$	d
物质平衡拟时间	t_{ca}	$t_{ca} = \frac{\mu_{gi} C_{ti}}{q_g} \int_0^t \frac{q_g}{\mu_g C_t} \mathrm{d}t$	d